MECHANICAL AND FACILITY SAFETY PRACTICE

기계·설비안전 실무

추병길 저

지우북스

머 리 말

산업안전보건법에 의하여 사업장에 의무적으로 산업안전관리자를 선임해야 한다. 산업안전 분야는 기계, 전기, 화공, 건설, 관리 등 여러 공학이 합하여진 종합과학으로 산업안전관리자가 그 역할을 수행하기에는 넓은 범위를 공부해야 하는 어려움이 있다. 그 중 기계안전에 관한 기술은 기계공학과 안전공학을 접목해야 하므로 맨 처음 기계안전을 접하는 학생들은 기계의 기초적인 용어의 무지로 강의를 이해하는 데 애로가 많았다.

이에 본 서는 산업안전보건법 상 설비 · 기계안전에 관한 부분을 강의하면서 정리하였던 자료를 중심으로 서술하면서 발생되는 기계용어를 그때그때마다 수록하여 학생들이 공부하기에 수월하게 편집하였으며, 각 내용 밑에 기사 시험에 출제되었던 문제들을 수록하고 출제되었던 연도와 문제해설과 풀이를 하였다. 학생들이 스스로 공부를 하여 문제와 관련된 본문을 읽어 문제를 해결하도록 정답을 부여하지 않았으며 그 문제를 해결하다보면 자신감과 이해도가 훨씬 빠를 것이라고 생각한다. 또한 각 본문에 문제가 많은 부분은 그 만큼 출제 빈도가 높은 것이라고 생각한다.

산업안전보건법 상 현장에서 아직 다루어야할 기계류가 많아 아직 관계된 많은 기계류의 내용을 정리하지 못했으나 우선 산업안전 기사 자격을 취득할 수 있도록 자주 출제되는 부분을 중심으로 역점을 두었다.

앞으로도 저자의 의도대로 자료를 첨가하여 아직 첨가하지 못한 기계류와 새로운 문제, 용어 정리 등을 삽입하고 미비한 점은 계속 보정할 것을 약속드리며, 끝으로 이 책이 발간되기까지 힘써주신 지우북스 서철종 사장님과 직원여러분께 감사드린다.

2018. 3

저자 추 병 길

차 례

CHAPTER 01 기계 · 설비 안전 일반

CHAPTER 02 기계설비의 위험

CHAPTER 03 소성가공

CHAPTER 04 절삭가공

CHAPTER 05 산업기계

CHAPTER 06 용접장치

CHAPTER 07 운반기계 및 양중기 안전

CHAPTER 08 산업용 로봇

Chapter 01

기계 · 설비 안전 일반

1.1 기계설비

1.1.1 정의

산업안전보건법상 작업을 하기 위해 필요한 여러 기계와 기타 절삭유 공급장치, 전원, 기계에서 발생되는 분진 등의 제거를 위한 국소배기시설, 조명 등이 모두 합쳐진 기계동작을 위한 시스템 전체를 말한다.

1.1.2 분류

기계를 용도별로 분류하면 다음과 같다.

(1) 공작기계

선반(Lathe), 드릴링머신(Drilling Machine), 밀링머신(Millinf Machine), 평삭기, 연삭기(Grinder) 등

(2) 금속가공기계

프레스기(press), 전단기(Cutting Machine), 사출성형기, 용접기(Welder) 등

(3) 제철제강기계

압연기(Roller), 인발기, 제강로, 열처리로 등

(4) 전기기계

차단기, 발전기, 전동기 등

(5) 열, 유체기계

보일러(Boiler), 내연기관, 펌프, 공기압축기(Compressor), 터빈(Turbine) 등

(6) 섬유기계

제면기, 제사기, 방적기 등

(7) 목재가공용기계

목공선반, 목공용 둥근톱기계, 기계대패, 띠톱기계, 모떼기기계 등

(8) 건설기계

불도져, 페이로더, 그레이더, 포장기계, 준설기, 원심기, 분쇄기, 항타기, 항발기 등

(9) 화학기계 및 설비 · 압력용기

저장탱크 및 화학플랜트, 증류탑, 열교환기 등

(10) 운반하역기계

지게차, 양중기, 컨베이어, 구내운반차, 엘리베이터 등

(11) 산업용 로봇

1.1.3 용어정리

(1) 산업재해

근로자가 업무에 관계되는 건설물 · 설비 · 원재료 · 가스 · 증기 · 분진 등에 의하거나 작업 또는 그 밖의 업무로 인하여 사망 또는 부상하거나 질병에 걸리는 것을 말한다.

(2) 기계설비

사고를 유발할 수 있는 모든 기계 기구 및 설비(유기적으로 작동하는 장치, 건축물 및 그 부속물)

(3) 위험(Hazard)

상해의 발생이 이론적 또는 경험적으로 예견되는 상황

(4) 안전(Safety)

물적인 위험 및 정신적 고통을 일으키는 것으로부터 자유로워지는 것을 말함

① 위험이나 잠재적 위험이 존재할 염려가 없는 상태 또는 조건
② 부상을 입을 것과 같은 급박한 위험이 존재하지 않을 것
③ 편안하고 경쾌한 마음으로 일을 할 수 있는 환경이 구비될 것

(5) 방호장치(Safeguards)

근로자가 작업하는 데 있어서 그 작업대상물로부터 위험이 있을 때 피해를 받지 않도록 하기 위하여 그 대상물에 설치한 예방장치로써 안전장치, 방호울, 방호덮개 등이 있음

(6) 안전장치(Safety Device)

기계나 설비에 의해서 작업자가 재해를 입지 않도록 기계 위험부위에 대한 인체의 접촉을 방지함과 동시에 기계의 손상을 보호하기 위하여 기계나 설비에 부착한 기계적 혹은 전기적 기능을 가진 장치

(7) 안전방호(safeguard)

인간을 사고로부터 방호하기 위하여 설계된 가드 또는 장치

(8) 가드(guard)

위험개소 또는 위험영역에 근접을 방지하든가 또는 적게 하는 물리적 장벽

[문 제]

안전장치의 기본목적으로 가장 옳은 것은?

① 인적, 물적의 손실방지
② 기계 작업자나 기타 주위사람의 사용상 편리
③ 부상 및 중상자에 대한 방지
④ 기계 위험부위에 대한 인체의 접촉방지

해설 안전장치 설치의 주목적은 ④항이고 ①, ②항도 포함된다.

(9) 방호울(Fence, Enclosure)

위험점을 격리시키기 위해 위험 설비 자체 또는 위험 구역으로 작업자가 들어가지 못하도록 울타리를 설치하는 것을 말한다.

(10) 방호덮개(안전카버)

위험점에 근접하여 철망, 철판 또는 아크릴을 사용하여 위험점을 덮어 씌워 작업자를 보호하는 것을 말하며 철망을 사용한 덮개는 방호망이라고 한다.

(11) 방책(Guard Rail)

위험이 경미한 설비 등에 작업자의 출입을 제한하거나 개구부, 계단 등 추락, 전도 등을 방지하기 위한 손잡이 등으로 사용하는 것

참고

- 추락
  사람이 건축물, 비계, 기계, 사다리, 계단, 경사면, 나무 등에서 떨어지는 것
- 전도
  사람이 평면상으로 넘어졌을 때를 말함(과속, 미끄러짐 포함)
- 비래
  물건이 주체가 되어 사람이 맞는 경우

(12) 안전망(Safety Nets)

고소작업장 아래에서 통행하는 사람의 머리 등을 보호하기 위하여 설치한 철망 또는 합성수지 그물망을 말한다.

(13) 안전조치

설비 등의 작업에 따르는 위험으로부터 작업자를 보호하기 위하여 행해지는 방호장치의 설치, 보호구의 착용, 출입금지, 작업중지, 대피, 안전교육 실시 등의 행위를 말한다.

1.2 기계설비의 안전일반

1.2.1 기계설비의 표준작업안전수칙

(1) 자기 담당기계 이외의 기계는 움직이거나 손을 대지 않는다.
(2) 원동기와 기계의 가동은 각 직원의 위치와 안전장치의 적정 여부를 확인한 다음 행한다.
(3) 움직이는 기계를 방치한 채 다른 일을 하면 위험하므로 기계가 완전히 정지한 다음 자리를 뜬다.
(4) 정전이 되면 우선 스위치를 내린다.
(5) 기계의 조정이 필요하면 원동기를 끄고 완전히 정지할 때까지 기다려야 하며 손이나 막대기로 정지시키지 않아야 한다.
(6) 기계는 깨끗이 청소해야 한다. 청소시에는 브러시나 막대기를 사용하고 손으로 청소하지 않는다.
(7) 기계작업자는 보안경을 써야 한다.
(8) 기계 가동 시에는 소매가 긴 옷, 넥타이, 장갑 또는 반지를 착용하지 않는다.
(9) 고장 중인 기계는 [고장 · 사용금지] 등의 표지를 붙여 둔다.
(10) 기계는 일일이 점검하고 사용 전에 반드시 점검하여 이상유무를 확인한다.
(11) 기계의 운전을 정지한 후 정비할 때는 다른 사람이 그 기계를 운전하는 것을 방지하기 위하여 해당 기계의 기동장치에 잠금장치를 한다.
(12) 잠금장치는 별도 관리하거나 표지판을 설치하는 등 필요한 방호조치를 하여야 한다.
(13) 기계 · 기구 또는 설비에 설치한 방호장치는 해체하거나 사용을 정지해서는 아니 된다.
(14) 절삭편이 날아오는 작업에서는 보호구보다 덮개설치가 우선적으로 이루어져야 한다.
(15) 기계 또는 방호장치의 결함이 발견된 경우 반드시 정비한 후에 근로자가 사용하도록 한다.

[문 제]

다음 중 기계설비의 사용시 일반적인 안전수칙으로 잘못된 것은? (2015년 기출문제)

① 기계 · 기구 또는 설비에 설치한 방호장치는 해체하거나 사용을 정지해서는 아니 된다.
② 절삭편이 날아오는 작업에서는 보호구보다 덮개설치가 우선적으로 이루어져야 한다.
③ 기계의 운전을 정지한 후 정비할 때는 해당 기계의 기동장치에 잠금장치를 하고 그 열쇠는 공개된 장소에 보관하여야 한다.
④ 기계 또는 방호장치의 결함이 발견된 경우 반드시 정비한 후에 근로자가 사용하도록 한다.

1.2.2 기계설비의 배치와 안전조건

기계설비의 배치(layout)는 작업능률과 안전을 위해 중요하며 안전제일주의에 입각하여 배치하여야 한다.

(1) 기계설비 배치의 3단계

① 제 1단계 : 지역배치(제품의 원료확보로부터 판매에 이르는 절차에 따라 최단적 역할을 수행할 수 있는 장소)

② 제 2단계 : 건물배치(공장, 사무실, 창고 등 위치)

③ 제 3단계 : 기계배치(직능분야별 기계배치)

(2) 기계설비 배치 시 유의사항

① 불필요한 운반작업을 하지 않도록 작업의 흐름에 따라 기계를 배치

② 기계설비의 주위에는 충분한 공간을 둘 것

③ 공장 내외는 안전통로를 설정하고 유효성을 유지

작업장으로 통하는 장소나 작업장 내에는 근로자가 안전하게 통행할 수 있는 통로를 설치하고 항상 사용 가능한 상태로 유지하여야 합니다.

[그림 1.1] 통로설치

④ 원료나 제품의 보관 장소는 충분히 설정

⑤ 기계설비의 설치에 있어서는 사용 중에 보수점검을 용이하게 행할 수 있도록 배치

⑥ 설비에 이상이 있을 경우 그 피해가 최소한으로 되도록 위치를 설정

⑦ 원재료나 제품 운반구의 보관 장소는 충분히 설정하고 표시

⑧ 공장 내외에는 안전통로를 설정하고 기계 주변에는 충분한 공간을 둘 것

⑨ 사용 중에 보수점검을 용이하게 행할 수 있도록 배치

⑩ 장래의 확장을 고려하여 설계한다.

(3) 작업장 통로 안전 및 계단의 안전기준

① 중요한 통로에는 구획표시(백색 또는 황색실선)를 한다.

② 통로면은 넘어지거나 미끄러지는 일이 없도록 한다.

③ 비상구의 너비는 1[m]로 하고, 천장의 높이는 통로면으로부터 높이 2[m] 이내에는 장애물이 없도록 한다.

④ 기계와 기계 사이는 80[cm] 이상의 간격을 유지한다.

⑤ 통로폭

- 일방통행=몸넓이+60[cm]
- 양방통행=몸넓이×2+90[cm]

⑥ 작업장 통로에는 근로자가 안전하게 통행할 수 있도록 통로에 75[lux] 이상 채광 또는 조명시설을 하여야 한다.

⑦ 갱도 또는 상시통행을 하지 아니하는 지하실 등을 통행하는 근로자로 하여금 휴대용 조명기구를 사용하도록 한 때에는 그러하지 아니하다.

⑧ 안전난간의 구조에서 상부난간대의 높이는 바닥면으로부터 90[cm] 이상의 지점에 설치한다.

⑨ 위험물질을 취급하는 작업장에 설치하여야 하는 비상구는 너비 0.75[m] 이상, 높이 1.5[m] 이상이어야 한다.

⑩ 높이가 3[m]를 초과하는 계단에는 계단참의 높이 3[m] 이내마다 너비 1.2[m]이상 계단참을 설치하여야 한다.

⑪ 계단의 난간은 4단 이상인 계단의 개방된 측면에 안전난간을 설치할 것

⑫ 계단 및 계단참의 강도는 500[kg/m^2]의 하중에 견디는 강도로 하고, 안전율은 4이상으로 한다.

⑬ 계단의 폭은 1[m]이상이며 손잡이 외 다른 물건을 설치하거나 적재하지 아니 한다.

⑭ 상시 50[명] 이상의 근로자가 작업하는 옥내 작업장에는 비상 시 근로자에게 신속히 알리기 위한 경보용 설비를 설치하여야 한다.

[문 제]

다음 중 산업안전보건법령상 안전난간의 구조 및 설치요건에서 상부난간대의 높이 는 바닥면으로부터 얼마의 지점에 설치하여야 하는가? (2014년 기출문제)

① 30[cm] 이상 ② 60[cm] 이상

③ 90[cm] 이상 ④ 120[cm] 이상

[문 제]

다음 중 작업장에 대한 안전조치 사항으로 틀린 것은? (2013년 기출문제)

① 상시 통행을 하는 통로에는 75[Lux] 이상의 채광 또는 조명시설을 하여야 한다.
② 산업안전보건법으로 규정된 위험물질을 취급하는 작업장에 설치하여야 하는 비상구는 너비 0.75[m] 이상, 높이 1.5[m] 이상이어야 한다.
③ 높이가 3[m]를 초과하는 계단에는 높이 3[m]이내마다 너비 90[cm] 이상 계단참을 설치하여야 한다.
④ 상시 50[명] 이상의 근로자가 작업하는 옥내 작업장에는 비상 시 근로자에게 신속히 알리기 위한 경보용 설비를 설치하여야 한다.

(4) 공장 내의 교통계획

① 가능한한 일방통행과 교차를 피하고 도로구분이나 교통위험부분에 충분히 게시하여 관리상 사용을 확실히 할 것

② 통행 순위는 중장비, 부재운반차, 빈차, 통행인의 순서로 한다.

③ 노폭

- 일방통행의 노폭=차폭+60[cm]
- 교차통행의 노폭=차폭×2+90[cm]

④ 운행속도

- 제한속도 : 10[km/h]
- 안전속도 : 8[km/h]

제한속도의 지정

지게차 등 차량계 하역 운반기계는 작업장 상태에 적합한 제한속도를 미리 정하여 준수하여야 합니다.
(10[km/hr] 이하 권장)

[그림1.2] 제한속도

⑤ 후진 시에는 부저를 설치하거나 유도자의 유도를 받음

(5) 취급운반의 5원칙

① 연속운반으로 할 것
② 직선운반으로 할 것
③ 운반작업을 집중화시킬 것
④ 생산을 최고로 하는 운반을 생각할 것
⑤ 최대한 시간과 경비를 절약할 수 있는 운반방법을 고려할 것

[문 제]

다음 중 직업장 내의 안전을 확보하기 위한 행위로 볼 수 없는 것은? (2014년 기출문제)

① 통로의 주요 부분에는 통로 표시를 하였다.
② 통로에는 50[lux]정도의 조명시설을 하였다.
③ 비상구의 너비는 1[m]로 하고, 높이는 2.0[m]로 하였다.
④ 통로면으로부터 높이 2[m] 이내에는 장애물이 없도록 하였다.

해설 작업장 통로에는 근로자가 안전하게 통행할 수 있도록 통로에 75[lux] 이상 채광 또는 조명시설을 하여야 한다.

[문 제]

다음 중 취급운반의 5원칙으로 틀린 것은? (2014년 기출문제)

① 연속운반으로 할 것
② 직선운반으로 할 것
③ 운반작업을 집중화시킬 것
④ 생산을 최소로 하는 운반을 생각할 것

1.2.3. 기계의 정지 및 운전 시 안전 및 점검

(1) 기계정지 시 점검사항

① 급유상태
② 전동기 개폐기의 이상유무
③ 방호장치, 동력전달장치의 점검
④ 슬라이드 부분상태
⑤ 힘이 걸린 부분의 흡집, 손상의 유무
⑥ 볼트, 너트의 헐거움이나 풀림 상태 확인
⑦ 스위치 위치와 구조상태, 접지 상태 점검

(2) 운전 상태의 점검

① 클러치 및 브레이크
② 기어의 맞물림 상태
③ 베어링 온도상승 여부
④ 슬라이드면의 온도상승 여부
⑤ 이상음, 진동 상태
⑥ 시동 정지 상태

참고 클러치(clutch)

⇒ 필요에 따라 원동축과 종동축의 결합을 일시적으로 전달 또는 차단하는 축이음
⇒ 종류

- 맞물림클러치 : 이것은 그 형상에 따라 회전방향이 일정한 것과 변할 수 있는 것이 있으며 일반적으로 원동축이 정지 또는 저속 상태에서 종동축에 접속이 가능
- 마찰클러치 : 자동차 및 일반 기계에 가장 많이 사용되고 있으며 마찰력에 의해 원동축이 종동축에 접속하고 차단하는 클러치. 원추클러치, 원판클러치 등이 있다.
- 전자클러치 : 마찰면의 단속을 전자석을 이용하고 있는 것으로 자석의 흡인력을 이용한 클러치
- 유체클러치 : 유체클러치는 구동축에 임펠라 날개와 피동축에 터어빈을 연결하고 유체가 든 통속에 설치한 것으로 유체를 동력전달의 매체로 한 클러치

참고 기어

- 정의 : 한쌍의 원통과 원뿔에 이를 만들어 서로 맞물려 운동을 전달하는 기계요소. 한 쌍의 기어에서 잇수가 많은 쪽을 큰 기어, 작은 쪽을 피니언이라고 함
- 기어가공 : 창성법에 의한 가공, 래크커에 의한 절삭, 피니언커터에 의하여 가공

[그림 1.3] 기어(gear)

- 기어 종류 : 스퍼어기어, 헬리컬기어, 베벨기어 등

Report 기어 종류 및 종류에 따른 그림, 기어명칭을 작성 제출하시오.

참고 베어링(Bearing)

- 정의 : 회전축을 지지하고 축에 작용하는 하중을 미끄럽게 회전시키는 기계요소
- 종류
  ⇒ 축과 베어링의 접촉 방법에 의한 분류
  미끄럼 베어링, 로울러 베어링
  ⇒ 하중의 방향에 의한 분류
  – 레이디얼 베어링 : 작용하는 하중의 방향이 축과 직각으로 작용할 때 쓰이는 베어링
  – 드러스트 베어링 : 작용하는 하중이 축의 방향일 때 쓰이는 베어링
- 베어링 표시법
  예 레이디얼 보올 베어링 : # 6 3 0 6
  6 : 형식번호, 3 : 지름번호 0 6 : 안지름번호

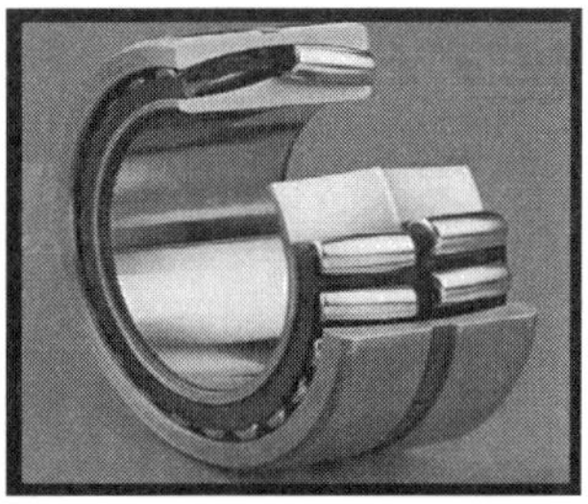

[그림1.4] 베어링

Report 피벗 베어링, 오일레스 베어링에 대하여 설명하시오.

[문 제]

다음 중 기계를 정지 상태에서 점검하여야 할 사항으로 틀린 것은? (2014 기출문제)

① 급유 상태 ② 이상음과 진동 상태
③ 볼트 · 너트의 풀림 상태 ④ 전동기 개폐기의 이상유무

해설 이상음과 진동 상태는 운전 중 점검할 사항이다.

[문 제]

치차는 많은 기계에서 동력전달의 수단으로 쓰여지고 있다. 치차의 위험형태로서 그 비중이 가장 적은 것은?

① 파손 ② 마모 ③ 치면피로(pitting) ④ 열적손상(scoring)

해설 기어(치차)는 동력전달장치 중 감속비가 크고, 회전비가 정확하여 가장 많이 사용되고 있으며 마모, 치면피로, 열적손상 등의 위험이 있다.

정답 ①

(3) 기계운전 시의 기본원칙

① 방호장치는 허가 없이 무단으로 떼어놓지 말 것
② 작업범위 이외의 기계는 허가 없이 사용하지 않도록 할 것
③ 공동작업을 할 경우 운전 시에는 확실한 신호를 보내고 할 것
④ 이상발생 시 즉시 전원을 내릴 것
⑤ 청소한 기름걸레는 불연재 용기 속에 보관할 것
⑥ 기계 고장 시 정지한 후 고장표시를 기계의 메인 스위치에 부착
⑦ 작업이 끝나면 손질 점검을 실시하고 기계의 각 부위를 정지위치에 놓을 것

[그림 1.5] 부적절한 운전

Chapter 02

기계설비의 위험

2.1 기계설비의 위험성

대부분의 기계설비는 원동기, 동력전달장치, 작업점 및 부속장치로 구성되어 있으며 기계설비의 운동 및 동작형태를 기준으로 위험을 분류하면 다음과 같다.

(1) 회전동작(Rotating motion)

플라이휠(flywheel), 팬(fan), 축(shaft) 등과 같이 회전운동을 하는 부위

(가) 위험성

① 접촉 및 말려듦

② 고정부와 회전부 사이의 끼임, 협착, 트랩 형성

③ 회전체 자체 위험

참고

■ 플라이휠(flywheel)

에너지를 축적하는 동력전달장치로 회전축에 설치된 관성모멘트가 큰 바퀴로 림(rim)의 두께를 두껍게 하고 있는 것이다. 관성모멘트가 크고 그 관성을 이용하여 회전속도를 일정하게 하기도 하며 피스톤 기관의 토크를 평균화하기도 함

[그림 2.1] 송풍기

■ 팬(fan)

- 정의 : 기체를 작동물질로 하여 기계적 에너지를 기체에 공급하여 압력과 속도에너지로 변환시켜주는 저압식 공기기계
- 종류
  - 원심력식 송풍기 : 터어보형, 다익형, 평판형, 한정부하형
  - 축류 송풍기 : 프로펠러형, 송풍관붙이형, 정익붙이형, 특수형 송풍기

[문 제]

공구 또는 공작물이 회전하는 기계가공 작업에서 절대로 금하여야 할 사항은?

① 작업모의 착용　　② 손장갑의 착용

③ 보호안경의 착용　　④ 고무화의 착용

해설 회전하는 기계가공작업에서 절대로 금하여야할 사항은 면장갑의 착용이다. 이러한 작업으로는 드릴작업, 모떼기작업(목재), 회전체작업 등이다.

(2) 횡축동작(Rectilineal motion)

운동부와 고정부 사이에 위험이 형성되며 작업점과 기계적 결합부분에 위험이 상존한다.

(3) 왕복동작(Reciprocating motion)

운동부(전후, 좌후운동)와 고정부 사이 위험점이 형성된다.

(4) 기타

① 소음과 진동

② 가공 중 소재 : 가공 중인 소재의 돌출 및 회전가공물에 말릴 위험

③ 기계부품, 부착공구, 지그(jig)등의 이탈

> **참고** 지그(jig)
>
> 공작물의 위치결정 또는 고정하며, 절삭공구를 안내하여 가공정도를 높임과 동시에 작업능률을 향상시키기 위한 보조공구이다. 정밀하고 대량생산에 적합하다.

④ 가공결함(working fault) : 열처리, 용접불량, 가공불량 등

> **참고**
>
> ■ 열처리
>
> 금속을 적당한 온도에서 가열, 냉각 등의 각종조작을 하여 특별한 성질을 부여하는 작업
>
> - 불림(Nomalizing) : 거친 조직의 미세화, 편석, 잔류응력제거 등을 위한 것으로 변태점 (A3)보다 30~60℃ 높게 가열한 후 공기 중에서 서냉하는 열처리
> - 풀림(annealing) : 기계가공 후 생긴 가공경화나 내부응력을 제거하여 재료의 연화 · 편석의 균일을 얻기 위해 변태점보다 약 30~50℃ 높게 가열한 후 노 · 상자 · 모래속에서 서냉하는 열처리
> - 담금질(quenching) : 강의 경화 또는 강도 · 경도를 증가시킬 목적으로 변태점 이상의 온도로 가열 후 급속히 냉각하는 열처리
> - 뜨임(tempering) : 담금질한 강은 급랭하여 강도는 증가하나 내부 변형 및 취성을 가진다. 담금질한 강을 변태점 이하의 온도로 가열한 후 냉각하면 경도는 감소하므로, 인성을 증가시키는 열처리
>
> ■ 담금질 열처리 시 조직의 변화
>
> - 수중냉각 : 마르텐사이트 조직으로 매우 단단한 침상조직
> - 공기중 냉각 : 솔바이트조직으로 인성이 매우 큰 조직
> - 유중냉각 : 트루스타이트 조직
> - 노중냉각 : 퍼얼라이트 조직
>
> ■ 강의 표준조직
>
> - 오오스테나이트 : 강을 가열하였을 때 나타나는 조직으로 910~1,400℃ 사이 γ철에 탄소를 잘 고용하는 γ고용체
> - 페라이트 : α철에서 탄소를 조금 고용한 α고용체로 연신율이 가장 크다.
> - 퍼얼라이트 : 탄소 0.85%의 오오스테나이트가 A1 변태점에서 퍼얼라이트와 시멘타이트로 된 공석정
> - 시멘타이트 : Fe_3C의 탄소(6.67%)+철(Fe)의 금속간화합물로 경도가 크고 취성이 크다.

참고 용접결함(Welding fault)

- 기공(Blowhole)
  용착금속 안의 잔류가스로 인한 구멍이며 용접봉의 습기, 모재의 불순물, 과대전류 등이 그 원인임
- 슬래그(slag)혼입
  피복제는 녹아 슬래그가 되어 위로 떠오른다. 급랭하면 슬래그가 내부에 그대로 남아 응고되는 현상으로 용접 시 용접봉의 놀림이 불량하거나 전류, 용접속도 등이 불량하면 슬래그 혼입이 발생
- 오버랩(overlap)
  용융금속이 모재 위에 겹치는 상태로 전류가 약하거나 용접봉의 운봉속도가 느릴 때나, 용접봉이 굵을 때 발생함
- 언더컷(undercut)
  모재면의 융해된 부분에 용융금속이 꽉 차 있지 않을 때 모재와 용착금속의 경계에 오목하게 파여 들어간 홈이 생긴 현상으로 용접전류가 너무 높거나 운봉속도가 맞지 않을 때 발생함
- 스패터(Spatter)
  용융된 쇠붙이의 작은 입자가 튀어나와 모재에 묻어있는 현상

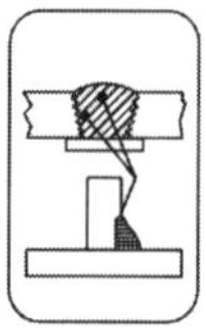

(슬래그 혼입)

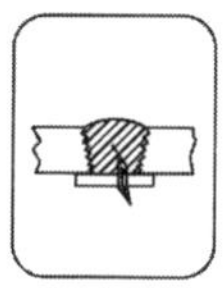

(기공)

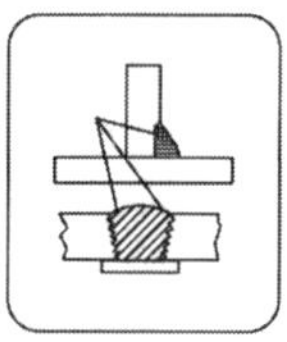

(오버랩)

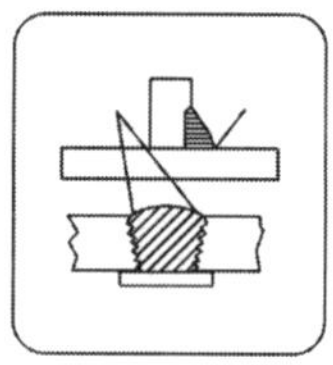

(언더컷)

[그림 2.2] 용접결함

⑤ 비기계적 위험

X선, 방사선, 자외선, 레이저광선, 마이크로파, 압력, 고온, 저온, 소음, 화학물질, 분진, 정전기 등

[문제]

다음은 용접부 결함에 대한 설명이다. 다음 보기에 해당하는 결함 상태는 어느 것인가?

모재면의 용해된 부분에 용융금속이 꽉 차 있지 않을 때 모재와 용착금속의 경계에 오목한 홈이 실처럼 파여있는 현상

① 오버랩(overlap)
② 크레이터(creater)
③ 언더컷(undercut)
④ 기공(blowhole)

2.2 기계설비의 위험점

기계의 운동 형태에 따라 위험점을 분류하면 다음과 같다.

(1) 협착점(squeeze point)

프레스, 절단기, 성형기, 조형기, 벤딩머신 등 왕복운동을 하는 동작운동과 움직임이 없는 고정부분 사이에 형성되는 위험점

(2) 끼임점(shear point)

연삭숫돌과 하우징, 교반기의 날개와 하우징 등과 같이 고정부분과 회전하는 동작부분이 함께 만드는 위험점

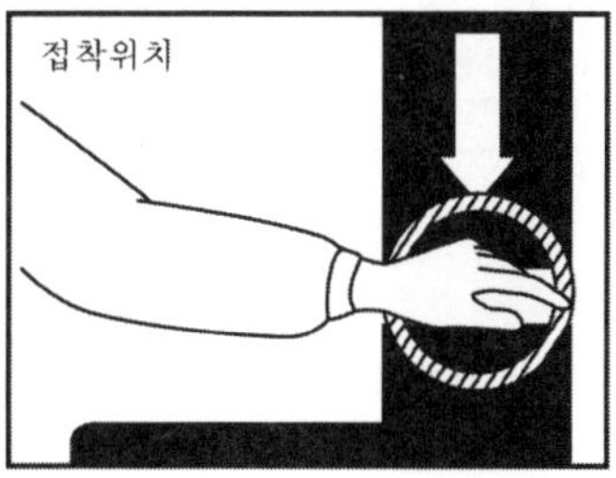

[그림 2.3] 협착점

[그림 2.4] 끼임점

(3) 절단점(cutting point)

회전하는 운동부분 자체의 위험이나 운동하는 기계부분 자체의 위험에서 초래되는 부분

(4) 물림점(nip point)

반대로 회전하는 두 개의 회전체에 물려 들어가는 위험점으로 주로 동력전달장치에서 많이 발생하므로 그 사고 빈도수가 높다.

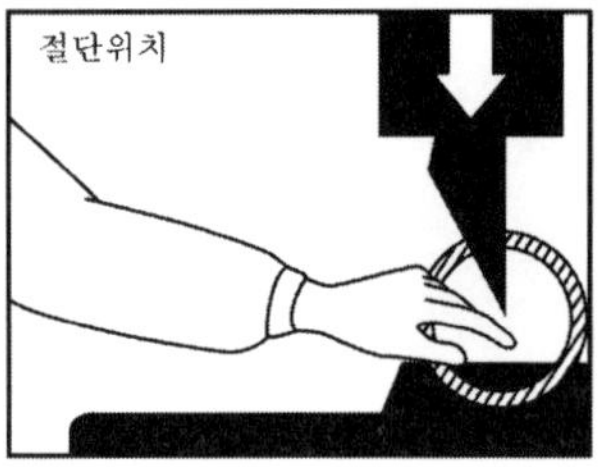

[그림 2.5] 절단점

[그림 2.6] 물림점

(5) 회전말림점(trapping point)

회전축, 커플링 등과 같이 회전하는 물체에 작업복 등이 말려드는 위험이 존재하는 점

(6) 접선물림점(tangential point)

V 벨트나 체인벨트, 평벨트, 기어와 랙의 물림점처럼 회전하는 부분의 접선방향으로 물려 들어갈 위험이 존재하는 점

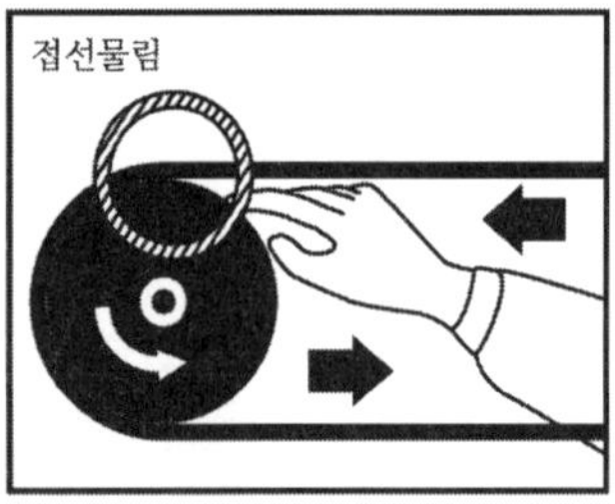

[그림 2.7] 접선물림점

[그림 2.8] 회전물림점

[문 제]

다음 중 기계의 회전하는 부분과 고정부 사이에 위험이 형성되는 위험점인 것은?

① 접선물림점 ② 물림점 ③ 끼임점 ④ 절단점

해설 기계설비의 위험점

① 협착점 : 왕복운동부 + 고정점
② 끼임점 : 회전부 + 고정점
③ 절단점 : 회전부 + 고정점, 운동부 + 고정점
④ 물림점 : 서로 반대방향의 회전 운동점
⑤ 접선물림점 : 접선방향의 위험점

[문 제]

다음 중 기계의 왕복운동을 하는 운동부와 움직임이 없는 고정부 사이에 위험이 형성되는 기계의 위험 점은? (2012년 기출문제)

① 끼임점(shear point) ② 절단점(cutting point)
③ 물림점(nip point) ④ 협착점(squeeze point)

[문 제]

다음 중 연삭숫돌과 작업대, 교반기의 교반날개와 하우스(몸체) 사이에서 형성되는 위험점은?
(2013, 2014, 2015년 기출문제)

① 협착점(squeeze point) ② 끼임점(shear point)
③ 절단점(cutting point) ④ 물림점(nip point)

[문 제]

다음 중 2개의 회전체가 회전운동을 할 때에 물림점이 발생될 수 있는 조건은? (2015년 기출문제)

① 두 개의 회전체 모두 시계방향으로 회전
② 두 개의 회전체 모두 시계 반대방향으로 회전
③ 하나는 시계방향으로 회전하고 다른 하나는 시계 반대방향으로 회전
④ 하나는 시계방향으로 회전하고 다른 하나는 정지

해설 물림점은 서로 반대방향의 회전 운동점이다.
예 롤러와 롤러의 물림, 기어와 기어의 물림 등

[문 제]

다음 중 왕복운동을 하는 운동부와 고정부 사이에서 형성되는 위험점인 협착점(squeeze point)이 형성되는 기계로 가장 거리가 먼 것은? (2013년 기출문제)

① 프레스 ② 연삭기
③ 조형기 ④ 성형기

해설 연삭기에서 만들어지는 위험점은 끼임점이다.

참고 벨트(Velt) : 마찰력에 의하여 동력을 전달하는 요소

- 벨트종류
  - 가죽벨트 : 유연성이 있고 잘 늘어나지 않으며 마찰계수가 크다.
  - 직물벨트 : 내열성이 있고 유연성이 약하며 효율은 좋지 않음
  - 고무벨트 : 습기, 산, 알카리에 강하고 늘어나지 않으며 기름이나 열에 약함
  - 강철벨트 : 두께 0.3~1.1[mm], 너비 15~250[mm]까지 있으며 강도가 크고 늘어나지 않음
- 벨트거는 법 : 벨트거는 법은 평행걸기와 엇걸기가 있음
- V벨트 : 천과 고무로 만든 벨트이며 단면이 40°를 가진 사다리꼴 모양의 이음이 없는 벨트
- 벨트 이탈방지장치 : 천대장치

[그림 2.9] V벨트

[문 제]

다음 중 벨트의 위험방지 장치로써 울을 설치해야 하는 규정으로서 맞는 것은?

① 벨트 이송속도가 5[m/s] 이상　② 벨트 폭이 10[cm] 이상
③ 벨트 설치 높이가 1.5[m] 이상　④ 풀리 간의 거리가 3[m] 이상

해설 벨트에 울의 설치 조건
- 풀리 간의 거리가 3[m] 이상
- 벨트의 폭이 15[cm] (평벨트)
- 벨트의 이송속도가 10[m/s] 이상
- 벨트의 설치 높이가 2[m] 이상

2.3 사고체인(accident chain)의 분류

기계요소에 의해 사람이 상해를 입는 기준에 따라 위험요소를 분류하면 5가지의 요소가 있다.

(1) 함정(Trap)

기계의 운동에 의해서 트랩점(trapping point)이 발생할 가능성이 있는가?

① 물림점 등의 트랩에 끼어드는 곳이 없는가?

② 닫힘운동이나 이송운동에 의해서 쉽게 트랩되는 곳이 있는가?

(2) 충격(Impact)

① 고정된 물체에 사람이 이상 충돌

② 움직이는 물체가 작업자에 충격을 주는 충돌

③ 사람과 물체가 상호움직임 상태에서 쌍방 충돌

(3) 접촉(Contact)

날카롭거나 뜨겁거나 차갑거나 또는 전류가 흐름으로써 접촉 시 감전 등의 상해가 일어 날 요소가 있는가?

참고

■ 상해 : 부상, 질병의 의학적인 성질, 종류
- 골절
- 동상
- 부종 : 국부 혈액순환의 이상으로 몸이 퉁퉁 부어오르는 상해
- 자상 : 칼날 등 날카로운 물건에 찔린 상태
- 좌상 : 타박, 충돌, 추락물 등으로 피부 표면보다는 피하조직, 근육부를 다친 상해(삔 것 포함)
- 절상 : 신체부위 절단
- 중독 · 질식
- 찰과상
- 창상 : 창, 칼 등에 베인 상태
- 화상 : 1도 화상(홍반점화상), 2도 화상(수포성 화상), 3도 화상(과사성 화상)
- 청력장애
- 시력장애

■ 공작기계에서 자주 발생되는 상해
- 프레스 : 손가락 절단, 손가락 골절, 손가락 타박상, 찰과상
- 연삭기 : 골절, 절단, 찰과상
- 로울러기 : 골절, 절단, 찰과상
- 둥근톱 : 절단, 골절, 찰과상
- 크레인 : 발, 발가락 척추 상해

(4) 얽힘 또는 말림(Entanglement)

작동중인 기계설비에 들어갈 가능성이 있는가?

(5) 튀어나옴(Ejection)

기계요소와 피가공재가 튀어나올 위험이 있는가?

2.4 기계설비 안전의 기본원칙

(1) 본질적 안전화

근로자가 동작상 과오나 실수를 하여도 사고나 재해가 발생하지 않도록 설계하는 안전화로 다음과 같은 내용을 포함하고 있어야 함

① 조작상 위험이 가능한 없도록 설계

② 안전기능이 기계설비에 내장되어야 함

③ 풀 푸르프(fool proof)의 기능을 가져야 함

참고

■ 인간과오(Human Error)

- 인간과오의 배후요인 : 4M
  - Man : 자기자신 및 다른사람
  - Machine : 기계, 기구, 장치
  - Media : 작업방법, 작업순서, 정보, 환경
  - Management : 법규준수, 단속점검, 관리, 감독, 교육훈련

■ 인간과오를 유발하기 쉬운 작업특성

- 공동작업
  - 2인 이상의 작업자에 의한 작업스텝 사이
  - 고속의 수동제어 사이
  - 분산배치되어 있는 조작반의 수동제어 사이
- 속도와 정확성을 요하는 작업
- 판별을 요하는 작업
- 부적당한 입력특성을 갖는 작업

■ 인간과오의 요인

- 개인특성
- 교육, 훈련, 교시의 문제
- 직장 특성상의 문제
- 작업특성, 환경조건
- 인간기계체계의 인간공학적 설계상의 문제

참고

- 풀 푸르프(fool proof)와 페일 세이프(fail safe)
  - 풀 푸르프(인터록장치)
    인간이 기계 등의 취급을 잘못해도 그것이 바로 사고나 재해로 연결되는 일이 없도록 하는 기능 (카메라의 이중촬영방지기구, 오버런기구, 인터로크식, 안전블럭 등)
  - 페일 세이프
    인간이나 기계 등에 과오나 동작상의 실수가 있더라도 사고 재해를 발생시키지 않도록 철저하게 2중 3중으로 통제를 가하는 것

- 페일 세이프의 분류
  - 페일 패시브(fail – passive)
    기계나 부품고장 시 즉시 정지 상태로 옮김
  - 페일 액티브(fail – active)
    부품고장시 기계, 장치는 경보를 발하고 짧은 시간에 운전 가능(크레인 방호장치 등)
  - 페일 오퍼렌셜(fail – operational)
    병렬여분계, 부품의 고장이 있어도 정기점검까지 운전 가능(항공기 엔진, 철도신호)

(2) 외형의 안전화

기계외부에 나타나는 위험 요인을 제거

(가) 안전화 방법

① 가드의 설치 : 기계나 설비의 외형 부분
프레임 내 · 외부의 끝마감 불량, 돌출부의 예리함, 외부노출 전기장치의 감전 부분을 차단하거나 덮개를 하여 배선 파손 방지 등

② 별실 또는 구획된 장소에 격리 : 원동기 및 동력전달장치(벨트, 기어, 축, 체인 등)

③ 안전색채조절

예
- 시동스위치 : 녹색
- 급정지스위치 : 적색
- 대형기계 : 밝은 연녹색
- 고열기계 : 청녹색, 회청색
- 증기배관 : 암적색
- 가스배관 : 황색
- 기름배관 : 암황적색

[안전색채 사용통칙]
- 빨강 : 방화, 멈춤, 금지
- 주황 : 위험
- 노랑 : 주의(충돌, 추락 등의 위험장소)
- 녹색 : 안전, 진행, 구급, 구호
- 파랑 : 조심
- 자주 : 방사능
- 흰색 : 통로, 정돈

[문 제]

페일 세이프(Fail safe)의 구조의 기능면에서 서비 및 기계 장치의 일부가 고장이 난 경우 기능의 저하를 가져오더라도 전체기능은 정지하지 않고 다음 정기점검 시까지 운전이 가능한 방법은? (2014년 기출문제)

① Fail－passive　② Fail－soft
③ Fail－active　④ Fail－operational

해설 페일 세이프 : 기계나 그 부품에 고장이나 기능불량이 생겨도 항상 안전하게 작동하는 구조와 기능. ① 구조적 페일 세이프(항공기 엔진, 압력용기의 안전밸브)와 ② 회로적 페일 세이프(철도 신호, 개폐기의 용장회로)가 있음

[문 제]

페일 세이프(fail safe) 기능의 3단계 중 페일 액티브(fail active)에 관한 내용으로 옳은 것은?
(2012년 기출문제)

① 부품고장 시 기계는 경보를 울리거나 짧은 시간 내 운전은 가능하다.
② 부품고장 시 기계는 정지방향으로 이동한다.
③ 부품고장 시 추후 보수까지는 안전기능을 유지한다.
④ 부품고장 시 병렬계통방식이 작동되어 안전기능이 유지된다.

해설
- fail－passive : 부품이나 기계에 고장이 나면 기계가 정지하는 기능
- fail－opperational : 병렬여분계, 부품의 고장이 있이 있어도 정기점검까지 운전가능(항공기 엔진 구조)
- fail－active : 부품고장 시 기계는 경보를 발하고 짧은 시간에는 운전 가능(양중기)

[문 제]

다음 중 기계의 안전조건 중 외관적 안전화와 관계없는 것은?

① 케이스로 내장　② 색체조절
③ 급정지 장치　④ 덮개 설치

해설 외관적 안전화는 기계의 외부로 나타나는 회전체 돌출부의 위험부분을 제거하는 것이다.
① 가드설치－기계 외형부분 및 회전체 돌출 부분
② 별실 또는 구획된 장소에 격리－원동기 및 동력전달장치(벨트, 기어, 샤프트, 체인 등)
③ 안전색체－시동스위치 : 녹색　－급정지 스위치 : 적색
－공기 배관 : 백색　－가스 배관 : 황색
－물 배관 : 청색　－증기 배관 : 암적색
－기름 배관 : 암황적색

[문 제]

다음 중 기계설비의 안전조건 중 외관적 안전화에 해당하는 조치는? (2015년 기출문제)

① 고장발생을 최소화하기 위해 정기점검을 실시하였다.
② 전압강하, 정전 시의 오동작을 방지하기 위하여 제어장치를 설치하였다.
③ 기계의 예리한 돌출부 등에 안전덮개를 설치하였다.
④ 강도를 고려하여 안전율을 최대로 고려하여 설비를 설계하였다.

해설
- 보수유지(PM)의 안전화 : 정기점검 실시
- 기능의 안전화 : 전압강하, 정전 시의 오동작을 방지하기 위하여 제어장치를 설치
- 외관적 안전화 : 기계의 예리한 돌출부 등에 안전덮개를 설치
- 구조부분의 안전화 : 강도를 고려하여 안전율을 최대로 고려하여 설비 설계

[문 제]

기계의 안전 조건 중 외형의 안전화로 가장 적합한 것은? (2014년 기출문제)

① 기계의 회전부에 덮개를 설치하였다.
② 강도의 열화를 고려해 안전율을 최대로 설계하였다.
③ 정전 시 오동작을 방지하기 위하여 자동제어장치를 설치하였다.
④ 사용압력 변동 시의 오동작 방지를 위하여 자동제어장치를 설치하였다.

해설 ①번 : 외관적 안전화
②번 : 구조의 안전화
③, ④번 : 기능의 안전화

[문 제]

다음 중 기계설비의 안전화의 기본개념으로서 적절하지 않은 것은? (2014년 기출문제)

① fail-safe의 기능을 갖추도록 한다.
② fool-proof의 기능을 갖추도록 한다.
③ 안전상 필요한 장치는 단일 구조로 한다.
④ 안전기능은 기계장치에 내장되도록 한다.

해설 ⓐ 안전기능이 기계 내에 저장 : 설계단계에서 안전기능을 반영하여 제작
ⓑ fool-proof의 기능 : 안전장치, 시건장치, 격리(덮개 등)
ⓒ fail-safe의 기능 : 고장이 발생해도 사고나 재해로 더 이상 발전되지 않도록 이중적인 구조로 한다.(병렬회로, 대기구조 등)

(3) 기능의 안전화

자동화설비나 자동제어장치를 갖춘 기계나 장비의 오동작 등의 위험성을 제거

(가) 기계 구입 시 필요한 사양 요구 내용

① 전압강하 및 정전에 따른 오동작

② 단락 또는 스위치나 릴레이 고장 시의 오동작

③ 사용압력 변동 시의 오동작

④ 밸브계통의 고장에 따른 오동작

(나) 사고의 대책

① 사고의 1차적 소극적 대책 : 기계 이상 시 급정지되는 페일 세이프적인 안전 필요

② 사고의 2차적 적극적 대책 : 회로적인 개선을 하여 오동작을 방지하고 완전한 별개 계통의 회로로 정상적 기능 발휘

참고

■ 밸브(Valve)

관내 유체의 흐름을 막기도 하고 유량이나 압력을 조절하는 기계요소

[그림 2.10] 각종 밸브

• 밸브의 종류와 용도

① 스톱 밸브 : 유체의 흐름을 안전하게 막는 밸브

② 슬루스 밸브 : 고압 · 고속으로 유량이 많을 때 유로 차단용 밸브

③ 나비형 밸브 : 관로의 열림을 조절하는 밸브

④ 역류방지 밸브(체크밸브) : 유체를 한 방향으로만 흐르게 하여 역류를 방지하는 밸브

⑤ 안전밸브 : 관내의 유압이 규정 이상이 되면 자동적으로 작동하여 유체 밖으로 흘리기도 하고 원래대로 되돌리기도 하는 밸브

⑥ 버터플라이 밸브 : 원판의 화전으로 관로의 열림을 가감한다. 개폐가 간단하므로 유체를 수축할 때 좋으며 구조는 간단하나 개폐 시 기밀 유지할 수 없음

■ 밀봉장치(seal)

증기 · 압축공기 등의 기체, 물 · 기름 등의 액체, 시멘트 같은 분체 및 진동 그 밖의 누출장치, 또는 이물의 침입방지에 사용되는 장치

① 운동부분의 실 : 패킹

– 패킹 : 고압유체가 축 등의 운동부분으로부터 누출되는 것을 방지하기 위하여 사용하는 충전물

② 고정부분의 실 : 개스킷

– 개스킷(gasket) : 얇은 판상의 패킹재 · 플랜지관, 실린더블록이나 실린더헤드 등의 접합면에 수밀성과 기밀성을 유지하기 위하여 끼워 넣은 것

[문 제]

다음 중 작업유체의 누출방지에 사용되는 것은?

① 밸브　② 개스킷　③ 플랜지　④ 파열단

[문 제]

다음 중 기계설비에서 이상발생 시 기계를 급정지시키거나 안전장치가 작동되도록 하는 안전화를 무엇이라 하는가? (2013, 2015년 기출문제)

① 기능상의 안전화　② 외관상의 안전화
③ 구조부분의 안전화　④ 본질적 안전화

해설 기계설비의 안전조건

ⓐ 외관상 안전화 : 덮개, 케이스내장, 색채조절
ⓑ 작업의 안전화 : 기동장치와 배치, 시건장치, 안전통로
ⓒ 보전작업의 안전화 : 정기점검, 청소, 주유, 수리, 교환 등
ⓓ 기능의 안전화
- 적극적 대책
  - 1차적 : failsafe
  - 2차적 : 회로의 개선으로 인한 오동작 방지
- 소극적 대책 : 급정지

ⓔ 구조적 안전화 : 재료, 설계, 가공상의 결함제거
ⓕ 작업점의 안전화 : 원인제거, 자동제어, 자동송급 · 배출장치

[문 제]

기계의 기능적인 면에서 안전을 확보하기 위하여 반자동 및 자동제어장치의 경우에는 적극적으로 안전화 대책을 강구하여야 한다. 이때 2차적 적극적 대책에 속하는 것은? (2013년 기출문제)

① 울을 설치한다.　② 급정지장치를 누른다.
③ 회로를 개선하여 오동작을 방지한다.　④ 연동장치된 방호장치가 작동되게 한다.

해설 기능의 안전화 중 2차적 대책은 회로의 개선으로 인한 오동작 방지이다.

(4) 구조상의 안전화

재료, 설계, 가공 등의 결함에 의한 구조의 안전화

(가) 재료의 결함

재료의 강도, 잔류응력, 기공, 부식, 균열 등 ⇒ 적정재료 선정

(나) 설계상의 결함

강도계산의 착오, 최대부하 추정의 부정확성 ⇒ 안전율 고려

(다) 가공결함

재료가공 중의 가공경화 현상, 응력집중, 피로 등 ⇒ 열처리, 표준작업 방법, 품질관리

참고 품질관리(Quality Control)

수요자의 요구에 맞는 품질의 제품을 경제적으로 만들어 내기 위한 수단의 체계임. 근대적인 품질관리는 통계적인 수단을 채택하고 있으므로 통계적 품질관리(SQC,TQC)라고 함

[문 제]

다음 중 기계설비의 구조부분 안전화에 대한 결함에 해당하지 않은 것은? (2013년 기출문제)

① 재료의 결함 ② 기계설계의 결함

③ 가공상 결함 ④ 작업환경상 결함

해설 구조부분의 안전화

• 재료 • 설계 • 가공 • 사용

[문 제]

다음 중 재료에 있어서 결함에 해당하지 않은 것은? (2013년 기출문제)

① 미세균열 ② 용접불량 ③ 불순물 내재 ④ 내부구멍

해설 재료의 결함

① 조직의 결함으로 인하여 예상강도를 얻지 못한다.

② 재료 내부의 미소크랙으로 인한 피로파괴

③ 가공조건이나 사용환경에 부적합한 재료의 사용

④ 재료의 결함은 미세균열, 불순물내제, 내부구멍 등으로 재료의 변형을 가져오며 아주 위험하다.

⇒ 용접결함은 재료의 결함이 아니다.

참고

• 가공경화(working hardening)

금속이 가공에 의하여 변형될 때 보다 단단해지고 부서지기 쉬워지는 성질

• 응력집중(stress soncentration)

응력이 국부적으로 증대하는 재료에 구멍이 있거나 노치 등이 있을 때 이에 외력이 작용하면 국부적으로 응력이 커져 재료가 파괴되는 현상

• 노치(notch) : 재료에 국부적으로 만든 요철부

• 피로(fatigue)

– 상온 상태에서 재료에 반복하여 하중을 가하면 반복하는 횟수가 커짐에 따라 재료의 강도가 저하되는 현상(성수대교 사고원인)

– 반복하중 설계 시 우선 고려 인자는 피로한도이다.

• 크리이프(Creep)

재료에 일정한 응력을 장시간 가해두었을 때, 시간 경과와 함께 변형되고, 변형도가 증가해가는 현상을 크리이프라 하며, 시간과 함께 진행하는 변형도를 크리이프 현상이라 한다. 또 그 결과 파괴되는 것을 크리이프 파단이라 한다.

• 안전율(Safety factor)

기초강도와 허용응력과의 비

$$\text{안전율} = \frac{\text{기초강도}}{\text{허용응력}} = \frac{\text{극한강도}}{\text{최대설계응력}} = \frac{\text{파괴하중}}{\text{최대사용하중}} = \frac{\text{파단하중}}{\text{안전하중}}$$

• 허용응력 결정 시 기초강도

- 상온에서 연성재료가 정하중을 받을 경우 : 극한강도, 항복점
- 상온에서 취성재료가 정하중을 받을 경우 : 극한강도
- 고온에서 정하중을 받을 경우 : 크리이프 강도
- 반복응력을 받을 경우 : 피로한도

• 안전여유

안전여유 = 극한강도 − 허용응력

• Cardullo 안전율

S=A×B×C×D

A : 탄성율(사용재료의 극한강도/사용재료의 탄성한도)

B : 충격율,하중의 종류(정하중 : B=1, 교반하중 : B=극한강도/피로한도)

C : 여유율, 하중속도(정하중 : C=1, 충격하중 C=2)

D : 재료의 조건

[문 제]

다음 중 재료에 구멍이 있거나 노치(notch) 등이 있는 재료에 외력이 작용할 때 가장 현저히 나타나는 현상은? (2012년 기출문제)

① 가공경화 ② 피로 ③ 응력집중 ④ 크리이프

[문 제]

한계하중 이하의 하중이라도 고온조건에서 일정하중을 지속적으로 가하면 시간의 경과에 따라 변형이 증가하고 결국은 파괴에 이르는 현상을 무엇이라고 하는가? (2013년 기출문제)

① 크리이프(creep) ② 피로현상(fatigue limit)

③ 가공경화(stress hardening) ④ 응력집중(stress concentration)

해설 재료에 일정한 하중을 가하고 고온조건에서 장기간 사용하면 시간의 경과에 따라 변형이 증가하게 되는 현상을 말한다. 이 변형을 측정하는 시험을 크리이프 시험이라고 한다.

[문 제]

기계의 부품에 작용하는 힘 중에서 안전율을 가장 크게 취하여야 할 힘의 종류는?

① 반복하중 ② 이동하중 ③ 충격하중 ④ 교번하중

해설 하중에는 작용하는 속도에 따라 크게 정하중과 동하중으로 나눈다.

① 정하중 : 시간적으로나 공간적으로 변화 없이 정지한 하중이나 극히 서서히 가해지는 하중

② 동하중 동적으로 작용하는 하중을 말하며 이동하중, 교번하중(반복하중), 충격하중이 있으며, 충격하중은 안전율을 가장 크게 준다.

[문 제]

다음 중 정하중이 작용할 때 기계의 안전을 위해 안전율이 가장 크게 요구되는 재질은? (2014년 기출문제)

① 벽돌 ② 주철

③ 구리 ④ 목재

해설 Unwin 안전율 크기

재료	안전율
주철	4
단철, 연강	3
주강, 강	3
구리, 연한금속	5
목재	7
석재, 벽돌	20

[문 제]

다음 중 재료역학에서 안전계수라 함은 다음 중 무엇을 의미하는가?

① 최대응력을 비례한도로 나눈 값

② 최대응력을 탄성한도로 나눈 값

③ 최대응력을 항복점응력으로 나눈 값

④ 최대응력을 허용응력으로 나눈 값

[문 제]

어떤 로프의 최대하중이 600kg이고, 정격하중은100kg이다. 이때 안전계수는 얼마인가?

① 5 ② 6 ③ 7 ④ 8

해설 $안전율 = \frac{기초강도}{허용응력} = \frac{최대응력}{허용응력} = \frac{파괴하중}{최대사용하중} = \frac{극한강도}{최대설계응력} = \frac{600}{100} = 6$

[문 제]

기초강도를 사용조건 및 하중의 종류에 따라 극한강도, 항복점, 크리이프 강도, 피로한도 등로 적용할 때 허용응력과 안전율(>1)의 관계를 올바르게 표현한 것은? (2015년 기출문제)

① 허용응력=기초강도×안전율

② 허용응력=안전율/기초강도

③ 허용응력=기초강도/안전율

④ 허용응력=(안전율×기초강도)/2

해설 $안전율 = \frac{기초강도}{허용응력} = \frac{최대응력}{허용응력} = \frac{파괴하중}{최대사용하중} = \frac{극한강도}{최대설계응력}$

[문 제]

다음 중 반복하중을 받는 기계 구조물 설계 시 우선 고려해야 할 설계인자는? (2015년 기출문제)

① 극한강도 ② 크리이프 강도

③ 피로한도 ④ 항복점

해설
- 피로한도 : 상온 상태에서 재료에 반복하여 하중을 가하면 반복하는 횟수가 커짐에 따라 재료의 강도가 저하되는 현상으로 반복하중 설계 시 우선 고려인자는 피로한도이다
- 크리이프 : 고온상태에서 재료에 일정한 응력을 장시간 가해두었을 때, 시간 경과와 함께 변형되고, 변형도가 증가해가는 현상
- 항복점 : 탄성한도를 지나 응력이 증가될 경우 소성 변형이 발생하기 시작하는 점

[문 제]

기계의 안전율을 확보하기 위해서는 안전율을 고려해야 하는데 다음 중 이에 관한 설명으로 틀린 것은? (2014년 기출문제)

① 기초강도와 허용응력과의 비를 안전율이라 한다.

② 안전율 계산에 사용되는 여유율은 연성재료에 비하여 취성재료를 크게 잡는다.

③ 안전율은 크면 클수록 안전하므로 안전율이 높은 기계는 우수한 기계라 할 수 있다.

④ 재료의 균질성, 응력계산의 정확성, 응력의 분포 등 각종 인자를 고려한 경험적 안전율도 사용된다.

해설
- 안전율이 크면 안전할 수 있으나 작업능률이 감소되어 우수한 기계는 아니다.
- Cardullo 안전율(경험적 안전율)

  S=A×B×C×D

  A : 탄성율(사용재료의 극한강도/사용재료의 탄성한도)

  B : 하중의 종류(정하중 : B=1, 교반하중 : B=극한강도/피로한도

  C : 하중속도(정하중 : C=1, 충격하중 C=2)

  D : 재료의 조건

(5) 작업점의 안전화

① 일이 물체에 행하여지는 점, 또는 일감이 직접 가공되는 부분
⇒ 가드 등 방호장치나 자동제어 및 원격장치 설치

② 작업점용 가드의 기본 방향

ⓐ 작업점용 가드는 재료의 송급 및 가공재의 배출에 장애가 되지 않아야 한다.

ⓑ 작업자의 손이 안전울에 제어되어 위험점에 근접하지 못하게 한다.

ⓒ 일차 가공작업에 널리 적용되고 있다.

[문 제]

작업점에 대한 가드의 기본 방향이 아닌 것은? (2015년 기출문제)

① 조작할 때 위험점에 접근하지 않도록 한다.
② 작업자가 위험구역에서 벗어나 움직이게 한다.
③ 손을 작업점에 접근시킬 필요성을 배제한다.
④ 방음, 방진 등을 목적으로 설치하지 않는다.

정답 ④

(6) 작업의 안전화

(가) 안전작업을 위한 설계

① 안전한 기동장치의 배치
② 정지장치와 정지 시의 시건장치
③ 급지정지 버튼, 급정지 장치 등의 구조와 배치
④ 작업자가 위험부근에 접근 시 작동하는 검출형 방호장치 이용
⑤ 연동장치(interlock)된 방호장치의 이용
⑥ 작업을 안전화하는 치공구류 사용

참고 연동장치(interlock system)

기계의 각 작동부분 상호 간을 전기적, 기구적, 유공압장치 등으로 연결해서 기계의 각 작동부분이 정상적으로 작동하기 위한 조건이 만족되지 않을 경우 자동적으로 기계를 작동할 수 없도록 하는 페일세이프적인 기구로 걸림장치라고 한다.

(나) 인간공학적 안전한 작업환경

① 기계에 부착된 조명, 기계에서 발생되는 소음 등의 검토, 개선
② 기계류 표시와 배치를 적절히 하여 오인이 아니되도록 할 것

③ 작업대나 의자의 높이 또는 형을 적당히 할 것
④ 충분한 작업공간의 확보
⑤ 작업 시 안전한 통로나 계단 확보

> **참고**
>
> - 인간공학(Human Engineering) : 인간의 동작, 기능, 특성을 연구하여 인간이 정확하고 안전하며 편하게 조작할 수 있도록 하기 위한 기계설비의 설계가 주된 학문
> - 인간공학의 목적 : 작업장의 배치, 작업방법, 기계설비, 작업환경 등에 의해서 작업자의 신체적 특성이나 행동하는 데 받는 제약조건 등이 고려된 시스템을 디자인하여 인간과 작업환경이 잘 조화될 수 있도록 안전성을 바탕으로 작업능률을 향상시키기 위한 것

(7) 보전작업의 안전화

주유, 점검, 청소, 부품교환, 수리 등의 용이성

(가) 보전작업의 안전성의 고려

① 고장예방을 위한 정기점검 실시
② 주유방법의 개선
③ 구성부품의 신뢰도 향상
④ 보전용 통로나 작업장 확보
⑤ 분해 및 교환 철저

(나) 기계고장율(Failure rate)의 기본 모형과 신뢰도

기계고장율은 어느 시간까지 동작해 온 시스템, 기계기구, 부품 등이 다음 시간 내에 고장을 일으키는 비율을 말하며 단위시간당 불량률로 나타낸다. 고장률의 종류에는 3가지 기본 모형이 있다.

$$고장률(\lambda) = \frac{기간중의고장건수(r)}{총가동시간(t)}$$

여기서 총가동시간(t)은 전체수량×가동시간이다.

(다) 고장률의 종류

① 초기고장 : 감소형(DFR ; Decreaseing Failure Rate), 디버깅 기간(Debugging), 번인기간(burn-in)이라고 하며 예방대책으로 위험분석 예방대책은 점검실시 및 시운전 등으로 사전에 예방한다.

> **참고**
>
> - 디버깅 기간 : 기계의 결함을 찾아내어 고장율을 안정시키는 기간
> - 번인 기간 : 물품을 실제로 장시간 움직여보고 그동안에 고장난 것을 제거하는 기간

② 우발고장 : 일정형(CFR ; Constant Failure Rate)

사용조건상의 고장이며, 고장율이 가장 낮은 신뢰성이 있는 있는 기간으로 특히 이 기간을 내용수명(耐用壽命) 기간이라고 한다. 각 요소의 우발고장에 있어서의 평균 고장시간과 비율을 알고 있으면 제어계 전체 고장을 일으키지 않는 신뢰도를 구할 수 있으며, 평균 고장시간 t_o인 요소가 t시간 동안 고장을 일으키지 않을 확률은 다음과 같다.

$$신뢰도\ R(t) = e^{-\lambda t}$$

③ 마모고장 : 증가형(IFR ; Constant Failure Rate)

장치의 일부가 수명을 다해서 생기는 고장으로 정기진단(검사)이 필요하며 설비의 피로에 의해 생기는 고장이다. 마모고장은 통제분포를 관측해서 개방검사나 사전 교환 기간을 정해둔다.

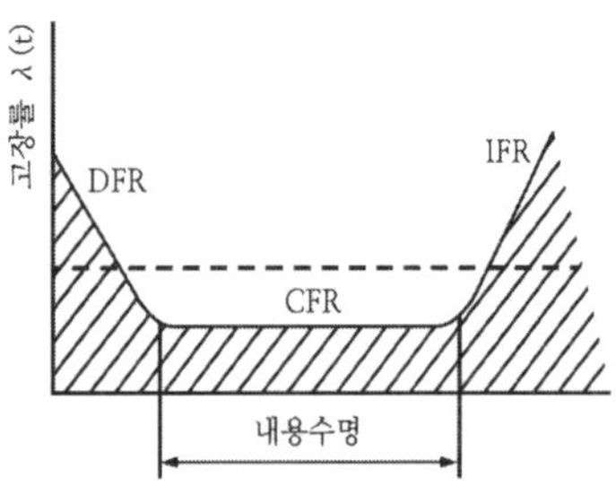

[그림 2.11 기계 고장률 모형

(라) 기계 · 설비의 원인분석과 대책

구분	원인분석	대책
초기고장 (DFR)	① 조잡한 제작 또는 수리에 의하여 발생한다. ② 설계 및 제조오류, 결함, 취급 및 운반에 의한 파손 등 ③ 고장율 함수 : 감소형	① 사용 전 시험 및 시험운전에서 제거 ② 제조메이커의 품질보증에 의존
우발고장 (CFR)	① 설계강도 이상의 급격한 스트레스 (stress)가 축적되어 발생 ② 진동에 의한 충격 등에 의하여 발생 ③ 안전계수가 낮음, 탐지되지 않은 고장이다. ④ 고장율 함수 : 일정형	① 설계 및 정상운전으로 방지 ② 예방보전으로 방지할 수 없음 ③ 사후보전 실시
마모고장 (IFR)	① 마모나 피로열화, 절연열화 등의 특성 열화에 의하여 발생 ② 고장율 함수 : 증가형	예방보전에 의하여 방지할 수 있음(PM)

[문 제]

기계설비의 고장 형태 중 가장 고장율이 낮은 것은?

① 피로고장 ② 우발고장
③ 초기고장 ④ 마모고장

해설 • 우발고장(CFR) : 사용조건상의 고장을 말하며, 고장율이 가장 낮다. 특히CFR 기간의 길이를 내용수명이라 한다.
• 초기고장 : 감소형(DFR) 디버깅 기간, 번인 기간이라고도 하며, 예방대책으로 위험분석을 하여 결함을 찾아내는 것이다.
  – 디비깅기간 : 기계의 결함을 찾아내 고장율을 안정시키는 기간
  – 번인기간 : 물품을 실제로 장시간 움직여 보고 그 동안에 고장난 것을 제거하는 기간
• 마모고장 : 증가형(IFR) 정기진단(검사)이 필요하며 설비의 피로에 의해 생기는 고장을 말한다.
  – 보전작업의 안전화 : 기계설비 등의 보전작업 시 분해를 하거나 방호장치를 해체했을 경우, 위험성이 돌연히 나타날 수가 있는데 이러한 것을 배제하는 것이 안전상 중요한 일이다.
    ① 정기점검실시 ② 급유방법의 개선
    ③ 구성부품의 신뢰도 향상 ④ 분해 · 교환 시 철저화
    ⑤ 보전용 통로나 작업장 확보

[문 제]

기계고장률의 기본모형 중 우발고장에 관한 사항으로 옳은 것은? (2015년 기출문제)

① 고장률이 시간에 따라 일정한 형태를 이룬다.
② 고장률이 시간이 갈수록 감소하는 형태이다.
③ 시스템의 일부가 수명을 다하여 발생하는 고장이다.
④ 마모나 노화에 의하여 어느 시점에 집중적으로 고장이 발생한다.

해설 우발고장의 특징
• 고장의 원인 : 안전계수가 낮음, 스트레스가 높음, 탐지되지 않은 고장
• 고장대책 : 사후보전
• 고장형태 : 일정형

[문 제]

기계설비의 수명곡선에서 고장의 유형에 관한 설명으로 틀린 것은? (2015년 기출문제)

① 초기고장은 불량제조나 생산과정에서 품질관리의 미비로부터 생기는 고장을 말한다.
② 우발고장은 사용 중 예측할 수 없을 때에 발생하는 고장을 말한다.
③ 마모고장은 장치의 일부가 수명을 다해서 생기는 고장을 말한다.
④ 반복고장은 반복 또는 주기적으로 생기는 고장을 말한다.

정답 ④

[문 제]

다음 중 욕조형태를 갖는 일반적인 기계고장 곡선에서의 기본적인 3가지 고장유형이 아닌 것은?

(2014년 기출문제)

① 우발고장 ② 피로고장

③ 초기고장 ④ 마모고장

2.5 기계설비의 방호장치

(1) 방호원리

① 위험제거

신호표시장치 등에 쓰이는 전압을 저전압으로 대체

② 차단(위험 상태의 제거)

위험한 작업과정의 자동화)

③ 덮어씌움(위험 상태의 삭감)

개인보호구 착용 등

④ 위험에의 적응

위험에 대한 정보제공, 안전행위 동기부여, 교육훈련 등

(2) 방호장치

(가) 격리형 방호장치

재해를 방지하기 위해 차단벽이나 망을 설치하는 원리

① 완전차단형 방호장치 : 체인, 벨트 등의 동력전달장치에 덮개를 씌움

② 덮개형 방호장치 : V벨트, 평벨트, 기어 등의 뒤험점에 덮개를 씌움

③ 안전방책 : 방호울을 설치 : 대마력의 원동기, 터어빈, 고전압 전기설비 주위

(나) 위치제한형 방호장치

조작자의 신체부위가 위험한계 밖에 있도록 의도적으로 기계의 조작장치를 일정거리 이상 이격(프레스의 양수조작식 방호장치)

(다) 접근거부형 방호장치

기계식 장치가 접근하는 근로자의 신체부위를 안전한 위치로 밀거나 당겨내는 장치(프레스기의 수인식, 손쳐내기식)

(라) 접근반응형 방호장치

작업자의 신체부위가 위험한계 내로 접근하면 이를 감지하여 기계를 정지(프레스, 전단기 등의 광선식, 압력용기의 압력감지방식)

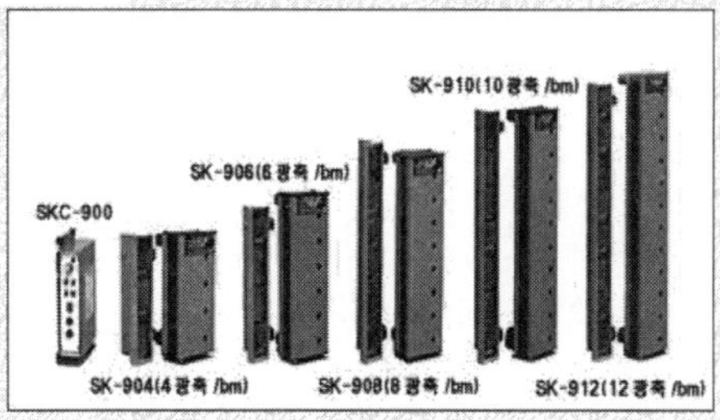

[그림 2.12] 광전자식 방호장치

(마) 포집형 방호장치

위험원에 대한 방호장치(연삭기의 비산물질 포집, 목재가공기계의 반발예방지 등)

(바) 감지형 방호장치

이상온도, 이상압력, 과부하 등 기계설비의 부하가 안전한계를 초과하는 경우 감지

[문 제]

다음 중 접근반응형 방호장치에 해당하는 것은? (2013년 기출문제)

① 손쳐내기식 방호장치　　② 광전자식 방호장치
③ 가드식 방호장치　　④ 양수조작식 방호장치

해설 접근반응형 방호장치
- 작업자의 신체부위가 위험한계 내로 접근하면 이를 감지하여 기계의 작동을 정지시키거나 차단되도록 하는 방호장치
- 프레스, 전단기 등의 광선식, 압력용기의 압력감지 방식

[문 제]

다음 중 위험한 작업점에 대한 격리형 방호장치와 거리가 먼 것은? (2014년 기출문제)

① 안전방책　　② 덮개형 방호장치
③ 포집형 방호장치　　④ 완전차단형 방호장치

해설 격리형 방호장치
- 완전차단형 방호장치
- 덮개형 방호장치
- 안전방책 : 방호울을 설치
- 포집형 방호장치는 위험원에 대한 방호장치이다.

[문 제]

다음 중 기계설비에 있어서 방호의 기본원리와 가장 거리가 먼 것은? (2013 기출문제)

① 위험제거 ② 덮어씌움 ③ 위험의 검출 ④ 위험에 적응

해설 기계설비 방호의 원리는 위험제거, 차단(위험상태 제거), 덮어씌움, 위험에 적응이 있다.

(3) 가드(guard)

물리적 위험성이 있는 장비 또는 기계의 작업점, 들어가는 물림점, 회전부분 등을 움직이는 부품과 접촉하지 않도록 하고 또한 기계에서 비산되는 파편, 스파크 등의 위험으로부터 사람을 방호하기 위한 수단이다. 가드의 종류에는 덮개, 울, 제어장치 등 (덮개식, 방벽, 제어장치 및 전자식 방호장치)

(가) 가드 개구부 설계

$$Y = 6 + 0.15X([\text{mm}])\ \text{단},\ X < 160[\text{mm}]$$

X : 위험부위로부터 가드까지의 거리

Y : 허용 개구부(안전간극)

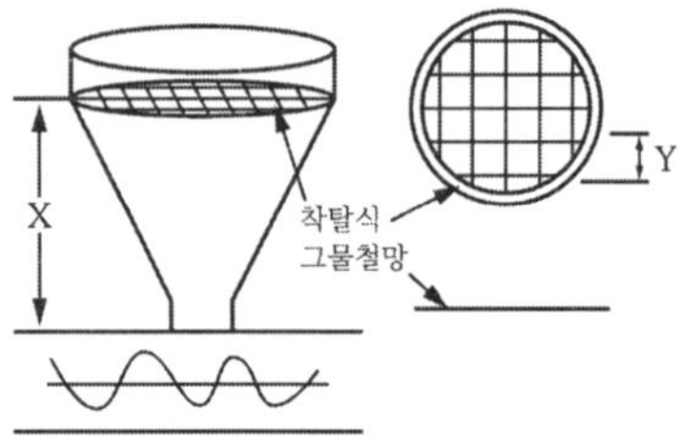

[그림 2.13] 압출기 가드 예

참고

- 덮개(Cover) : 물체의 전부 또는 일부를 덮는 것의 총칭
- 울(enclosure) : 한정된 범위를 판자, 봉 등의 형태를 사용해서 격리하는 구조물

(나) 가드의 종류

① 고정식 가드(fixed guard)

㉮ 작업점용 가드

작업자의 손이 안전울에 제어되어 위험점에 접근하지 못하게 함

(프레스 금형의 안전울, 연삭기의 덮개, 목재가공용 둥근톱기계의 덮개)

㉯ 동력전달부용 가드

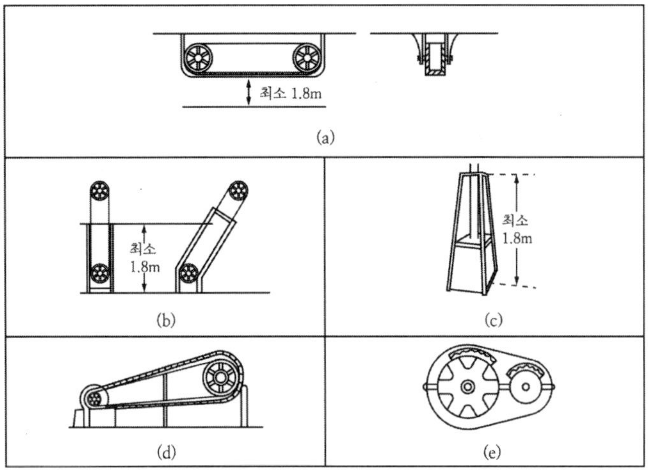

[그림 2.14] 동력 전달부 가드

- 천장에 설치된 벨트와 벨트 풀리에 대한 울의 설치(지상 1.8[m]일 때)
- 천장과 바닥 위의 벨트와 벨트 풀리에 대한 울의 설치(지상 1.8[m]까지 설치)
- 수직축에 대한 울의 설치
- 벨트에 대한 울의 설치
- 기어의 울의 설치

㉰ 키이와 세트볼트 덮개

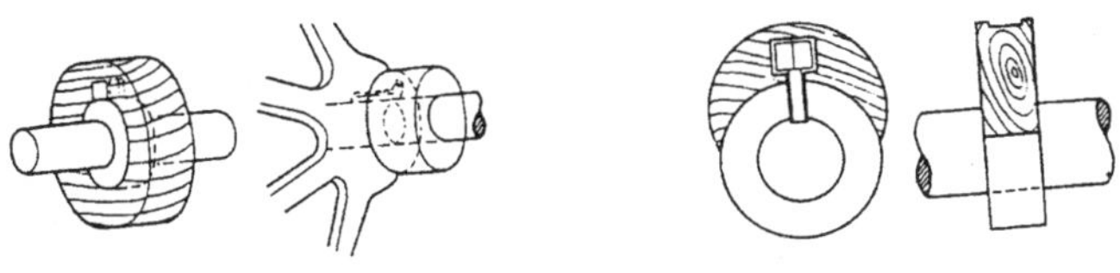

[그림 2.15] 키와 세트볼트의 방호덮개

참고

■ 키이(Key)

- 기어나 벨트, 풀리 등의 회전체를 축에 고정하여 일체가 되는 경우에 사용하는 기계요소로 치수가 작은 데 비해 큰 힘을 전달하므로 축보다 약간 강한 강재료를 사용한다.
- 키이의 종류

  키이에는 평행키이와 경사키이(테이퍼키이 : 경사도 1/100)가 있다.

  – 묻힘키이, 성크키이 : 축과 보스의 양쪽에 키이홈을 파고 키이를 끼우도록 한 것. 일반적으로 가장 많이 사용되며 큰 회전력을 전달하는 데 쓰이나 축의 강도가 약함

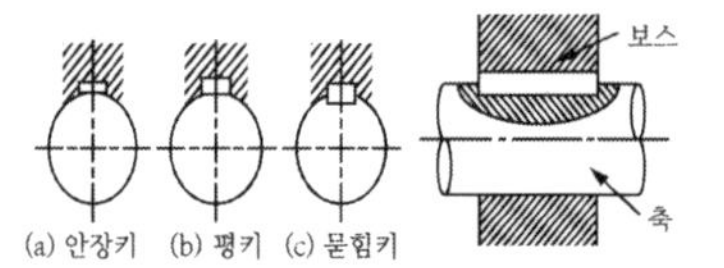

[그림 2.16] 키이 종류

  – 안장키이, 새들키이 : 축은 절삭하지 않고 보스에만 홈을 파서 키이를 때려박은 마찰력만으로 회전력을 전달하는 키이

  – 평키이(flat key) : 보스에만 키이홈을 파고 축에는 키이 너비만큼 편편하게 다듬질한 키이로 새들키이보다 큰 회전력 전달

  – 페더키이, 미끄럼키이

  기울기가 없는 키이를 축이나 보스에 고정시켜 놓고 보스를 축 방향으로 이동할 수 있게 한 키이

  – 접선키이(tangential key)

  키이홈을 축의 접선방향으로 파서 키이 2개를 한조로 하여 서로 반대방향으로 때려박은 키이. 회전방향이 변하는 경우 120° 간격으로 2개조를 박음

  – 반달키이(woodruff key)

  키이와 홈의 가공이 간단하고 키이가 홈 안에서 전동할 수 있어 부착이 용이함

■ 풀리(pully)

동력전달장치에서 벨트를 거는 원통형의 바퀴로 벨트바퀴라고도 하고, 감기 전동에서 원동 및 종동축에 사용하는 마찰바퀴를 말하는 것을, 평 벨트 용, V 벨트용, 이붙은 벨트용 등이 있다.

■ 플라이휘일

크랭크축의 출력 측에 설치되어 에너지를 일시적으로 저장하였다가 다시 방출하는 일을 한다.

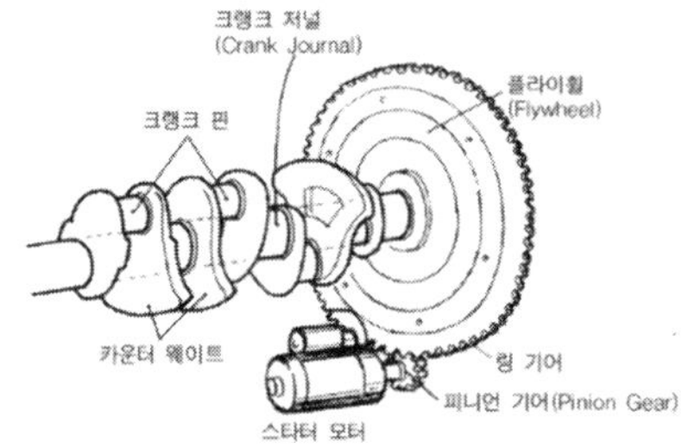

㉣ 축의 덮개와 슬리이브

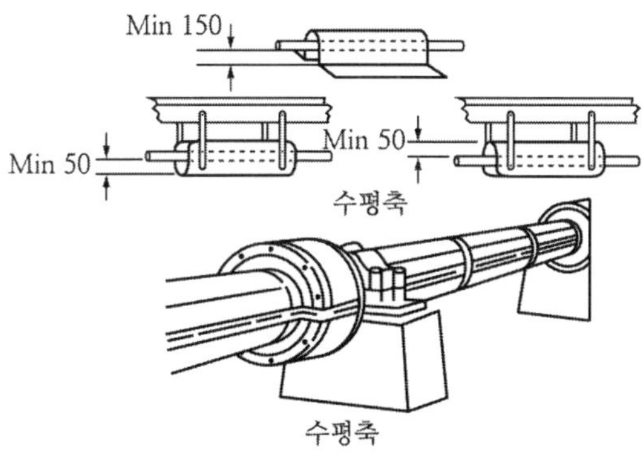

[그림 2.17] 축의 덮개와 슬리이브

참고 슬리이브(sleeve)

축 등의 외주에 끼워 넣어 사용하는 가늘고 긴 원통형의 부품

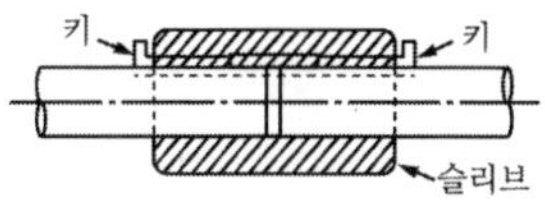

[그림2.18] 슬리이브

㉤ 고정형 가드 구비조건

ⓐ 충분한 강도를 유지할 것

ⓑ 구조가 단순하고 조정이 용이하여야 한다.

ⓒ 일반작업, 점검 조정작업이나 주유작업에 방해가 되면 안 된다.

ⓓ 안전울과 기계의 운동부 사이에 신체의 일부가 들어가지 않게 제작할 것

② 인터로크식 가드(interlocked guard)

기계의 각 작동부분 상호간을 기계적, 전기적, 유공압적인 방법으로 연결하여 각 작동부분이 정상적으로 작동하지 않을 경우 자동적으로 기계가 작동할 수 없도록 하는 가드

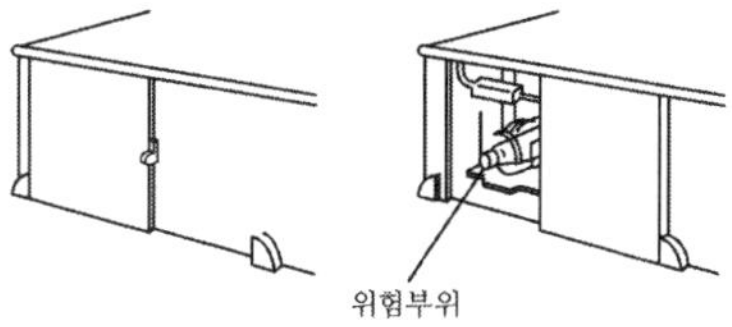

[그림 2.19] 직접 수동 스위치 인터로크

③ 자동식 가드(Automatic guard)

자동식 가드는 작업자와 무관하게 작동되고 기계가 작동하는 동안 작업자가 기계의 위험부분에 접촉하는 것을 방지하며 위험한 경우, 기계를 중단시키게 하는 가드

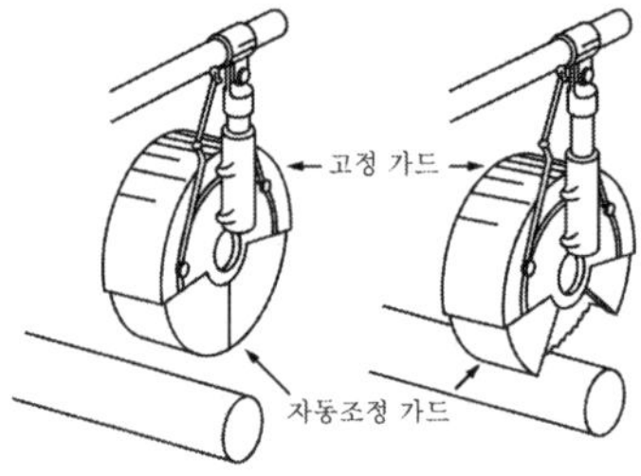

[그림 2.20] 목재가공용 둥근톱기계의 자동식 가드

④ 조정식 가드

방호하고자 하는 위험구역에 맞추어 적당한 모양으로 맞추어 조정하는 가드

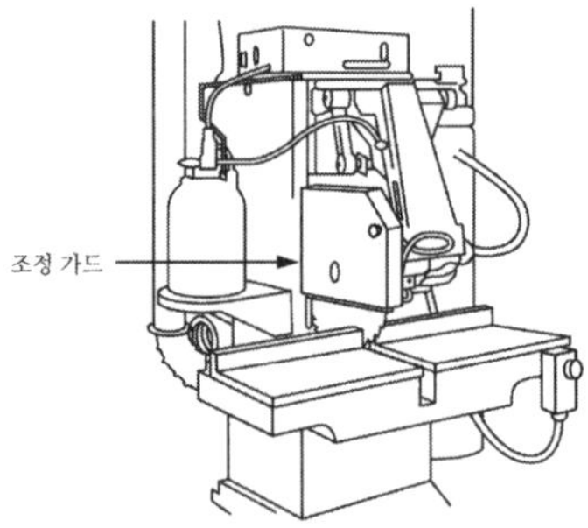

[그림 2.21] 둥근톱기계의 조정식 가드

[문 제]

벨트와 풀리, 기어와 피니언 및 회전축 등의 동력전달장치에 설치할 방호방책 높이는 얼마인가?

① 1.8[m] ② 2.8[m] ③ 3.8[m] ④ 4.8[m]

[문 제]

일종의 연동기구로서 안전한 상태를 확보하도록 한 기구로 기계적, 전기적 구조로 되어 있는 장치는?

① 자동식 방호장치 ② 가변식 방호장치
③ 고정식 방호장치 ④ 인터로크식 방호장치

정답 ④

[문 제]

기계설비 방호 가드의 설치 조건으로 틀린 것은? (2012년 기출문제)

① 충분한 강도를 유지할 것
② 구조가 단순하고 위험점 방호가 확실할 것
③ 개구부(틈새)의 간격은 임의로 조정이 가능할 것
④ 작업, 점검, 주유시 장애가 없을 것

해설 안전울과 기계의 운동부 사이에 신체의 일부가 들어가지 않게 제작할 것

정답 ③

(4) 위험기계 · 기구의 방호장치

표 2.1 위험기계 · 기구의 방호장치

번호	대상기계 · 기구명		방호장치 종류
1	프레스 및 전단기		• 안전장치 : 감응식, 손쳐내기식, 수인식, 양수조작식, 게이트가드식 • 안전블럭, U자형페달, 자동송급 및 배출장치 금형의 안전울
2	로울러기		• 급정지장치 : 손조작식, 복부조작식, 무릎조작식 • 안내로울러
3	연삭기		• 덮개, 칩비산방지 투명판(shield)
4	양중기	크레인 곤도라 리프트	• 과부하방지, 권과방지, 비상정지장치, 브레이크 해지장치 • 과부하방지, 권과방지장치, 제동장치 • 과부하방지장치, 권과방지장치
		승강기	• 과부하방지장치, 조속기, 화이날리미트 스위치, 완충기, 비상정지장치, 출입문 인터록장치
5	선반		• 덮개, 칩브레이커, 척카버, 방진구
6	드릴링 머시인		• 안전덮개, 자동급유장치
7	밀링 머시인		• 덮개, 칩제거 : 브러시, 압축공기
8	플레이너, 세이퍼, 슬로터		• 가드, 방책, 칩받이, 칸막이
9	목재가공용 둥근톱기계		• 반발예방장치(분할날, 반발방지 로울, 반발방지 발톱), 날접촉예방장치
10	연삭기		• 덮개, 칩비산장치 투명판, 국소배기장치,플랜지
11	동력식 수동대패기계		• 날접촉예방장치
12	원심기		• 덮개, 연동장치, 조속기
13	파쇄기, 분쇄기		• 덮개, 울, 방책
14	아세틸렌용접장치 가스집합용접장치		• 안전기(수봉식, 건식)
15	방폭용접전기기계, 기구		• 방폭구조 전기기계, 기구
16	교류 아크 용접기		• 자동전격방지기(역화방지기)

번호	대상기계 · 기구명	방호장치 종류
17	압력용기(공기압축기 등)	• 압력방출장치, 언로드 밸브(공기압축기)
18	보일러	• 압력방출장치, 압력제한스위치, 고저수위조절장치, 화염검출기
19	압력용기, 공기압축기	• 안전밸브, 파열판, 긴급방출밸브, 압력상승정지 장치, 압력용기 온도, 압력 경보장치
20	컨베이어	• 비상정지장치, 역전방지장치
21	지게차	• 전조등, 후조등, 헤드가드, 백레스트, 파렛트
22	산업용로봇	• 안전매트, 방호울
23	정전 및 활선작업에 필요한 절연기구	• 절연용방호구, 활선작업용기구
24	추락, 붕괴 등 위험방호가 필요한 가설기자재	• 비계, 파이프서포트 등 고용노동부 장관이 정하는 가설기자재

(가) 동력에 의하여 작동되는 기계 · 기구의 추가 방호장치

① 작동부분의 돌기부분 : 묻힘형(매두형)이나 덮개 부착

② 동력전달부분, 속도조절부분 : 덮개, 방호망

※ 기계의 원동기, 회전축, 치차, 풀리, 플라이휠 및 벨트 부위

⇒ 덮개, 울, 슬리이브, 건널다리 방호장치 설치

③ 회전기계의 물림점 : 덮개, 울

④ 동력기계 : 동력차단장치(스위치, 클러치, 벨트이동장치)

[문 제]

기계의 원동기, 회전축 및 체인 등 근로자에게 위험을 미칠 우려가 있는 부위에 설치해야 하는 위험방지 장치가 아닌 것은? (2012년 기출문제)

① 덮개 ② 건널다리 ③ 클러치 ④ 슬리이브

해설 기계의 원동기, 회전축, 치차, 풀리, 플라이휠 및 벨트 부위
⇒ 덮개, 울, 슬리이브, 건널다리 등을 설치

[문 제]

다음 중 위험기계 · 기구에 설치하는 방호장치 종류에 해당되지 않는 것은?

① 급정지장치 ② 안전기 ③ 덮개 ④ 조명장치

해설 급정지장치는 로울러기 · 크레인 등에, 안전기는 가스용접장치, 덮개 또는 울은 프레스, 선반 등에 사용되는 방호장치이며 조명장치는 방호장치가 아니다.

[문 제]

다음 안전장치 중 연결이 잘못된 것은?

① 접촉예방장치 – 프레스 ② 반발예방장치 – 둥근톱
③ 진동방지장치 – 기계띠톱 ④ 인터로크 – 혼합기

해설 • 프레스기 접촉예방 방호장치 : 게이트가드식
• 둥근톱기계 방호장치 : 반발예방장치(분할날, 반발방지기구, 반발방지 로울), 날접촉예방장치
• 기계띠톱 : 날접촉예방장치
• 덮개(연동장치) : 혼합

[문 제]

원동기, 풀리, 치차 등 근로자에게 위험을 미칠 우려가 있는 부위에 설치하는 위험방지장치가 아닌 것은?

① 덮개 ② 슬리이브 ③ 건널다리 ④ 램

해설 ①, ②, ③ 외에도 울이 있다.
• 램(RAM) : 세이퍼에서 직선왕복운동을 하는 기구로 전면에 공구대가 있다. 램의 왕복운동은 크랭크와 링크기구를 이용한 급속귀환 기구가 사용되며 세이퍼의 크기는 램의 행정으로 표시한다.

[문 제]

산업안전보건기준에 관한 규칙에 따라 회전축, 기어, 풀리, 플라이휘일 등에 사용되는 키이, 핀 등의 형태로 적합한 것은? (2015 기출문제)

① 돌출형 ② 개방형 ③ 폐쇄형 ④ 묻힘형

해설 키(key), 핀(pin)의 작동부분의 돌기부분은 묻힘형(매두형)으로 하거나 덮개 부착하여 한다.

[문 제]

다음 중 위험기계 · 기구별 방호장치가 틀린 것은? (2012년 기출문제)

① 산업용 로봇 – 안전매트
② 보일러 – 급정지장치
③ 목재가공용 둥근톱기계 – 반발예방장치
④ 활선작업에 필요한 절연용 기구 – 절연용 방호구

Chapter 03

소성가공

3.1 소성가공

(1) 정의

모든 재료는 외력을 가했을 때 원상태로 되돌아가려는 탄성과 변형 상태가 그대로 남는 소성의 성질을 갖고 있는데 소성가공은 비절삭 가공이라고 하며, 재료의 소성을 이용하여 필요한 형상으로 가공하든가, 주조조직을 파괴하여 균일한 재결정으로 강도, 연성 등의 기계적 성질을 개선하는 가공법을 말한다.

(2) 소성가공의 종류

(가) 단조(forging) : 재료를 기계나 해머로 두들겨 성형가공하는 것

(나) 압연(Rolling) : 재료를 회전하는 로울러 사이에 넣고 가공하는 것

(다) 인발, 드로오잉(drawing) : 재료를 틀(die) 사이에 통과시켜 축방향으로 잡아당겨 늘이는 가공

(라) 압출(extruding) : 재료를 컨테이너에 넣고 압축을 가하여 재료를 뽑아내는 가공

(마) 전조(form rolling) : 다이나 롤러 사이에 제품을 넣고 회전시켜 가공하는 것으로 나사나 기어가공에 사용

(바) 판금가공(sheet metal working) : 판재를 형틀에 의해서 변형하는 가공

(3) 소성가공 시 금속의 변화

(가) 가공경화(working hardening) : 금속재료를 가공할 때 반복해서 재료에 외력을 가하면 결정 내에 변형이 생겨 경도나 인장강도가 증가하고 연신율이나 수축율이 감소해서 여리게 되는 현상

(나) 재결정(recrystallization) : 가공경화한 재료를 어떤 온도 이상에서 일정시간 가열하면 가공경화의 영향이 해소되고 새로운 결정립의 집합이 일어나 연한 재질로 되돌아가는 현상으로 재결정이 일어나는 온도를 재결정 온도라고 함

※ 여러 금속의 재결정 온도

- Al : 150~240℃
- Pb : 3℃
- Fe : 350~450℃
- Zn : 5~25℃
- Mg : 150℃
- Sn : 7~25℃

(4) 소성가공의 방법

소성가공의 방법에는 재결정 온도 이상으로 가열하여 가공하는 열간(고온)가공과 재결정 온도 이하에서 가공하는 냉간(상온)가공이 있다.

표 3.1 소성가공

냉간가공	열간가공
• 가공경화가 현저하여 변형응력이 높다. • 치수의 정밀도와 표면상태가 양호 • 연강, 구리합금, 스테인레스강의 고용체합금의 가공에 널리 사용 • 가공경화에 의해 강도를 높일 수 있다.	• 가공하기 쉽고 가공도를 크게 할 수 있으므로 거친 가공에 적합 • 연화가 변형 중에 일어나므로 변형응력이 낮다. • 작은 힘으로 큰 변형을 얻을 수 있음 • 고온에서 산화가 용이하고 표면상태가 불량하여 제품의 정밀도 저하 • 단조나 압출 이용

3.2 단조가공(forging)

(1) 개요

금속재료를 소성 유동하기 쉬운 상태에서 압축력 또는 충격력을 가하여 단련하는 가공으로, 일반적으로 결정입자를 미세화하고 조직을 균등하게 하여 강도나 인성을 좋게하는 가공

(2) 단조의 종류

(가) 열간 또는 냉간단조

① 자유단조(free forging)

2개의 모루(anvil) 사이에 가열된 소재를 넣고 압력을 가할 때, 재료가 누르는 방향과 직각으로 구속 없이 형상과 크기를 자유로이 할 수 있으며 수량이 적거나 대형물 가공에 널리 사용하며, 늘이기, 굽히기, 자르기, 압축, 단짓기, 구부리기, 구멍뚫기, 탭작업 등의 작업이 있다.

② 형단조

2개의 금형틀 사이에 재료를 놓고 압축 또는 타격을 가하여 일정한 모양의 제품을 만드는 작업

③ 프레스단조(press forging)

④ 자동열간단조(automatic hot forging)

⑤ 업셋단조(upset forging)

가열된 재료를 형틀에 고정하고 한 쪽 끝을 돌출시킨 상태에서 돌출부를 축방향으로 헤딩공구로 타격을 주어 형성함

[그림 3.1] 형단조 작업

⑥ 압연단조(roller forging)

⑦ 스웨이징(swaging)이 있으며 최근에는 특수단조 방법이 개발되고 있는데 그 종류는 다음과 같다.

(나) 특수 단조

① 용동단조

중심축이 상대형의 중심축에 대해 흔들리며 돌면서 재료를 국부적으로 압축해서 하는 단조이며 단조하중의 경감을 목적으로 사용된다.

② 분말단조

금속 압분체 또는 소결체를 거친 바탕으로 해서 사용하는 단조이다

③ RR단조

좌우대칭으로 나누어진 상부, 하부의 금형이 이동대 내에 세트되어 재료에 힘이 가해질 때는 이동대의 테이퍼 부의 이동기구에 의해 설치된 굽힘을 동시에 할 수 있는 대형 크랭크축상의 단조품을 제조한다. 대형의 크랭크축의 단조가 능률적으로 가능하다.

④ TR단조

상부금형이 좌우대칭으로 나누어지고 재료에 힘이 가해질 때 링크 기구에 의해 설치와 굽힘을 동시에 대형 크랭크축상의 단조품을 제조하기 위한 단조로 효과는 RR 단조와 같다.

⑤ 코아드 · 포징

금형 내의 재료에 2방향 이상에서 펀치를 밀어 넣는 것으로, 주로 중공제품을 만드는 형단조 특수구조의 프레스가 필요하다.

⑥ 폐쇄단조

버리를 만들지 않는 금형구조를 특징으로 하는 형단조의 일종으로, 일반적으로 형단조는 버리를 타격하기 위해 상당한 에너지를 필요로 한다. 특별한 구조의 프레스 및 금형을 사용하며 금형이 닫히고 나서 펀치로 재료를 가압해서 임프레션에 살을 충만시키는 방법이며 버리가 없는 정밀한 단조품이 만들어진다. 재료의 절약, 기계 가공의 절감, 품질의 향상 등의 효과가 있으며 종래의 프레스에 비해 작은 힘으로 같은 정도의 크기의 것이 된다. 단 비대칭적인 것은 작업이 곤란하다.

⑦ 고에너지단조

고압가스를 사용하여 고속으로 럼을 작동하고 재료에 높은 충격에너지를 주어 변형

(3) 단조특징

① 재료의 항복점이 낮고 연신율이 클수록 단조가공이 쉬우며 주철은 불가능

② 순수 재질일수록 쉽고, 탄소함유량이 많을수록 가공이 어려움

③ 인은 냉간취성, 황은 열간취성을 일으킴

참고

- 적열취성
  주로 황을 많이 포함한 강(0.02%)에서 일어나고 약 900℃에서 발생하며 단조가 불가능하고 인장강도, 연신율이 감소된다.
- 냉간취성(청열취성)
  재료에 인이 첨가된 탄소강을 가열하면 200~300℃ 부근에서 인장강도나 경도가 상온에서의 값보다 크게 되고, 연신율은 최저가 되며 변형이 수축되는 현상. 파란 산화피막이 형성되기 때문에 청열취성이라고도 함

참고

■ 재료의 기계적 성질
인장강도, 압축강도, 경도, 충격, 피로, 마모 등을 말한다.

■ 기계적 성질을 시험하는 재료 시험
- 인장시험(tensile test)
- 압축시험(compressive test)
- 굽힘시험(bending test)
- 전단시험(shearing test)
- 비틀림시험(torsion test)
- 충격시험(impact test)
- 피로시험(fatigue test)
- 경도시험(hardness test)
- 크리이프시험(Ceeep test)
- 마모시험(abrasion test)

■ 인장시험만으로 알 수 있는 기계적 성질
⇒ 항복점, 인장강도, 연신율, 단면수축율, 탄성한도, 파괴강도
⇒ 응력 변형률 선도
금속재료의 응력(하중)과 변형률의 관계를 나타낸 선도이다. 이 선도를 이용하여 재료의 사용범위를 확인할 수 있다.

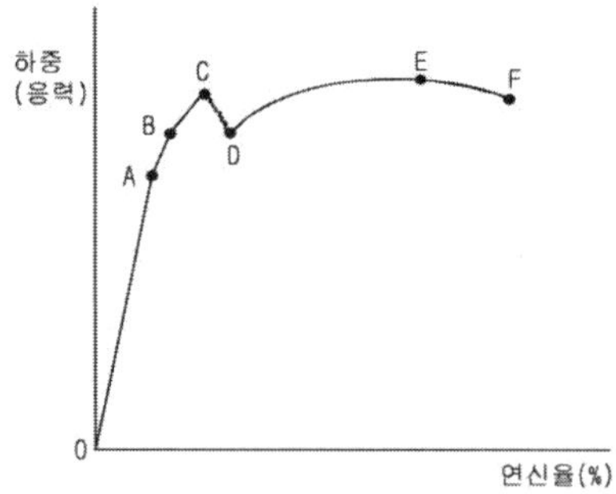

[그림 3.2] 응력과 변형율 선도

① 비례한도(사용응력) - A점 : 응력(하중)의 증가에 따라 변형률 또한 거의 직선의 비례를 나타내게 되는 최대점이다. 응력 제거시 재료는 원래의 상태로 복귀한다. 후크의 법칙 $\sigma = E\varepsilon$이 성립함
② 탄성한도(허용응력) - B점 : 비례한도를 지나 응력이 증가될 경우 영구변형을 일으키려는 최대점이다. 재료의 변형이 발생하지 않는 범위 내에서 응력(하중)을 최대로 견딜 수 있는 지점이다.
③ 상항복점 - C점 : 탄성한도를 지나 응력이 증가될 경우 소성 변형이 발생하기 시작하는 점이다. 이 점부터는 응력(하중)이 제거된다 하더라도 재료는 원래의 상태로 복귀가 불가능해진다.
④ 하항복점 - D점 : 응력(하중)의 변화가 없는 상태인데도 불구하고 재료의 변형이 급격히 발생하는 지점이다
⑤ 최대응력(인장 최대 하중점, 극한강도) - E점 : 재료가 최대의 응력을 견딜 수 있는 지점이다.
⑥ 파괴점 - F점 : 재료가 더 이상의 응력에 견디지 못하고 파괴되는 지점이다.

(4) 단조용공구 종류

① 계측공구

치수측정에 사용되며 퍼스, 직각자, 강제철자 등을 사용

② 해머

해머재료는 탄소공구강이며 타격면은 담금질처리로 인해 경화되어 있으며 로크웰 경도(Rockwell hardness : RC)는 C스케일 50~60 정도이다. 해머 작업은 수공구에 의한 사고 중 가장 많이 발생한다.

> **참고** 재료의 경도시험
>
> 재료표면의 단단한 정도를 측정하는 시험으로 재료를 압입, 반발, 긁기식의 시험방법을 사용
>
> (1) 브리넬 경도(Hb ; Brinell hardness) – 압입식
>
> 고탄소강의 볼(ball)을 이용하여 재료 표면을 일정 하중(철강 3,000[kg], 구리 1,000[kg], 알루미늄 500[kg] 등)으로 누르게 된다. 이때 재료 표면상에는 오목한 형태의 파인 부분이 발생하며 이 오목한 부분의 표면적으로 하중을 나누는 방법이다. 일반적으로 볼의 지름은 10[mm] 정도이다.
>
> (2) 비커스 경도(Hv ; Vickers hardness) – 압입식
>
> 브리넬 경도의 측정방법과 유사하다. 다만 볼(ball)이 아닌 다이아몬드 사각뿔을 가진 피라미드형 압입자를 이용하는 것이 다르다. 피라미드의 꼭지각은 136°이며 하중은 120[kg] 이하이다.
>
> (3) 로크웰 경도(Hr ; Rockwell hardness) – 압입식
>
> 재료 표면의 경도에 따라 다이아몬드 원뿔이나 또는 강구(Ball)를 일정한 하중으로 재료를 누르게 된다. 이 때 재료에 발생된 재료의 깊이로써 경도를 구한다.
>
> ① B 스케일
>
> 100[kg]의 하중에서 1.588[mm](1/16 inch)의 볼을 사용하여 연질금속의 경도를 측정한다.
>
> ② C 스케일
>
> 150[kg]의 하중에서 꼭지각 120°의 다이아몬드 원뿔을 사용하여 강이나 담금질한 강 등의 경도를 측정한다.
>
> (4) 쇼 경도(Hs ; Shore hardness) – 반발식
>
> 끝부분에 다이아몬드가 고정된 낙하체를 일정한 높이에서 시험편에 낙하한 후 낙하체의 반발 높이를 측정하는 경도시험이다. 압입식과는 다르게 재료 표면에 흠집이 발생하지 않으므로 일반적으로 완성된 제품에 사용된다.
>
> (5) 마르텐 경도 – 긁기식
>
> 다이아몬드를 사용하여 재료표면에 0.01[mm]의 흠집을 긁을 때 소요된 하중을 측정함으로써 경도를 측정하는 방법이다.

③ 앤빌(Anvil)

단조나 판금작업에서 공작물을 올려놓고 작업하는 주철 또는 주강제의 성형용의 공구이고, 앤빌과 비슷한 것으로 이형공반(swage block)이 있으며 면상의 많은 구멍은 앤빌의 구멍과 같은 용도로 사용되고 주면의 홈에는 여러 가지 모양과 치수가 있다.

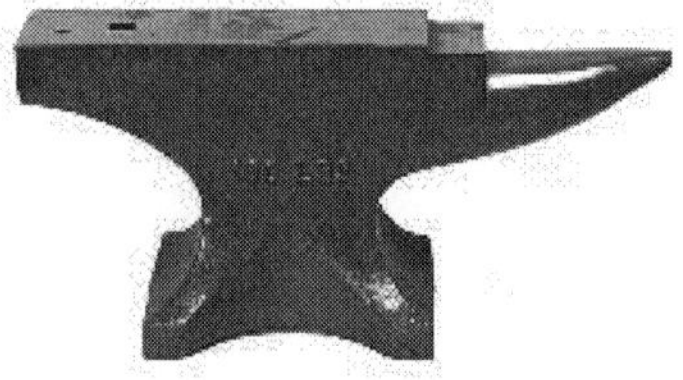

[그림 3.3] 앤빌

[그림 3.4] 이형공반

④ 정(chisel)

정은 재료를 절단 또는 깎아내는데 사용하는 공구로 정의 끝에는 담금질 열처리가 되어 있어 무리한 타격을 가하면 정의 일부분이나 재료의 일부분이 부셔져 파편에 의하여 재해를 당하는 경우가 있다. 따라서 칩이 튀는 작업에는 보호안경 착용하여 작업하고, 처음에 작업을 시작할 때는 가급적 정을 가볍게 타격하고 점차 힘을 가하여 작업한다.

⑤ 줄 등

탄소공구강 면에 많은 소돌기로 된 날로 공작물을 깎아내거나 다듬질할 때 사용하는 수공구

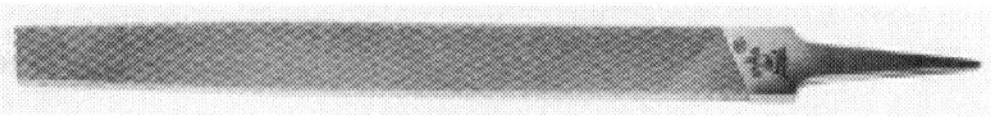

[그림 3.5] 줄

⑥ 스패너, 드라이버

스패너는 볼트, 너트 등을 돌리는 공구이고 드라이버는 나사나 바이스 등을 고정하기 위한 공구이다.

(5) 단조용 공구 작업안전수칙

(가) 해머 작업안전수칙

① 해머에 쐐기가 없는 것, 자루가 빠지려고 하는 것 등은 사용금지
② 해머의 본래 사용목적 이외에는 사용금지
③ 해머는 처음부터 힘을 주어 치지 않음
④ 부식이 발생한 것은 녹이 비산되어 눈에 들어가지 않도록 보안경 착용
⑤ 장갑을 끼지 않고 작업

(나) 정작업 작업안전수칙

① 정작업 시 반드시 보안경 착용
② 정으로 담금질된 재료를 가공해서는 안 됨
③ 자르기 시작할 때와 끝날 무렵에는 세게 치지 않음
④ 철강재를 정으로 절단할 때는 철판의 비산에 주의

[문 제]

다음 안전수칙을 적용해야 하는 수공구는?

1. 칩이 튀는 작업에는 보호안경 착용
2. 처음에는 가볍게 하고 점차 힘을 가함
3. 절단된 철제 끝이 튕길 위험 발생

① 해머 ② 정 ③ 쇠톱 ④ 줄

해설 정작업의 안전 수칙으로 위의 항목 이외에 담금질된 재료는 절대하지 않아야 한다. 열처리(담금질)를 하여 물에 급랭하였을 때 조직은 마르텐사이트(martemsite)이다.

[문 제]

정(chisel)작업의 일반적인 안전수칙에서 틀린 것은? (2012년 기출문제)

① 따내기 및 칩이 튀는 가공에서는 보안경을 착용하여야 한다.
② 절단작업 시 절단된 끝이 튀는 것을 조심하여야 한다.
③ 작업을 시작할 때는 가급적 정을 세게 타격하고 점차 힘을 줄여간다.
④ 절단이 끝날 무렵에는 정을 세게 타격해서는 안 된다.

(다) 줄작업 작업안전수칙

① 줄은 반드시 자루를 끼워 작업
② 해머대용으로 두드리지 않음
③ 용접한 줄은 잘 부러지므로 사용하지 않음
④ 줄은 다른 용도에는 사용금지

참고 담금질(quenching)

재료를 변태점온도(보통 탄소강인 경우 910℃)로 가열하여 수중 또는 유중에 급랭하여 경화시키는 열처리 방법. 탄소강인 경우 오 오스테나이트 조직을 급랭하면 중간조직인 마르텐사이트 조직을 얻을 수 있다.

[그림 3.6] 담금질을 위한 가열

(라) 스패너 사용 시 작업안전수칙

① 스패너는 볼트에 맞는 표준형 스패너를 사용하고, 필요할 때는 긴자루의 스패너를 사용한다.

② 몽키 스패너에서는 위험부분의 파손이 잘 일어나므로 고정측에 보다 힘이 많이 걸리게 한다.

③ 파이프렌치는 파이프 전용으로서 볼트나 너트의 조임에 사용해서는 아니 된다.

④ 스패너, 렌치는 올바르게 끼우고 몸쪽으로 당긴다.

(6) 단조작업 시 안전사항

(가) 단조작업 시 발생 재해

타박, 골절, 염좌, 화상 등

(나) 단조작업 시 필요한 보호구

안전모, 귀마개, 보안경, 장갑, 복부보호구, 안전화, 안전화용커바 등

(다) 단조작업 시 위험요인

① 타격에 의해 반발된 소재 및 공구에 접촉

② 다이 사이에 손이나 발의 협착

③ 다이의 설치 및 제거 시 다이 낙하에 의한 협착

④ 고온산화 스케일의 비산에 의한 화상

⑤ 동력전달장치에 말려듦

참고 스케일

금속에 있어서 금속을 노 내에서 가열할 때 표면에 생기는 두꺼운 산화물로 단조, 압연 등을 할 때 생김

(라) 단조작업 시 안전수칙

① 재료를 자를 경우 잘린 조각이 날아올 염려가 있으므로 정면에 서지 않음

② 형, 공구류는 사용 전에 예열한다.

③ 해머로 작업 시 장갑을 끼지 않는다.

④ 다이장착 시 상하의 다이가 어긋나지 않도록 유의한다.

⑤ 물이나 기름이 묻은 도구는 위험하므로 노구 면에 있으면 아니 된다.

⑥ 노에서 금속을 달구어 정해진 장소로 이동 시 던지지 아니 한다.

⑦ 담금질 스케일에 의한 화상을 예방하기 위하여 긴바지, 긴소매, 장갑, 안전화를 착용한다.

⑧ 눈으로 식별 곤란한 물건은 손을 대지 않도록 유의한다.

3.3 압출가공(extrusion)

(1) 개요

알루미늄, 마그네슘과 같은 연한 비철금속을 컨테이너에 넣어 공구에 붙인 다이 내의 오리피스에서 고압으로 열간, 냉간 또는 충격으로 압출하는 가공이다. 이 공정은 주로 재료의 변형 저항이 작은 온도 조건, 즉 열간에서 행하여진다. 봉이나 관의 생산에 주로 이용되지만, 연한 재료에 대해서는 불규칙적인 단면을 가진 긴 제품의 생산에도 이용된다.

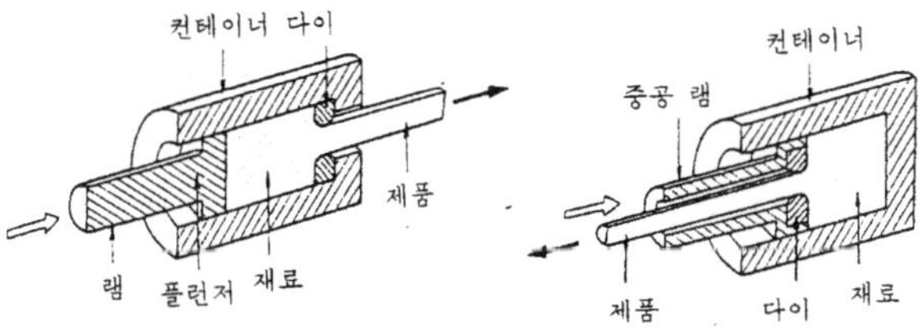

[그림 3.7] 압출가공

> **참고** 오리피스(orifice)
>
> 수조의 벽 또는 흐름을 막는 관에 구멍을 뚫어 유체를 유출시키는 구멍으로 주로 유량측정에 사용되는 것 외에 유체의 흐름을 교축시켜 충격을 흡수시킨다.
>
> 유출속도 $v = \sqrt{2gh}$, 유량 $Q = Av$

(2) 압출종류

(가) 직접압출법

직접압출법은 금속 빌릿을 컨테이너에 놓고 램(ram)에 의해서 다이 공 사이로 밀어내는 방법이다.

(나) 간접압출법

간접압출에서는 컨테이너 벽과 소재 사이에 운동이 없기 때문에 그만큼 마찰력이 감소하므로 직접압출법에 비하여 낮은 압출력이 소요된다. 그러나 튜브형의 램으로는 지지할 수 있는 하중에 한계가 있기 때문에 간접압출에서는 한계가 있다.

치약튜브와 같은 짧은 형의 관을 생산하는 충격압출(impact extrusion)이 이용된다. 직접 혹은 간접으로 압출할 수 있고 고속의 기계식 프레스를 사용한다.

(3) 압출장비

대부분의 압출은 유압프레스에서 행하여진다. 유압식 압출기는 램이 움직이는 방향에 따라 수직형과 수평형으로 나누어진다. 수직형은 300~2,000톤의 용량 정도가 빠르고 면적을 작게 차지하는 점 등의 장점이 있다. 그러나 긴 제품의 생산을 위해서는 장비가 높아지므로 바닥을 깊게 파야 할 필요가 있다. 수직압출기에서는 컨테이너 속의 소재가 균일하게 냉각되므로 균일한 변형을 얻을 수가 있다. 그러나 수평식 압축기에서는 소재가 컨테이너 하부와 접촉하고 있는 부분은 상부에 비하여 빠르게 냉각하므로 컨테이너 내부를 가열하여 주지 않을 경우 불균일한 변형이 일어난다.

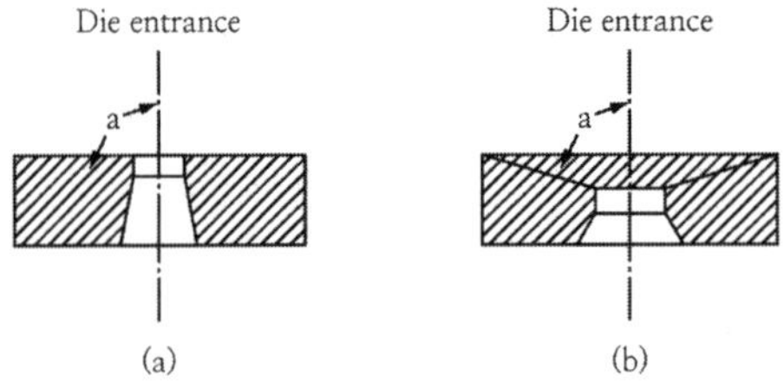

[그림 3.8] 압출가공

압출 다이에는 두 가지 형이 있다. 평면형(flat faced)다이를 사용하면 컨테이너 속의 재료는 변형하지 않는 영역을 형성하여 스스로 적절한 다이 각을 형성하게 된다. 다이 출구의 평형부는 다이를 보강하고 있으며, 다이 입구 면을 재가공하더라도 다이 공의 크기가 변하지 않으므로 재사용이 가능하도록 고려된 것이다. 좋은 윤활 상태를 유지하면서 콘형의 다이에서 다이 각을 작게 하면서 압출하게 되면 보다 균일한 변형을 얻을 수 있다. 그러나 다이 각이 어느 각 이하가 되면 마찰력이 너무 커지게 된다. 대부분의 압출작업에서 최적 다이 각은 45~60° 사이에 있다. 압출공장에서는 압출기 외에도 빌릿 가열장치, 가열된 빌릿을 컨테이너로 자동 이송하는 장치 등이 필요하다.

(4) 압출가공 위험요인

① 컨테이너와 전진하는 크로스헤드 사이의 협착

② 과부하에 의한 컨테이너의 파괴

③ 다이 사이로 나오는 가공소재에 의한 협착

④ 고온 윤활유의 비산에 의한 화상

3.4 인발가공(drawing)

(1) 개요

테이퍼 구멍을 가진 다이에 소재를 넣어 당겨서 단면적을 감소시키고 다이구멍의 형상과 같은 봉이나 관을 제조하는 가공을 인발가공이라 하며, 외력으로는 인발력이 작용하고, 다이 벽면은 소재에 압축력을 작용시킨다. 선, 봉, 관 등의 반제품은 압연 및 압출 등에 의하여 만들어지나 치수공차가 작은 단면재는 인발에 의한다. 인발은 보통 상온에서 행하고, 가공 중 변형에 의하여 많은 열이 발생한다. 인발에서는 주로 선(wire) 및 환봉을 얻으나 이미 중공으로 된 관을 인발하여 외경, 내경 및 벽의 두께를 조정하기도 한다.

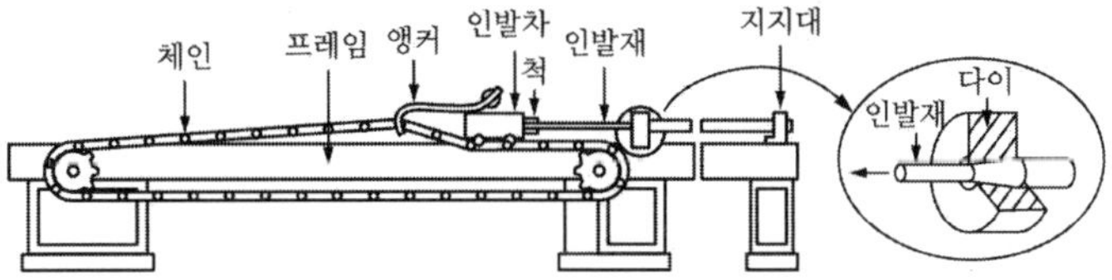

[그림 3.9] 인발가공

(2) 인발기와 다이

선(wire), 봉(rod), 관(tube) 등을 인발하는 원리는 같으나 소재나 제품의 형상 및 치수에 따라 드럼(drum)에 감을 수 없는 경우와 감을 수 있는 경우가 있다. 드럼에 감을 수 없는 봉 및 관의 인발에서는 그림과 같이 다이에서 나온 인발제품을 조(jaw)에 물고체인 또는 유압장치에 의하여 25~150[ton]의 인발력에 의하여 10~20[m/min]의 속도로 인발한다.

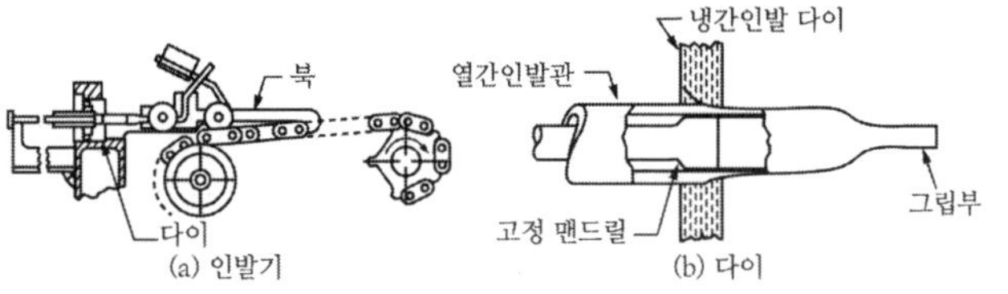

[그림 3.10] 관의 냉간 인발기

지름 5mm 이하의 가는 선의 인발을 신선(wire drawing)이라 하고 drum에 감아 인장하며, [그림 3.11]과 같은 단식신선기(single wire drawing machine)와 [그림 3.12]와 같은 연속신선기(continuous wire drawing machine)가 있다. 완성 제품의 지름이 1/4[inch] 이상일 때에는 단식신선기를 사용하고, 보다 작은 지름의 선을 얻고자할 때에는 연속신선기에서 완성 치수에 달할 때까지 신선한다.

다이의 매 통과당 단면감소율은 가는 선에 대하여 1 5~25%, 굵은 선에서는 20~50% 정도이다. 연질재료에서는 경질재료에서보다 단면감소율을 크게 할 수 있다. 신선속도는 강선에서 4[m/s], 황동선에서 5[m/s] 정도이나, 최근에는 20~30[m/s] 정도인 것도 있다.

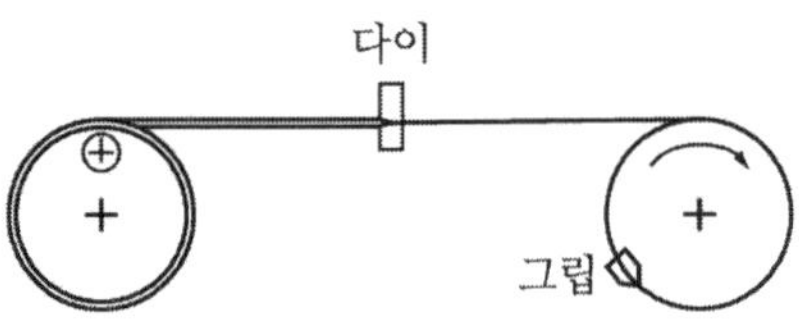

[그림 3.11] 단식 신선기

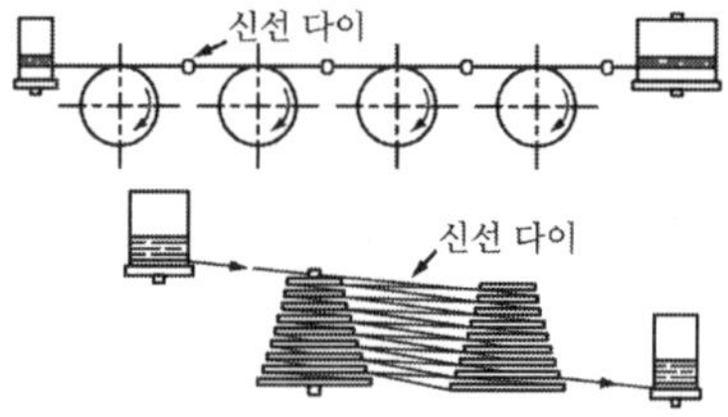

[그림 3.12] 연속 신선기

3.5 압연가공

(1) 개요

상온 또는 고온에서 형재, 관재 등을 가공하는 것으로 금속재료를 회전하는 로울러(roller) 사이에 넣어 가압함으로써 두께 또는 단면적을 감소시키고 길이방향으로 늘리는 가공을 압연(rolling)이라 한다. 작업온도에 따라 열간압연(hot rolling)과 냉간압연(cold rolling)이 있으며, 열간압연에서는 가공물의 소성이 크므로 압연동력이 적게 소비되고, 변형을 크게 할 수 있는데 반하여, 냉간압연에서는 동력 소비는 크나 정밀한 완성가공을 할 수 있고, 기계적 강도를 증가시킬 수 있다.

압연에 의하여 금속의 주조조직을 파괴하고, 내부의 기공(氣孔)을 압착하여 균질하게 한다. 아래 [그림 3.14]는 압연작업에서 조직의 변화를 보여주는 것으로서 압연 전의 결정입자가 신연(伸延)되고 조직이 치밀하여 지며 방향성을 갖는다.

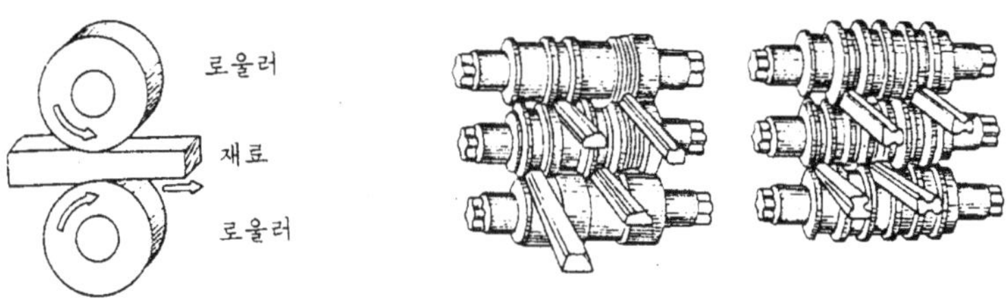

[그림 3.13] 압연가공

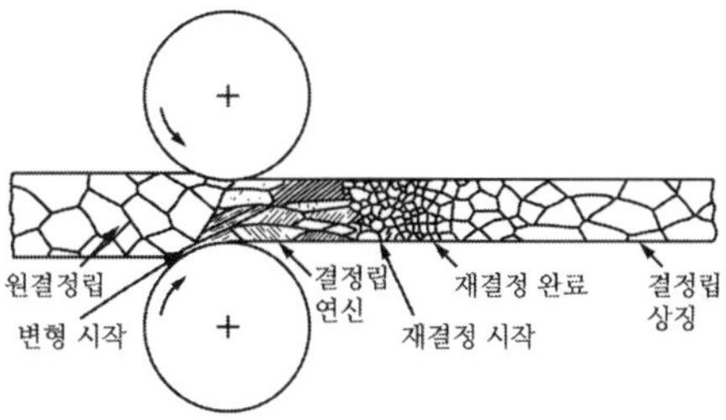

[그림 3.14] 압연작업의 조직변화

(2) 압연기의 종류

압연기는 분류기준에 따라 다음과 같이 분류된다.

(가) 작업온도에 따라

① 열간압연기　　　　② 냉간압연기

(나) 분괴압연기(blooming mill) 중 제품에 따라

① billet 압연기 (billet mill)
② slab 압연기(slab mill)
③ sheet bar 압연기(sheet bar mill)
④ sheet 압연기(sheet mill)

(다) 로울러의 수 및 회전방향에 따라

① 비가역 2단압연기(two－high nonreversing mill)
② 가역 2단압연기(two -high reversing mill)
③ 3단압연기(three－high mill)
④ 4단압연기(four－high mill)

(라) 특수압연기

실제에는 roll 수와 회전방향에 따른 분류가 보통이기 때문에 이 기준에 의한 분류로서 각각의 특징을 설명코자 한다. [그림 3.15]에서 그림 (a)는 비가역 2단압연기로서, 지름이 같은 2개의 roll을 1쌍으로 하여 한쪽 방향으로만 압연한다. 재압연을 위하여는 소재를 운반하여야 하는 불편이 있다. 그림 (b)는 가역 2단압연기로서, (a)와 비슷하나 roll을 역전시킬 수 있기 때문에 재압연시 소재를 운반할 필요가 없다. 그림 (c)는 3단압연기로서, 중간 roll이 구동하고, 상하의 roll은 마찰에 의하여 구동하며, 동시에 2단 압연기 2대의 기능을 한다. 그림 (d)는 4단압연기로서, 소재와 접촉하는 roll의 지름이 작고, 외측에 보강 roll이 있다. roll의 지름이 작으면 압연압력이 크게 되어 소성이 적어 압연이 어려운 소재의 압연에 사용된다. 그림 (e)는 다단압연기의 예이다.

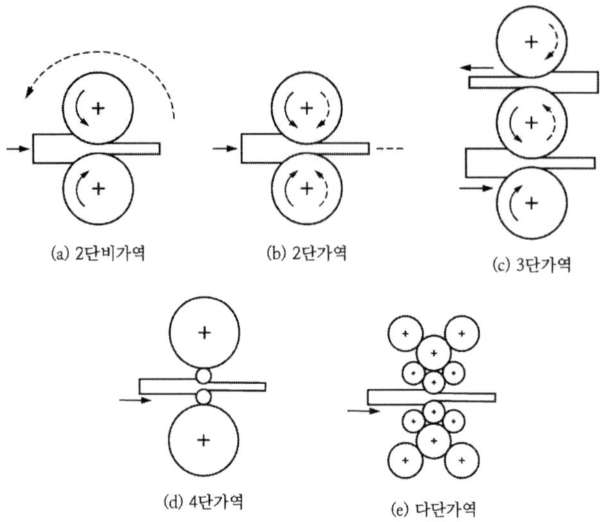

[그림 3.15] 압연기 종류

(3) 압연가공 특징

① 주조나 단조에 비하여 작업이 신속하고 생산비가 저렴하다.

② 균일한 단면형상을 긴 강재를 만드는 데 적합

③ 금속재료에서는 주조조직을 파괴함과 동시에 재료내부의 기포를 압착하여 균등한 성질을 줌

> **참고** 주조(Casting)
>
> 주조는 금속을 가열, 용해하여 쇳물을 만든 다음 이것을 주형에 부어 냉각 응고시켜 주형의 빈 공간과 같은 제품을 만드는 작업이다. 이렇게 만든 제품을 주물 또는 주조품이라고 하며 쇳물을 녹여 붓는 틀을 주형이라고 한다. 주조에 사용되는 철을 주철이라고 하고 탄소함유량은 보통 1.7~4.3%이며 쇳물의 유동성이 좋아 주조에 많이 사용된다.

(4) 압연가공 위험요인

① 로울러의 소재 진행 방향에서 배출되는 소재에 협착

② 열간작업 시 고온 스케일 및 윤활제의 비산에 의한 화상

③ 로울러의 교환 시 로울러와의 충돌

④ 회전하는 로울러 사이에 말려듦

3.6 전조가공(form rolling)

(1) 개요

다이 또는 로울러를 사용하여 소재를 회전시키면서 국부적으로 압력을 가하여 솟아 오르게 변형시켜 제품을 만드는 가공법으로 일종의 특수압연이라 볼 수 있는 가공을 전조 또는 전조가공이라 한다. 전조는 냉간가공으로서 제조되는 것에는 원통로울러, 볼(ball), 링(ring), 나사(screw), 기어(gear), 스프라인(spline) 축(shaft), 냉각핀이 붙은 관 등을 들 수 있다. 아래 그림은 절삭가공에 의한 제품과 전조에 의한 것의 섬유상태를 비교한 것이며, 전조의 특징을 열거하면 다음과 같다.

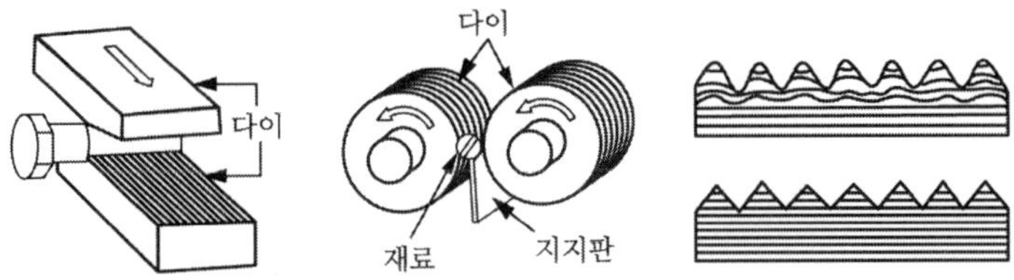

(a) 원형 다이　(b) 둥근 다이　(c) 조직의 차이

[그림 3.16] 나사 전조가공

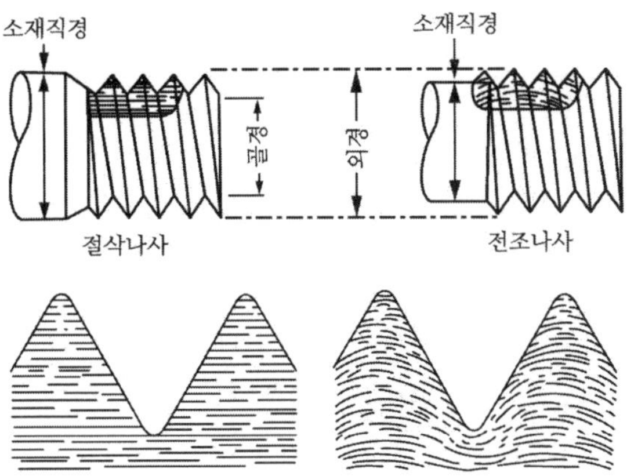

[그림 3.17] 절삭가공과 전조가공의 섬유상태 비교

(2) 전조 특성

(가) 압연이나 압출 등에서 생긴 소재의 섬유가 절단되지 않기 때문에 제품의 강도가 크다.

(나) 소재와 공구가 국부적으로 접촉하기 때문에 비교적 작은 가공력으로 가공할 수 있다.

(다) 칩(chip)이 생성되지 않으므로 소재의 이용률이 높다.

(라) 소성변형에 의하여 제품이 가공경화되고, 조직이 치밀하게 되어 기계적 강도가 크다.

(3) 전조 종류

(가) 나사전조(thread rolling)

제작하고자 하는 나사의 형상과 피치가 같은 다이에 나사의 유효지름과 거의 같은 소재를 넣고 다이를 통하여 소재에 압력을 가하면서 소재를 회전시켜 나사를 만든다. 나사전조기에는 평다이 전조기, 로울러 다이 전조기, rotary planetary 전조기 등이 있다.

① 평 다이 전조기

다이 중 1개는 고정하고 다른 1개는 직선운동을 하면서 1회의 행정으로 나사를 완성한다. 전조 때의 하중은 다이 면에 수직성분, 회전방향 성분인 접선력, 나사 축 방향의 성분으로 되어 있다. 다이에는 성형부와 다듬질부가 있으며, 다듬질부의 최소길이는 나사의 1/2회전 길이인 "유효경에 대한 원주/2"로 한다.

> **참고** 피치(pitch)
>
> 일반적으로 같은 형의 것이 같은 간격으로 늘어져 있을 때 그 간격을 나타낸 치수로 나사인 경우에는 서로 근접하여 만나는 나사산의 상대에 따른 2점을 축선에 평행하게 잰 거리이며 기어에서는 이와 이의 간격을 나타내는 데에 원주피치와 법선피치가 있어 이의 크기를 나타내는 기준이 된다.

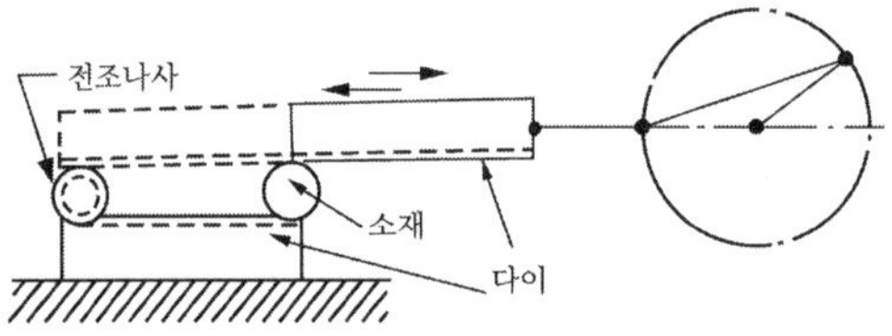

[그림 3.18] 평다이 전조

② 로울러 다이 전조기

2개의 로울러 다이로 되어 있으며, 2축은 평행하며 그 중 1개는 위치가 고정되고 다른 1개는 이동할 수 있게 되어 가압하면서 다이와 소재가 회전한다. 3개의 로울러를 사용하는 경우도 있는데 소재의 위치는 안정되나 정밀도는 2개로 된 전조기보다 떨어진다.

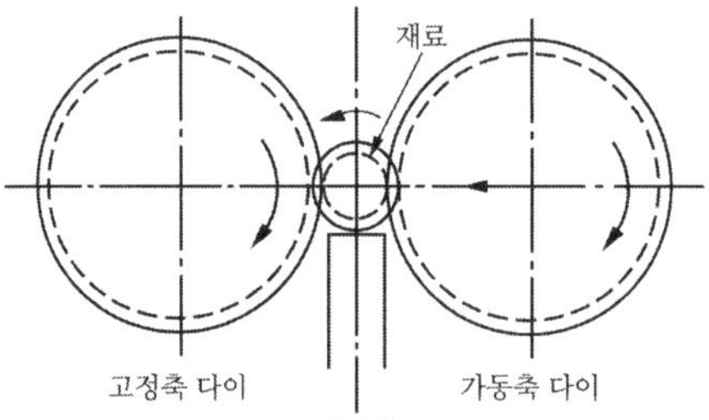

[그림 3.19] 로울러 다이 전조기

③ Rotary planetary 전조기

시그먼트 다이(segment die)를 고정시키고 원형 다이를 회전시켜 자동으로 끌려들어 가는 소재가 출구에서 나사가 가공되어 나온다. 크랭크 운동에 의한 평 다이에서는 가공을 하지 않는 귀환행정(return stroke)이 있으나, rotary planetary 전조기에서는 그와 같은 공회전이 없어 생산능률이 높다.

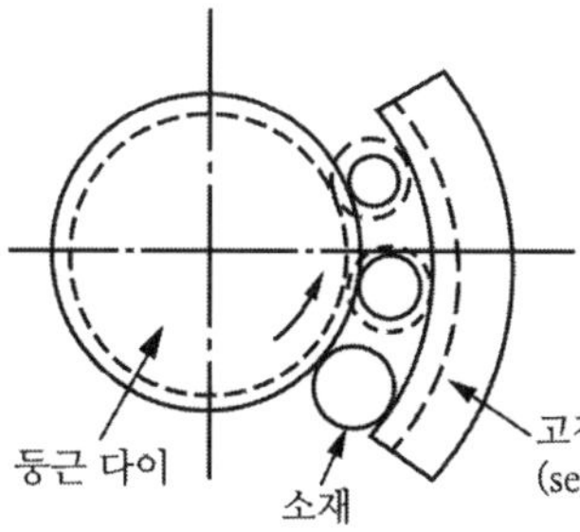

[그림 3.20] Rotary planetary 전조기

④ 차동식 전조기

차동식 전조기는 2개의 원형 다이를 동일 방향으로 회전시키며 소재를 다이의 원주 속도 차의 1/2의 속도로 접선방향에서 공급하여 다이의 최소 간격을 통과할 때 나사가 공이 완성된다.

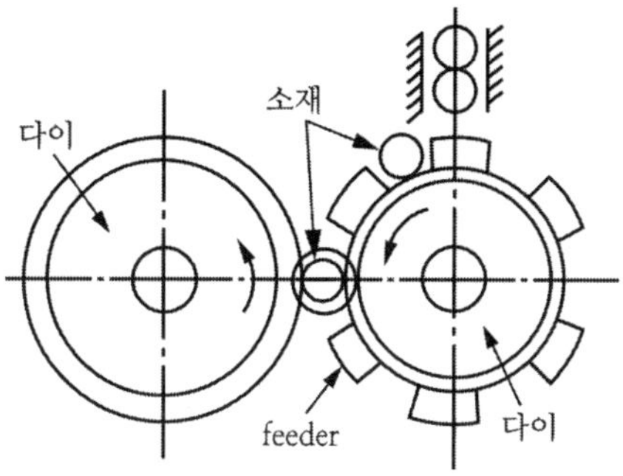

[그림 3.21] 차동식 전조기

[문 제]

가공물 또는 공구를 회전시켜 나사나 기어 등을 소성가공하는 방법은? (2012년 기출문제)

① 압연 ② 압출 ③ 인발 ④ 전조

해설 전조 : 다이나 롤과 같은 성형공구를 회전 또는 직선 운동시키면서 그 사이에 소재를 넣어 공구의 표면 형상으로 각인하는 것이다. 주로 원통롤러, 링, 기어, 나사, 스프라인축 등의 제품을 가공한다.

3.7 프레스 가공 및 전단가공

3.7.1 프레스 가공 개요

판재의 성형가공(sheet metal forming)이 소성가공 중에서 차지하는 비중이 크며, 다량 생산용 기계로서 프레스가 사용되는 경우가 많아 소성가공의 대분류로서 판금가공(sheet metal work)의 의미로 프레스 가공이라 한다. 회전운동을 직선운동으로 바꾸는 크랭크 기구에 의한 크랭크 프레스, 유압에 의한 유압프레스 등을 사용하여 다이 위에 놓인 소재를 펀치를 통하여 가압함으로써 성형한다.

프레스에 의한 판금가공은 무수히 많으나, 전단가공(shearing), 굽힘가공(bending), 디이프 드로오잉(deep drawing), 부조가공(embossing), 압인가공(coining) 등이 기본가공이다. 전단가공은 소성가공에 속하지 않으나 여기에서 취급하는 모든 판금 성형가공에 수반되기 때문에 여기에 넣었다.

3.7.2 프레스 분류

(1) 인력프레스

푸트프레스, 나사프레스, 아버프레스, 엑센트릭 프레스

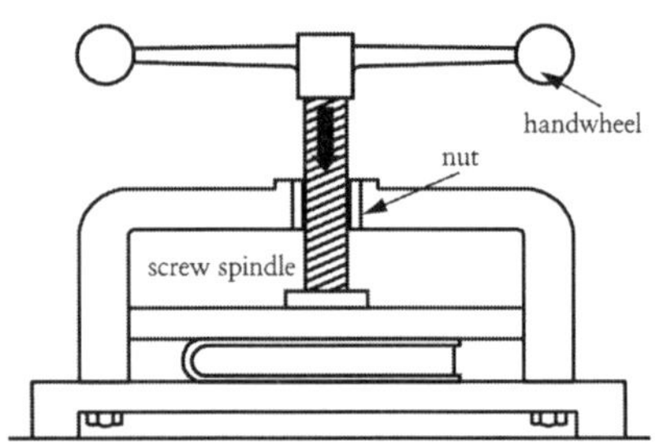

[그림 3.22] 인력 나사프레스

(2) 동력프레스

동력프레스는 기계프레스(mechanical press)와 유압프레스 (hydraulic press)로 분류할 수 있다. 기계프레스는 일반적으로 작동속도가 크고 행정(stroke)이 짧으며, 유압프레스는 작동속도가 느리고 행정이 크다.

① 크랭크프레스

대표적인 동력프레스이며 가장 많이 사용하는 것으로 플라이휘일의 회전운동을 직선운동으로 바꾸어 프레스에 필요한 펀치의 상하운동을 시키는 1행정 1정지식의 프레스이다. 소재압판의 유무에 따라 단동식 프레스와 복동식 프레스가 있다.

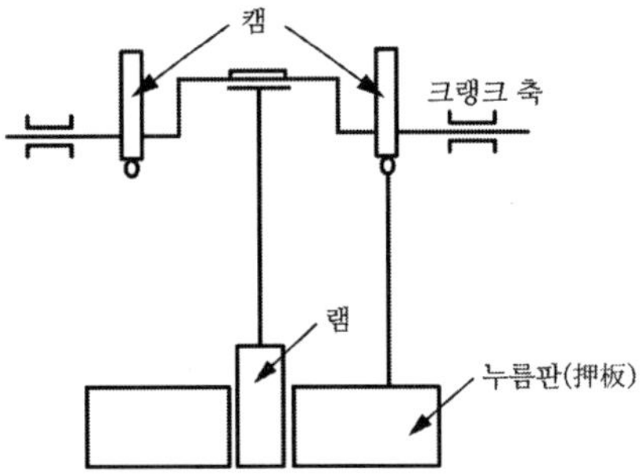

[그림 3.23] 복동식 프레스

② 너클프레스

플라이휘일의 회전운동을 왕복운동으로 변환하여 편심기어 또는 플라이휘일 회전운동을 크랭크기구에 의하여 직선운동으로 바꾸고, 이를 너클 기구를 이용하여 램에 일정 행정의 직선운동을 시킨다.

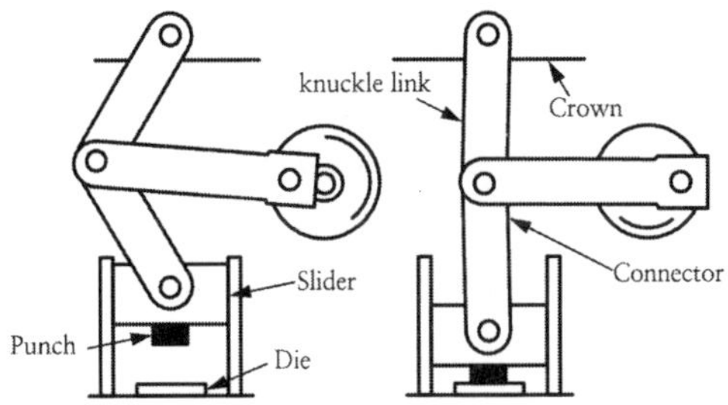

[그림 3.24] 너클프레스

③ 토글프레스(toggle press)

크랭크의 회전운동이 수 개의 링크를 거쳐 펀치에 동력을 전달한다. 속도가 느리기 때문에 가공물에 충격을 주지 않고 가공행정의 끝에서 큰 힘이 발생하며, 펀치가 블랭크홀더(blank holder)의 작용까지 하기 때문에 타발(blanking), 타공(punching) 및 압출가공 등에 많이 사용된다.

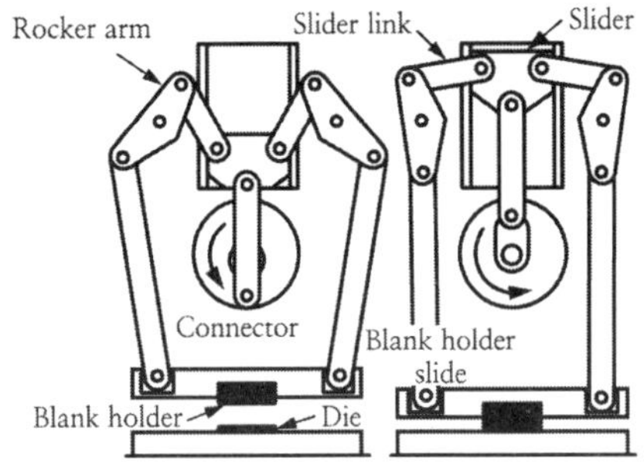

[그림 3.25] 토글프레스

④ 마찰프레스

회전하는 마찰차를 좌우로 이동시켜 수평 마찰차와 교대로 접촉시킴으로써 나사에 고정된 펀치슬라이더(punch slider)를 상하 운동시킨다. 슬라이더가 하강하면 플라이휘일인 마찰차의 외주에서 접촉하므로 수평차의 속도가 커져 슬라이더의 하강속도가 커진다. 마찰프레스는 마찰차인 플라이휘일에 저장된 에너지를 1회의 작업에 전부 소비하므로 디이프 드로잉과 같이 행정의 중간부에서 주로 가공하고 그 전후에서는 큰 하중이 걸리지 않는 경우에는 부적당하며, 성형, 굽힘가공, 압인가공, 부조가공 등에 주로 사용된다.

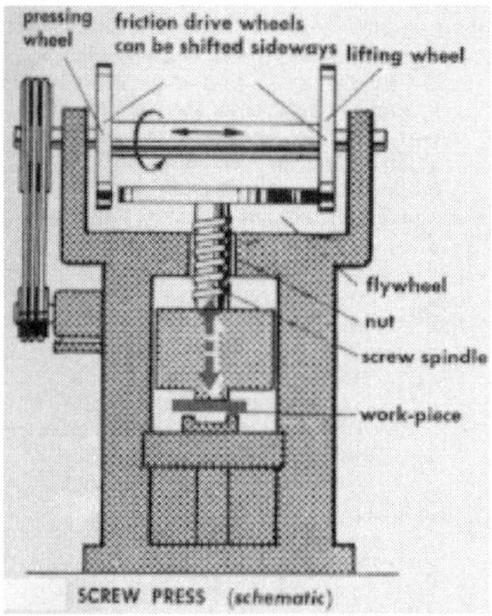

[그림 3.26] 마찰프레스

[문 제]

마찰프레스에 적합한 안전장치는 어느 것인가?

① 양수조작식 ② 손쳐내기식

③ 게이트 가드식 ④ 광전자식

해설 감응식(광전자식) 방호장치는 투광기와 수광기로 구성되며 투광기의 광축의 수는 2개 이상, 광축 간의 거리는 50[mm] 이내로 설치되어야 한다.

⑤ 액압프레스

실린더 내에 액압을 가해서 램을 통하여 슬라이드의 상승, 하강운동에 필요한 압력을 가하는 프레스

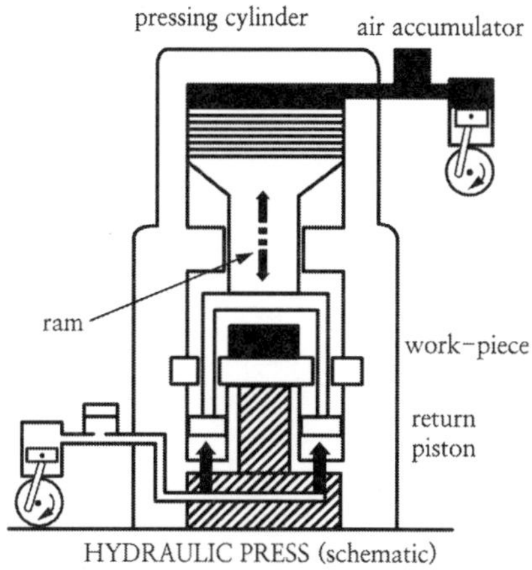

[그림 3.27] 액압프레스

> **참고** 프레스와 관계된 용어 정리
>
> • 압력능력
> 최고 몇 톤까지의 압력발생에 안전하게 견딜 수 있는가를 표시하는 능력
> • 토오크능력
> 하사점 위 몇 [mm]의 곳에서 호칭압력(허용최대압력)의 발생을 안전하게 행할 수 있는가 하는 압력
> • 작업능력
> 1회의 가공에 어느 정도 크기의 에너지를 안전하게 사용할 수 있는가, 그리고 1분 간에 몇 회 그 값을 안전하게 행할 수 있는가 하는 능력
> • 정반(볼스타)
> 프레스 베드면에 고정하는 판이며 프레스 금형을 얹을 위치를 정해 고정하기 위해 T형 홈 혹은 부착볼트용 나사구멍 등이 있다.
> • 작업능력에 관계하는 부품 : 전동기, 플라이휠, 벨트
> • 다이높이(die height) : 스트로크 하단위치(하사점)에서 램 하면으로부터 정반 상면까지의 높이

3.7.3 프레스 가공의 종류

(1) 전단작업

블랭킹(blanking), 구멍뚫기(punching), 전단(shearing), 분단(parting), 노칭(notching), 트리밍(trimming), 세이빙(shaving), 브로우칭(brouching)

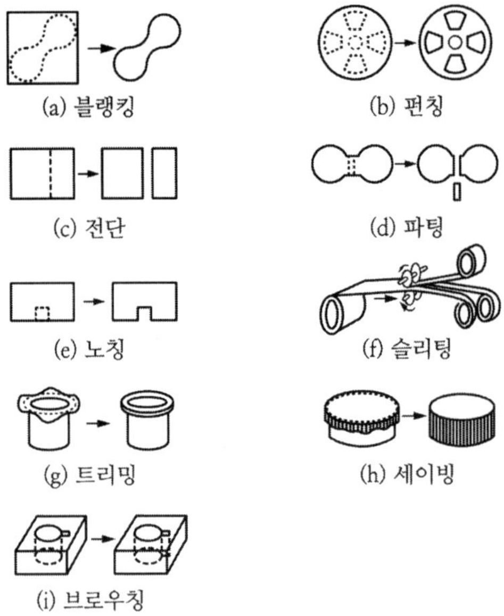

[그림 3.28] 프레스 전단가공 종류

(2) 성형작업

굽힘(bending), 비틀림(twisting), 비이딩(beading), 플랜징(flanging), 버링(burring), 커얼링(curling), 시이밍(seaming), 디이프 드로오잉(deep drawing), 벌징(bulging), 스피닝(spinning), 네킹(necking) 등

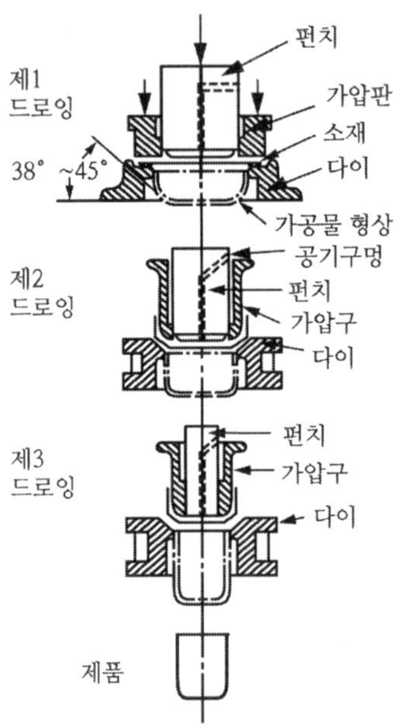

[그림 3.29] 디이프 드로잉(deep drawing)

(3) 압축작업

압인(coining), 엠보싱(embossing), 스웨이징(swaging), 압출(extrusion), 버어니싱(burni-shing) 등

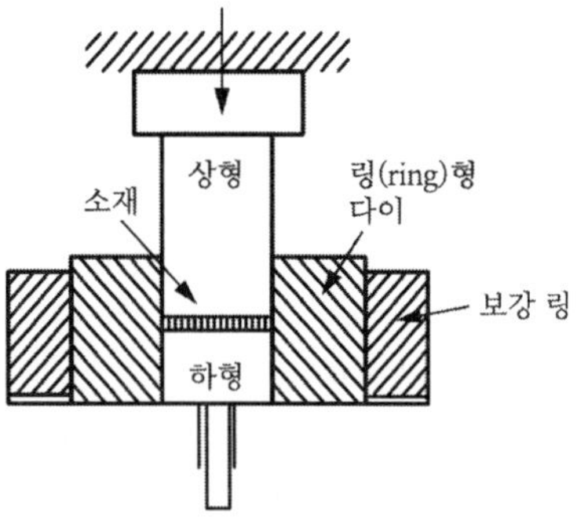

[그림 3.30] 압인가공

참고

- 블랭킹 : 판재에서 목적으로 하는 형상의 제품을 펀칭 가공하는 작업
- 펀칭 : 블랭킹의 역으로 잘라낸 쪽은 폐품이 되고 남은 쪽은 제품이 되는 가공
- 노칭 : 재료에 국부적으로 요철부나 부재의 접합을 위해 잘라낸 부분
- 트리밍 : 프레스 가공이나 주조가공으로 생산된 제품의 불필요한 테두리나 핀 등을 잘라내거나 따내어 성형하는 작업
- 세이빙 : 절단면을 양호하게 하기 위하여 일단 절단된 면을 다시 가공하는 작업
- 브로우칭 : 봉상의 본체나 둘레에 많은 바이트를 축에 따라 치수순으로 배열하여 공작물의 특수한 구멍 내면 또는 축외면을 절삭하여 다듬질하는 가공
- 비이딩 : 판금가공에 있어 판의 보강과 장식 목적으로 판의 일부에 돌기를 붙이는 가공
- 플랜징 : 부품의 전 주위에 길게 달아 낸 판 형상의 돌출부를 만드는 작업
- 버링 : 파이프를 파이프 커터 등으로 절단하였을 때 관 안쪽에 생기는 burr를 제거하는 작업
  ※ [버(burr) : 공작물을 절단하거나 줄질할 때 생기는 칩의 잔재]
- 커링 : 소성가공에 있어서 판재로부터 원통용기 등을 만들 때 가장자리를 둥글게 굽히는 가공법
- 벌징 : 판금가공에 있어서 원통형의 소재를 부풀게 하는 가공방법
- 스피닝 : 금속판을 형틀과 함께 회전시켜 주걱봉을 사용하여 형을 만드는 가공
- 엠보싱 : 상하형 사이에 소재를 넣고 눌러 붙여 판에 요철을 만드는 작업
- 버니싱 : 원통의 내면에 볼형이나 주판알형의 공구를 압입하여 매끈매끈한 다듬질면으로 만드는 가공법

[문 제]

프레스 작업에서 손이 금형 안으로 들어가는 작업이다. 그림과 같이 용기의 가장자리를 잘라내는 작업명으로 적합한 것은?

① 스웨이징(swazimg) ② 업셋팅(upseting)
③ 트리밍(triming) ④ 슬리팅(slitting)

해설 [그림 3.28] 참조

3.7.4 프레스기의 재해 및 대책

(1) 프레스기 재해

대부분 프레스기 슬라이더의 하강 시 손가락 등의 협착

(2) 프레스기 재해발생 빈도 순위

동력기계 프레스(약 70%) → 푸트프레스(약 15%) → 전단프레스(약 9%)→ 액압프레스

(3) 프레스기 사고원인

① 작업자의 부주의 및 위험한 작업방법
② 페달을 잘못 밟음
③ 방호장치가 고장인 상태로 작업
④ 방호장치의 기능을 제거한 상태로 작업
⑤ 프레스기 수리, 금형교체 작업 시 동력을 끊지 않아 클러치 작동
⑥ 금형교체, 프레스기 조절 시 금형 낙하

(4) 프레스기 작업점에 대한 방호대책

① 이송장치나 수공구를 사용할 것
② 방호장치를 사용할 것
③ 금형을 개선할 것
④ 그 밖의 방호장치를 병용할 것

(5) 프레스기 작업 시작 전 점검사항

① 클러치 및 브레이크 기능
② 크랭크축, 플라이휘일, 슬라이드, 연결봉 및 연결나사의 볼트의 이상 유무
③ 1행정 1정지기구 · 급정지장치 및 비상정지장치의 기능
④ 슬라이드 또는 칼날에 의한 위험장치 기구의 기능
⑤ 당해 방호장치의 기능
⑥ 프레스 금형 및 고정볼트 상태
⑦ 전단기의 칼날 및 테이블 상태

(6) 프레스기 자체검사 내용

① 크랭크축 또는 플라이휘일 기타 동력전달장치의 이상 유무
② 클러치, 브레이크, 기타 제어장치의 이상 유무
③ 1행정 1정지기구, 급정지 장치 및 비상정지장치의 이상 유무
④ 연결봉과 슬라이드와의 상호기능 상태의 이상 유무
⑤ 전자밸브, 압력조정밸브 기타 공압제품의 이상 유무

[문 제]

동력프레스의 본질적인 안전화 방법은?
① 가드를 사용한다.
② 피더를 사용한다.
③ 재기동방지기구가 부착된 프레스로 작업한다.
④ 작업자의 손이 금형외측에서 위험한계에 도달하지 못하게 한다.

해설 본질적 안전화 방법은 안전기능이 기계설비에 내장된 풀 프루프(fool proof)적인 안전화로 근로자의 신체가 위험기계기구에 접촉하지 않도록 하는 인터록식을 말한다.

정답 ②

참고

- 1행정 1정지기구 : 클러치를 작동시키는 동작을 클러치가 작동하는 한 언제까지 계속하여도 크랭크축이 1회전하여 상사점에 도달하면 자동적으로 클러치가 분리되어 정지하는 방식, 즉 클러치가 작동된 후 페달을 계속 밟거나 누름버튼을 계속하여도 슬라이드가 상사점에 도달하여 1행정이 완료되면 자동적으로 슬라이드가 정지
- 급정지장치(emergency stop device) : 이상검출장치의 전기신호에 의해 자동적으로 클러치를 차단하여 급정지시키는 장치
- 비상정지장치(emergency stop apparatus) : 이상 상태를 발견한 작업자가 인위적으로 기계의 작동을 정지시키는 것을 목적으로 하는 장치

[문제]

1행정 1정지식인 크랭크 프레스의 안전장치로 가장 적합한 것은?

① 게이트 가드식 ② 수인식

③ 손쳐내기식 ④ 광전자식 안전장치

해설 1) 크랭크 프레스는 가장 많이 사용되는 것으로 플라이휠의 회전운동을 직선운동으로 바꾸어 프레스에 필요한 펀치(슬라이더)의 상하운동을 시키는 1행정 1정지식이다. 1행정 1정지식에는 양수조작식, 광전자식 안전장치가 서로 병행설치하여 많이 사용한다.

2) 게이트 가이드식
- 일반적으로 2차 가공에 적합하다.
- 기계고장에 의한 이상행정, 공구 파손 시에도 안전하다.
- 금형의 교환 빈도수가 적은 프레스에 적합하다.
- 게이트는 5mm 이상의 두께를 갖는 투명 프라스틱을 사용하는 것이 좋다.
- 리미트 스위치가 부착되어 있으며 사출성형기 안전장치에 많이 사용

3) 수인식
- 시계가 차단되지 않는다.
- 적절하게 사용하면 완전히 사고를 예방할 수 있다.
- SPM이 120 이하이고 행정길이가 대개 40[mm] 이상의 프레스에 사용이 가능하다.

4) 손쳐내기식
- 규칙적인 프레스기의 행정에 대하여 기계고장에 의한 이상행정 시 효과가 있다.
- 대형프레스에는 효과가 적으며, 소형프레스기나 금형에 알맞다.
- 쉽게 조정할 수 있다.

(7) 프레스기 안전담당자의 임무

① 프레스 등의 방호장치를 점검하는 일

② 프레스 등 및 그 방호장치에 이상이 발견될 때 즉시 필요한 조치를 하는 일

③ 프레스 등 방호장치에 전환스위치를 설치할 때 당해 전환스위치 열쇠를 관리하는 일

④ 금형의 부착, 해체 또는 조정작업을 직접 지휘하는 일

3.7.5 프레스기 방호대책

(1) No Hand in Die 방식

작업자의 손이 금형 사이에 집어 넣을 필요가 없도록 하는 본질적 안전화 추진대책(풀프루프 방식)

(2) Hand on Die 방식

작업자의 손이 금형 사이에 들어가야만 하는 방식(failsafe, 방호장치 부착)

표 3.2 동력 프레스기 방호대책

No Hand in Die 방식 (본질적 안전화, fool proof)	Hand in Die 방식 (failsafe 방식)
• 방호울이 부착된 프레스(작업을 위한 개구부 이외의 틈새는 8mm 이하) • 안전금형을 부착한 프레스(상형과 하형의 틈새 및 가이드 포트와 부시와의 틈새는 8mm 이하) • 전용프레스의 도입(작업자의 손을 금형 사이에 넣을 필요가 없도록 한 프레스) • 자동프레스의 도입(자동송급장치, 자동배출장치)	• 프레스기 종류, 압입능력, 매분행정수, 행정길이, 작업방법에 상응하는 방호장치 설치 ① 게이트가드식 방호장치 ② 손쳐내기식 방호장치 ③ 수인식 방호장치 • 정지성능에 상응하는 방호장치 설치 ① 양수조작식 방호장치 ② 감응식 방호장치

[문 제]

프레스의 본질적 안전화(No-hand in die 방식)의 추진대책이 아닌 것은? (2015년 기출문제)

① 안전금형을 설치
② 전용프레스의 사용
③ 방호울이 부착된 프레스 사용
④ 감응식 방호장치 설치

[문 제]

동력프레스기의 No-hand in die 방식의 방호대책이 아닌 것은? (2012년 기출문제)

① 방호울이 부착된 프레스
② 가드식 방호장치의 도입
③ 전용프레스의 도입
④ 안전금형을 부착한 프레스

해설 No-hand in die 방식
- 안전울 부착 프레스
- 안전금형 부착 프레스
- 전용 프레스 도입
- 자동프레스 도입

3.7.6 방호장치 활용

(1) 게이트 가드(gate guard)식 방호장치

(가) 작동

슬라이드 하강 중에는 안으로 손이 들어가지 못하도록 하며 가드에 접촉하지 않으면 슬라이드를 작동할 수 없는 구조로 되어 있다. 구조가 간단하고 구멍이 크기 때문에 각종 크랭크 프레스, 사출성형기에 많이 사용된다.

(나) 작동방식

① 슬라이드가 하강하기 전에 게이트가 금형 앞면에 내려오게 되면 손이나 작업물이 게이트의 하강을 방해할 경우에 슬라이드의 동작이 정지된다.

② 게이트의 작동방식에 따라 하강식, 상승식, 횡슬라이드식, 도립식의 구별이 있으므로 작업에 적당한 것을 선택한다.

③ 양수조작식을 병용한 것도 있다.

(다) 설치방법

① 게이트가 위험부위를 차단하지 않으면 작동되지 않도록 연동장치(interlock)가 확실하게 동작되도록 한다(리미트 스위치 부착).

② 금형의 크기, 프레스 다이높이, 행정길이에 따라 게이트의 크기를 선택하여 설치한다.

③ 게이트의 파손이 없어야 하고 파손되면 빨리 교체하여야 한다.

④ 볼트나 핀이 이완되어 게이트가 갑자기 하강되는 위험 등을 고려하여야 한다.

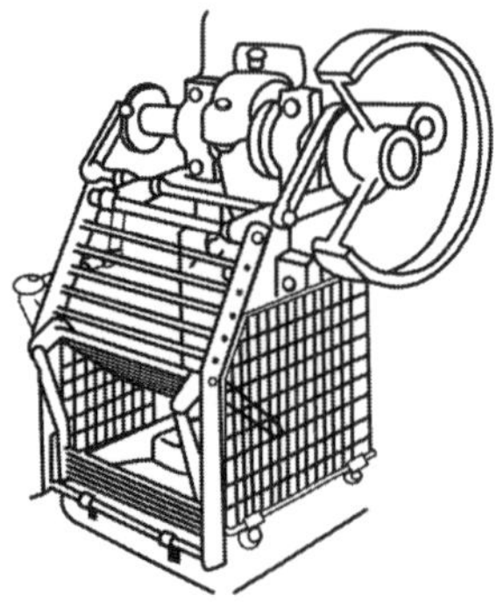

[그림 3.31] 게이트 가드식 방호장치

(라) 특징

① 일반적으로 2차 가공에 적합

② 기계고장에 의한 행정, 공구 파손 시에도 안전

③ 금형의 교환 빈도수가 적은 프레스에 적합

④ 게이트는 5[mm] 이상의 두께를 갖는 투명 플라스틱을 사용하는 것이 양호

[문 제]

프레스의 게이트 가드(gate guard)식 안전장치 형태 중 사용되지 않은 것은?

① 하강식　② 상승식　③ 경사식　④ 횡슬라이드식

해설 게이트의 작동방법에 따라 하강식, 상승식, 횡슬라이드식, 도립식으로 나눈다.

(2) 양수조작식 방호장치

(가) 작동

2개의 누름버튼 또는 조작레버를 형틀의 위험한계에서 안전거리 이상을 격리시켜 설치하고 양손으로 동시에 조작하지 않으면 슬라이드가 작동하지 않으며 슬라이드의 작동 중에 누름버튼에서 손이 떨어질 때는 즉시 복귀하고 일행정마다 슬라이드의 작동이 정지되는 구조의 안전장치

(나) 종류

① 양수조작식(급정지기구를 지닌 프레스의 안전작업용)
2개의 누름버튼 등에서 손을 떼는 것에 의해 프레스의 급정지 기구를 작동시켜 손이 형틀의 위험한계에 도달할 때까지는 슬라이드를 정지시킨다.

② 양수기동식(급정지기구가 없는 확동클러치 프레스용)
손이 누름버튼 등에서 떠나 형틀의 위험한계에 도달하기 전에 1행정 1정지 운전의 슬라이드가 하사점에 도달하는 안전장치

(다) 적용프레스

SPM(Stroke Per Minute)이 120 이상인 프레스(약 30~40[ton] 이하의 소형)에 사용한다.

(라) 설치방법

① 누름버튼(녹색) 또는 조작레버는 매립형(묻힘형)으로 제작한다.

② 누름버튼 또는 조작레버의 상호간 내측 거리는 300[mm] 이상

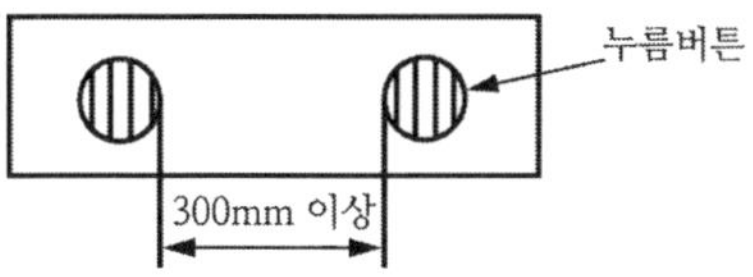

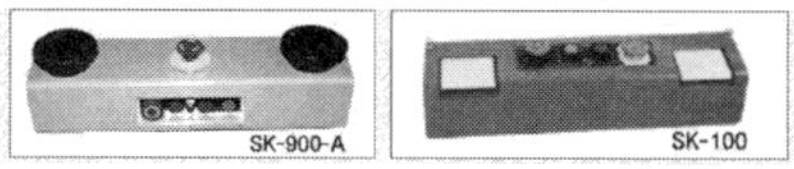

[그림 3.32] 양수조작식

③ 위험표시등은 붉은색으로 하며, 쉽게 근로자가 볼 수 있는 곳에 설치한다.

④ 슬라이드 하강 중 정전 또는 방호장치 이상 시에 정지할 수 있는 구조이어야 한다.

⑤ 방호장치는 릴레이, 리미트 스위치 등의 전기품의 고장, 전원전압의 변동 및 정전에 의해 슬라이드가 불시에 동작하지 않아야 하며 사용전원전압의 ±(20/100)의 변동에 대하여 정상으로 작동되어야 한다.

⑥ 1행정 1정지 기구에 사용할 수 있어야 한다.

⑦ 누름버튼을 양손으로 조작하지 않으면 작동시킬 수 없는 구조이어야 하며, 양쪽 버튼의 작동시간 차이는 최대 0.5[초] 이내일 때 프레스가 동작되어야 한다.

(마) 안전거리

안전거리(조작부 설치거리)는 위험부위로부터 손이 기준속도 1.6[m · s]로 위험부위로 이동하더라도 손이 위험한계에 다다르기 전에 슬라이드가 먼저 정지하거나 하사점을 지나거나 해서 위험이 해소될 수 있는 거리

① 양수조작식

$$D = 1.6(T_e + T_s)$$

D : 안전거리[m/s]

T_e : 누름버튼 등에서 손이 떨어질 때부터 급정지기구가 작동을 개시할 때까지의 시간[m · s]

T_s : 급정지기구가 작동을 개시할 때부터 슬라이드가 정지할 때까지의 시간[m · s]

② 양수기동식

$$D = 1.6 \times T_m$$

D : 안전거리[mm]

T_m : 양손으로 누름버튼을 눌렀을 때 슬라이드가 하사점에 도달하기까지의 소요 최대 시간[m · s]

N : 확동식 클러치의 봉합 개소수(클러치 맞물림 개소수)

$$T_m = \left(\frac{1}{2} + \frac{1}{N}\right)\frac{60,000}{SPM}[\text{m} \cdot \text{s}]$$

[문 제]

다음 중 프레스 및 전단기의 양수조작식 방호장치의 누름버튼의 상호간 최소 내측거리로 옳은 것은?

(2013년 기출문제)

① 100[mm] ② 300[mm] ③ 400[mm] ④ 500[mm]

해설 300[mm] 이상 되어야만 작업자의 부주의 등으로 인한 한 손 조작을 막을 수 있다. 누름버튼의 색상은 녹색으로 하고 조작레버는 매립형으로 제작되어야 하며, 반드시 두 손을 사용하여 작동하도록 설치한다.

[문 제]

다음 중 프레스기가 작동 후 작업점까지의 도달시간이 0.2초 걸렸다면, 양수기동식 방호장치의 설치 거리는 최소한 얼마가 되어야 하는가?

(2015년 산업기사)

① 3.2[cm] ② 32[cm] ③ 6.4[cm] ④ 64[cm]

해설 안전거리 계산

$$D_m = 1.6 \times T_m = 1.6 \times 0.2 = 0.32[\text{m}] = 32[\text{cm}]$$

[문제]

클러치 맞물림 개소수 4개, 매분행정수가 200SPM(stroke per minute)의 동력프레스기 양수조작식 조작부의 최소 안전거리는?(단, 인간의 손의 기준속도는 1.6[m/s]로 한다) (2014년 기출문제)

① 360[mm]
② 325[mm]
③ 260[mm]
④ 210[mm]

해설 안전거리 $(D_m) = 1.6\,T_m$

여기서, 양손으로 누름단추를 누르기 시작할 때부터 슬라이드가 하사점에 도달하기까지의 시간(ms)

$D_m = 1.6\left(\frac{1}{2} + \frac{1}{N}\right)\frac{60,000}{SPM}$ =360[mm]

[문제]

프레스 양수조작식 안전거리(D) 계산식으로 적합한 것은?(단, T_L : 누름버튼 등에서 손이 떨어질 때부터 급정지기구가 작동을 개시할 때까지의 시간(ms), T_s : 급정지 기구가 작동을 개시할 때부터 슬라이드가 정지할 때까지의 시간[m · s] (2015년 기출문제)

① $D = 1.6(T_L - T_s)$
② $D = 1.6(T_L + T_s)$
③ $D = 1.6(T_L \div T_s)$
④ $D = 1.6(T_L \times T_s)$

해설 안전거리 $D = 1.6(T_L + T_s)$

[문제]

양수조작식 방호장치의 누름버튼에서 손을 떼는 순간부터 급정지기구가 작동하여 슬라이드가 정지할 때까지의 시간이 0.2[초] 걸린다면, 양수조작식 방호장치의 안전거리는 최소한 몇 [mm] 이상이어야 하는가? (2014년 기출문제)

① 160
② 320
③ 480
④ 560

해설 $D = 1.6(T_L + T_s)$

$= 1.6(0.2) = 0.32[\mathrm{m}] \times 1,000 = 320[\mathrm{mm}]$

[문제]

프레스의 양수조작식 방호장치에 양쪽 버튼의 작동시간 차이는 최대 얼마 이내일 때 프레스가 동작되도록 해야 하는가? (2012년 기출문제)

① 0.1[초]
② 0.5[초]
③ 1.0[초]
④ 1.5[초]

(3) 손쳐내기식(push away) 방호장치

(가) 작동

슬라이드나 레버에 링크 혹은 캠으로 연결된 손쳐내기식 봉에 의해 슬라이드의 하강에 앞서 위험한계에 있는 손을 방호판으로 쳐내는 방호장치

(나) 적용프레스

① SPM이 120 이하이고 슬라이드의 행정길이가 40[mm] 이상의 프레스에 사용 가능하다.
② 작업에 사용될 금형의 크기(금형전면의 폭)에 따라 방호판의 크기를 선택한다.
③ 양수조작식 방호장치 병용할 수 있다.

(다) 설치조건

① 손쳐내기식 봉은 길이 및 진폭을 조정할 수 있는 구조로 할 것
② 손쳐내기 판의 폭은 금형크기의 1/2 이상, 높이는 행정길이 이상으로 봉에 부착한다.
③ 손쳐내기 판은 고무 등의 완충물을 설치할 것
④ 슬라이드 하행정 거리 3/4 위치에서 손을 완전히 밀어낼 것
⑤ 스트로크가 300[mm] 이상의 프레스 기계에는 방호판 폭을 300[mm]로 해야 한다.

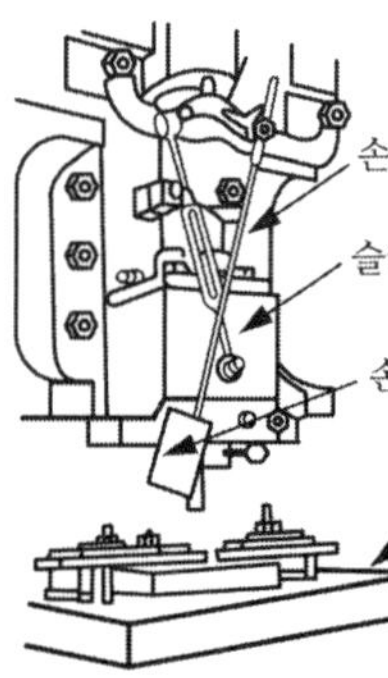

[그림 3.33] 손쳐내기식 방호장치

⑥ 손쳐내기 봉의 행정길이를 금형의 높이에 따라 조정할 수 있고 진동폭은 금형폭 이상이어야 한다.
⑦ 방호판과 손쳐내기 봉은 경량이면서 충분한 강도를 가져야 한다.
⑧ 부착볼트 등의 고정금속부분은 예리하게 돌출되지 말아야 한다.

[문 제]

손쳐내기식 방호장치에 부착하는 손쳐내기 판으로 옳은 것은?

① 금형크기의 1/2 이상　　② 금형크기의 1/1 이상
③ 금형크기의 2배 이상　　④ 금형크기의 2.5배 이상

해설 ① 손쳐내기 봉은 그 길이 및 진폭을 조정할 수 있는 구조이어야 한다.
② 손쳐내기 판의 폭은 금형크기의 1/2 이상으로 하고 높이는 행정길이 이상으로 하여 손쳐내기 봉에 부착하여야 하는데, 이것은 손쳐내기 봉이 스윙한 뒤에 손이 위험부위에 들어가는 것을 막기 위한 적당한 크기이기 때문이다.
③ 손쳐내기 판은 작업자의 손을 강타하지 않도록 고무 등 완충물을 설치해야 한다.

[문 제]

다음 중 프레스기에 사용되는 방호장치의 종류 중 방호판을 가지고 있는 것은? (2015년 기출문제)

① 수인식 방호장치 ② 광전자식 방호장치
③ 손쳐내기식 방호장치 ④ 양수조작식 방호장치

[문 제]

다음 중 프레스기에 사용되는 손쳐내기식 방호장치에 대한 설명으로 틀린 것은? (2013년 기출문제)

① 분당 행정수가 120[SPM] 이상인 경우에 적합하다.
② 방호판의 폭은 금형폭의 1/2 이상이어야 한다.
③ 행정길이가 300[mm] 이상의 프레스 기계에는 방호판 폭을 300[mm]로 해야 한다.
④ 손쳐내기 봉의 행정(stroke)길이를 금형의 높이에 따라 조정할 수 있고 진동폭은 금형폭 이상이어야 한다.

(4) 수인식 방호장치

(가) 동작

작업자의 손과 수인기구가 슬라이드와 직결되어 있어 프레스기의 위험한 작동에 따라 작업자의 손을 위험구역 밖으로 끌어내어 방호

(나) 적용프레스

① SPM이 120 이하이고 행정길이는 40[mm] 이상인 프레스
② 양수조작식 기구 병용

(다) 설치방법

① 수인줄을 작업자에 따라 조정
② SPM은 120 이하, 행정길이는 40[mm] 이상으로 제한한다.
③ 줄의 재질은 합성섬유로 하고 절단하중 150[kg]에 견디는 직경 4[mm] 이상의 로프로 사용한다.
④ 수인줄의 끄는 양은 정반 안길이의 1/2 이상으로 한다.

[그림 3.34] 수인식 방호장치

[문 제]

프레스기 방호장치 중 수인식 또는 손쳐내기식은 행정길이(stroke)가 몇 [mm] 이상이 되어야 하는가?

① 20 ② 30 ③ 40 ④ 50

(5) 감응식 방호장치(급정지 기능을 가진 프레스용)

(가) 동작

슬라이드가 하강 중일 때 손이나 신체 일부가 금형에 접근한 것을 검출기구를 통해서 감지하여 제어회로를 통하여 자동적으로 슬라이드를 정지시키는 장치

(나) 종류

① 광원에 의한 분류

– 백열전구형

– 발광다이오드형

② 수광방법에 의한 분류

– 반사형

– 투과형

(다) 설치방법

① 투광기에서 발생시키는 빛 이외의 광선에 감응해서는 아니 된다.

② 광축의 안전거리

$$D = 1.6(T_1 + T_2)$$

D : 안전거리

T_1 : 손이 광선을 차단한 직후로부터 급정지기구가 작동하여 개시하기까지 시간[m · s]

T_2 : 급정지기구가 작동을 개시한 때로부터 슬라이드가 정지할 때까지의 시간[m · s]

③ 광축 수는 2개 이상, 광축간의 간격 50[mm] 이하로 한다.

④ 위험한계까지의 거리가 짧은 200[mm] 이하의 프레스는 연속 차광폭이 작은 30[mm] 이하의 방호장치를 사용한다.

(라) 특징

① 방호장치가 설치되기 어려운 큰 프레스에 적용

② 시계가 차단되지 않음

③ 많은 수의 광선수가 사용되어야 위험지역 보호

④ 슬라이드의 행정기간 동안에 프레스기를 정지시킬 수 있는 경우에만 사용

⑤ 연속운전작업에 사용할 수 있다.

⑥ positive 클러치는 확동식으로 감응식 안전장치 사용이 불가능하다.

⑦ 설치가 어렵고 기계적 고장에 의한 2차 낙하에는 효과가 없다.

⑧ 작업 중 진동에 의해 투 · 수광기가 어긋나 작동이 되지 않을 수 있다.

참고

- 투광기 : 광선을 반사해주는 장치
- 수광기 : 투광기에서 발사하는 빔을 받는 장치
- 반사판 : 투광기에서 발사하는 빔을 반사하여 수광부에 보내는 장치
- 방호높이 : 위험한계로 침범하는 것을 막을수 있는 투광기와 수광기 사이의 높이
- 위험한계 : 작업점으로부터 조작 스위치까지의 거리

[문 제]

작업자가 신체 움직임을 감지하여 프레스의 작동을 급정지 시키는 광전자식 안전장치를 부착한 프레스가 있다. 급정지에 소요되는 시간이 0.1초이면 안전거리는 얼마로 하여야 하는가?

① 15[cm] ② 160[cm] ③ 16[mm] ④ 16[m]

해설 안전거리(설치거리) = 160[cm/s] × 급정지 시간
= 160[cm/s] × 0.1[s] = 16[cm]

정답 15[cm]

[문 제]

다음 ( )에 들어갈 내용으로 옳은 것은? (2012년 기출문제)

"광전자식 프레스 방호장치에서 위험한계까지의 거리가 짧은 200[mm] 이하의 프레스에는 연속 차광폭이 작은 ( )의 방호장치를 선택한다."

① 30[mm] 초과 ② 30[mm] 이하
③ 50[mm] 초과 ④ 30[mm] 이하

[문 제]

광전자식 안전장치의 투광기 및 수광기의 광축수는?

① 1개 이상 ② 2개 이상
③ 3개 이상 ④ 4개 이상

해설 광전자식 안전장치의 수는 2개 이상, 광축 간의 간격은 50[mm] 이하이다.

[문 제]

프레스기의 광전식 안전장치의 광축 간의 간격은 몇 [mm] 이상이 되어야 하는가?

① 20 ② 30
③ 50 ④ 60

[문 제]

다음 중 프레스작업에 있어 시계(視界)가 차단되어 있지 않으나 확동식 클러치 프레스에는 사용상의 제한이 발생하는 방호장치는? (2013년 기출문제)

① 게이트 가드식 ② 양수조작식
③ 프릭션 다이얼피더 ④ 광전자식

해설 • 광전자식 방호장치는 프레스 정지성능에 관계되며, 액 · 유압프레스, 에어급정지기구를 갖춘 프레스에 적합하다. 시계가 차단되지 않고 작업에 지장을 주지 않는다는 장점이 있으므로 많이 사용되고 있다.
• 다이얼 피더(Dial feeder) : 다이얼 피더는 2차가공용 송급장치로 크지 않은 소재나 반제품 등을 회전원판에 얹어서 작업점으로 송급하는 장치이다.

[문 제]

다음 프레스 중 광선식 안전장치를 사용할 수 없는 것은?

① positive 클러치 부착의 크랭크 프레스 ② 마찰프레스
③ clankless 프레스 ④ 액압프레스

해설 • crankless 프레스는 편심축으로 슬라이드를 작동시키고 크랭크는 필요 없다. 주로 대형 프레스에 적용한다.
• positive 클러치는 확동식으로 감응식 안전장치 사용이 불가능하다.

[문 제]

다음 중 프레스에 사용되는 광전자식 방호장치의 일반구조에 관한 설명으로 틀린 것은? (2014년 기출문제)

① 방호장치의 감지기능은 규정한 검출영역 전체에 걸쳐 유효하여야 한다.
② 슬라이드 하강 중 정전 또는 방호장치의 이상 시에는 1회 동작 후 정지할 수 있는 구조이어야 한다.
③ 정상동작 표시램프는 녹색, 위험표시램프는 붉은색으로 하며, 쉽게 근로자가 볼 수 있는 곳에 설치하여야 한다.
④ 방호장치의 정상작동 중에 감지가 이루어지거나 공급전원이 중단되는 경우 적어도 2개 이상의 출력신호 개폐장치가 꺼진 상태로 되어야 한다.

해설 • 광전자식 방호장치의 일반 구조
- 정상동작 표시램프는 녹색, 위험표시램프는 붉은색으로 하며, 쉽게 근로자가 볼 수 있는 곳에 설치하여야 한다.
- 슬라이드 하강 중 정전 또는 방호장치의 이상 시에는 정지할 수 있는 구조이어야 한다.
- 방호장치는 릴레이, 리미트 스위치 등의 전기 부품의 고장, 전원 전압의 변동 및 정전에 의해 슬라이드가 불시에 동작하지 않아야 하며, 사용전압의 $\pm(\frac{20}{100})$의 변동에 대하여 정상으로 작동되어야 한다.
- 방호장치의 정상작동 중에 감지가 이루어지거나 공급전원이 중단되는 경우 적어도 2개 이상의 출력신호 개폐장치가 꺼진 상태로 되어야 한다.
- 방호장치에 제어기(controller)가 포함된 경우에는 이를 연결한 상태에서 모든 시험을 한다.

정답 ②

[문 제]

다음 중 프레스기에 사용하는 광전자식 방호장치의 단점으로 틀린 것은? (2013년 기출문제)

① 연속운전작업에는 사용할 수 없다.
② 확동식 클러치 방식에는 사용할 수 없다.
③ 설치가 어렵고 기계적 고장에 의한 2차 낙하에는 효과가 없다.
④ 작업 중 진동에 의해 투 · 수광기가 어긋나 작동이 되지 않을 수 있다.

해설 광전자식 방호장치는 연속운전작업에는 사용할 수 있다.

[문 제]

프레스의 광전자식 방호장치에서 손이 광선을 차단한 직후부터 급정지장치가 작동을 개시한 시간이 0.03[초]이고, 급정지장치가 작동을 시작하여 슬라이드가 정지한 때까지의 시간이 0.2[초]라면 광축의 설치 위치는 위험점에서 얼마 이상 유지해야 하는가? (2012, 2013, 2014년 기출문제)

① 153[mm] ② 270[mm] ③ 368[mm] ④ 451[mm]

해설 $D = 1.6(T_L + T_s) = 1.6(0.03 + 0.2)$

$= 0.368 \times 1{,}000 = 368[mm]$

[문 제]

다음 중 프레스의 방호장치 기준에 관한 설명으로 틀린 것은? (2013년 기출문제)

① 손쳐내기식 방호장치에서 방호판의 폭은 금형폭의 1/2 이내로 하여야 한다.
② 양수조작식 방호장치에서 누름버튼의 상호간 내측거리는 300[mm] 이상이어야 한다.
③ 수인식 방호장치의 수인끈의 재료는 합성섬유로 직경이 4[mm] 이상이어야 한다.
④ 손쳐내기식 방호장치에서 손쳐내기 봉의 행정(stroke)길이를 금형의 높이에 따라 조절할 수 있고 진동폭은 금형폭 이상이어야 한다.

해설 손쳐내기식 방호장치에서 방호판의 폭은 금형폭의 1/2 이상으로 하여야 한다.

표 3.3 광축의 설치 개수

슬라이드조절량+스트로크길이 [mm]	광축수	슬라이드조절량+스트로크길이 [mm]	광축수
50 이하	2	200 이상 250 이하	6
50 이상 100 이하	3	250 이상 300 이하	7
100 이상 150 이하	4	300 이상 350 이하	8
150 이상 200 이하	5	350 이상 400 이하	9

3.7.7 방호장치의 사용기준

표 3.4 클러치별 사용기준

방호장치 \ 클러치	확동클러치		마찰클러치	
	120 SPM 미만	120 SPM 이상	120 SPM 미만	120 SPM 이상
양수조작식	×	○	○	○
광선식	×	×	○	○
손쳐내기식	○	×	○	×
수인식	○	×	○	×

(1) 급정지기구가 부착되어야만 유효한 방호장치

① 양수조작식

② 감응식

(2) 급정지기구가 부착되지 않아도 유효한 방호장치

① 양수기동식

② 게이트가드식

③ 수인식

④ 손쳐내기식

(3) 프레스기 방호장치에 표시할 사항

① 제조자명

② 프레스 등의 규격

③ 제조번호

④ 제조연월일

(4) 프레스기 안전에 관한 중요사항 정리

- 프레스기 페달에 U자형 덮개를 씌우는 이유
  - 페달의 불시작동으로 인한 안전사고 예방(안전조업)
- 프레스기에서 가장 중요한 점검 부분
  - 클러치의 이상 유무
- 제품을 꺼낼 때 칩의 제거에 사용되는 것
  - 압축공기 사용
  - pick out 사용
- 슬라이드 불시 하강 방지 조치
  - 안전블록 설치

• 프레스의 펀치와 다이 부분의 운동형태
  – 직선운동
• 금형의 눈에 잘 띄는 개소에 표시하여야 할 사항
  ① 사용가능한 프레스의 압력능력
  ② 길이(좌우, 전후 및 다이 높이)
  ③ 상형중량 및 총중량
• 프레스 방호장치 등 가장 널리 쓰이고 원칙적으로 방호할 수 있는 장치
  – 양수조작식
• 금형설치
  ① 상점에 있어서 상형과 하형과의 간격 : 8[mm]
  ② 가이드 포스트와 부쉬와의 간격 : 8[mm]
• 가공물과 스크랩이 금형에 부착되는 것을 방지하기 위한 도구
  ① 스트리퍼
  ② 노크아웃(knock out)
• 동력프레스기가 반드시 갖추어야 할 위험방지 기구
  ① 1행정 1정지기구
  ② 급정지기구
  ③ 비상정지장치
  ④ 안전블록
  ⑤ 전환스위치
  ⑥ 덮개
• 프레스 본체에 양수조작식, 광선식, 게이트가드식 등의 안전장치를 내장한 프레스
  – 안전프레스
• 크랭크축 등의 회전수가 300[rpm] 이하의 크래크 프레스
  – 오버런 감시장치 비치
• 펀치와 상홀더, 다이와 하홀더 등을 다이 세트의 올바른 위치에 고정하는 부품
  – 맞춤핀(knock pin)
• 너트의 풀림을 막기 위하여 2개 이상의 너트를 겹쳐서 죄든가 특수한 모양으로 한 너트 전체 : 로크너트
• 나사체결 시 너트의 풀림을 방지하기 위한 조치
  – 분할핀, 조오붙이, 멈춤나사, 로크너트, 홈붙이너트, 스프링와샤, 철사를 사용 잡아매는 법 등

[문 제]

다음 중 120[SPM] 이상의 소형 확동식 클러치 프레스에 가장 적합한 방호장치는? (2014년 기출문제)

① 양수조작식　　② 수인식
③ 손쳐내기식　　④ 초음파식

[문 제]

다음 중 금형의 설계 및 제작 시 안전화 조치와 가장 거리가 먼 것은? (2015년 기출문제)

① 펀치의 세장비가 맞지 않으면 길이를 짧게 조정한다.
② 강도부족으로 파손되는 경우 충분한 강도를 갖는 재료로 교체한다.
③ 열처리 불량으로 파손을 막기 위해 담금질을 실시한다.
④ 캠 및 충격이 반복해서 가해지는 부분에는 완충장치를 한다.

해설 • 열처리 불량 파손 시 인성을 부여하는 뜨임 열처리를 한다.

• 세장비
  – 기둥이 하중에 견디는 정도를 나타내는 값. 길이를 단면의 회전 반지름으로 나누어 구하는데, 값이 적을수록 큰 하중에 잘 견딘다.
  – 압축재의 좌굴 길이 lk를 단면 2차 반경 i로 나눈 값으로, 통상 λ로 표시. 세장비가 커지면 좌굴 하중은 작아진다.

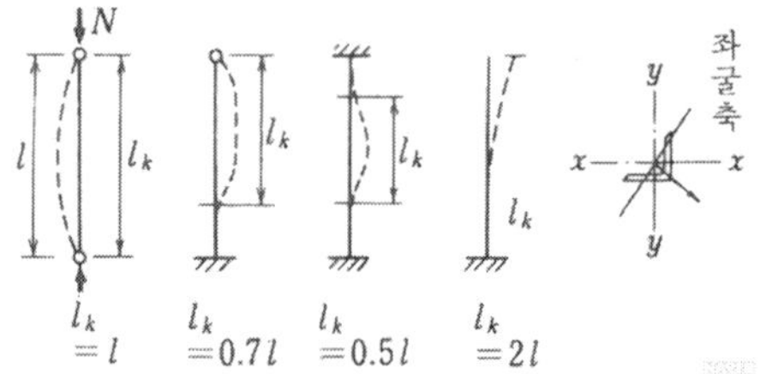

• 열처리
  – 불림(Nomalizing) : 거친 조직의 미세화, 편석, 잔류응력제거 등을 제거
  – 풀림(annealing) : 기계가공 후 생긴 가공경화나 내부응력을 제거하여 재료의 연화 · 편석의 균일화를 얻기위한 열처리
  – 담금질(quenching) : 강의 경화 또는 강도 · 경도를 증가시킬 목적으로 변태점 이상의 온도로 가열 후 급속히 냉각하는 열처리
  – 뜨임(tempering) : 담금질한 강은 급랭하여 강도는 증가하나 내부변형 및 취성을 가지므로 담금질한 강을 변태점 이하의 온도로 가열한 후 냉각하면 경도는 감소하므로 인성을 증가시키는 열처리

[문 제]

산업안전보건법령 상 프레스기의 방호장치에 표시해야 할 사항이 아닌 것은? (2015 기출문제)

① 제조자명　　② 규격 또는 등급
③ 프레스기의 사용범위　　④ 제조번호 및 제조연월일

[문 제]

다음 프레스의 위험성에 대한 설명 중 잘못된 것은?

① 부품의 송급 · 배출이 핸드 인 다이로 이루어지는 것은 작업 시 위험성이 크다.
② 마찰식 클러치 프레스의 경우 하강 중인 슬라이드를 정지시킬 수 없어서 기계 자체의 기능상의 위험성을 내포하고 있다.
③ 일반적으로 프레스는 범용성이 우수한 기계이지만 그에 대응하는 안전조치들이 미비한 경우가 많아 위험성이 높다.
④ 신체의 일부가 작업점에 노출되면 절단 · 협착 등의 재해를 당할 위험성이 매우 높다.

해설 마찰식 클러치 프레스의 경우는 슬라이드 하강 중 정지 가능하다.

[문 제]

나사의 체결에 있어 약간의 진동이나 하중의 변화에 의해 너트가 풀릴 위험이 있을 때 이를 방지하기 위하여 편칭이나 타격에 의한 방법으로 안전조치를 하였다. 다음 중 위의 방법이 아닌 것은?

① 분할핀 ② 조오붙이 ③ 멈춤쇠 ④ 멈춤나사

해설 나사체결 시 너트의 풀림을 장지하기 위한 조치
분할핀, 조오붙이, 멈춤나사, 로크너트, 홈붙이너트, 스프링와샤, 철사를 사용 잡아매는 법 등

[문 제]

다음 중 풀림방지용으로 사용되는 너트는?

① 나비너트 ② 둥근너트
③ 캡너트 ④ 홈붙이 너트

해설 풀림방지용으로 홈붙이너트와 로크너트 등이 있다. 너트는 수나사인 볼트에 끼워 기계 부품의 체결고정에 사용하는 암나사이다.

[문 제]

프레스 금형에 고정가드를 설치하고자 할 때 상사점 위치에서 가드의 상하 겹침이 적합한 설치 조정 거리인 것은?

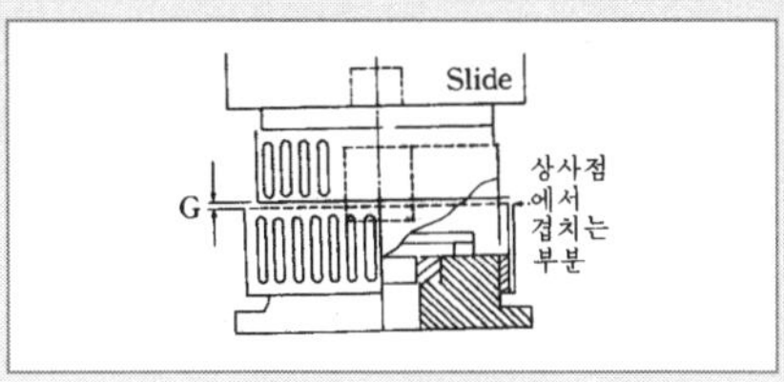

① 최소 12[mm]
② 최소 8[mm]
③ 최대 6[mm]
④ 최대 5[mm]

해설 금형설치
① 상사점에 있어서 상형과 하형과의 간격 : 8[mm]
②. 가이드 포스트와 부쉬와의 간격 : 8[mm]

3.7.8 No-Hand-in Die 방식의 이송방방법의 자동화

(1) 1차가공용 송급배출장치

로울 피이더, 그리퍼 피더 등

(2) 2차 가공용 송급배출장치

슈트, 푸셔 피더, 다이얼 피더, 트랜스퍼 피더, 프레스용 로봇 등

(3) 가공완료 제품 및 스크랩의 자동 취출 기구

에어분사장치, 킥커, 리프터, 이젝트 캐치암, 오픈핸드, 아이언핸드 등

참고 1차가공용 이송장치

① 로울 피이더 : 상하로울러 사이를 마찰력에 의해 앞으로 이송시키는 것으로 여기에는 한쪽방향으로만 회전하는 클러치 베어링이 장착되어 있는 이송장치이다.

② 그리퍼 피이더 : 그리퍼 피더는 프레스 가공에서 집게(그리퍼)로 재료를 송급하는 장치로서 1차 가공용으로 사용되는 코일재의 이송에 널리 사용되고 있다. 그리퍼 피더는 소재(素材)를 집어서 이송하는 이동집게(gripper finger)와 소재를 고정시키는 고정집게(brake finger)로 구성된다. 이동집게가 소재를 집어 이동할 때 고정집게는 열리며, 이송이 끝나면 고정집게가 소재를 고정시키고, 이동집게가 열려 원위치로 되돌아가는 기구로 되어 있다. 2조의 그리퍼를 사용하는 더블 그리퍼 피이더와 송급하는 쪽에만 그리퍼를 사용하는 싱글 그리퍼 피이더가 있다.

3.7.9 프레스 작업의 안전수칙

(1) 금형의 설치 및 조정 안전수칙

① 금형은 하형부터 잡고 무거운 금형의 받침은 인력으로 하지 않는다.
② 금형의 부착전에 하사점 확인
③ 금형의 설치 및 조정 시 반드시 동력을 끊고 페달에 방호장치(U자형덮개)설치
④ 금형의 체결은 올바른 치공구 사용 및 균등하게 체결
⑤ 슬라이더의 불시하강 방지 : 안전블럭 사용

참고 안전블럭(safety block)

금형 부착, 해체 및 조정 작업 등의 안전을 위하여 사용하는 힌지형태의 회전봉 모양의 것으로서 슬라이더와 볼스타 사이에 끼워 넣어 슬라이더의 낙하방지용으로 사용

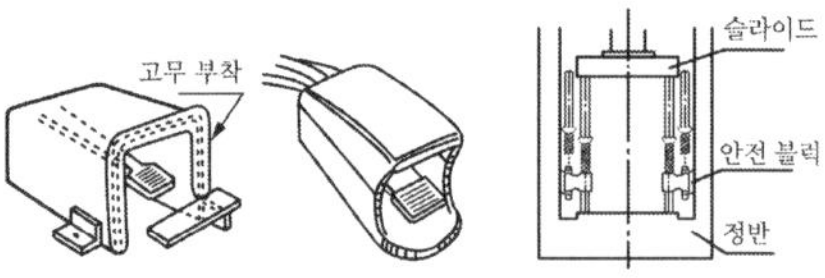

(a) 페달의 U자형 덮개 (b) 안전 블럭

[그림 3.35] U자형 페달 및 안전블럭

[문 제]

다음 중 프레스 작업이 끝난 후 페달에 U자형 페달을 씌우는 이유는 무엇인가?

① 고장방지 ② 페달보호
③ 기계와 인명의 안전 ④ 먼지침투방지

[문 제]

다음 중 프레스의 위험방지조치로서 안전블럭을 사용하는 경우가 아닌 것은? (2015년 기출문제)

① 금형부착 시 ② 금형파기 시
③ 금형해체 시 ④ 금형조정 시

해설 금형조정작업의 위험방지
사업주는 프레스 등의 금형을 부착 · 해체 또는 조정하는 작업을 할 때에는 해당 작업에 종사하는 근로자의 신체가 위험한계 내에 있는 경우에 슬라이드가 불시에 작동함으로써 근로자에게 위험을 방지하기 위하여 안전블럭을 사용하는 등 필요한 조치를 하여야 한다.

[문 제]

다음 중 프레스 금형을 부착, 해체 또는 조정작업을 할 때에 사용하여야 하는 장치는?
(2012, 2013년 기출문제)

① 안전블럭 ② 안전방책
③ 수인식 방호장치 ④ 손쳐내기식 방호장치

해설 금형 조정작업 시 안전조치
산업안전보건기준에 관한 규칙 104조에 따르면 사업주는 프레스 등의 금형을 부착, 해체 또는 조정작업을 할 때에 해당 작업에 종사하는 근로자의 신체가 위험한계 내에 있는 경우 슬라이더가 갑자기 작동함으로써 근로자에게 발생할 우려가 있는 위험을 방지하기 위하여 안전블럭을 사용하는 등 필요한 조치를 하여야 한다.

[문 제]

다음 중 프레스 가공물의 이송방법으로 2차 가공용 송급배출장치가 아닌 것은? (2012년 기출문제)

① 푸셔 피이더(pusher feeder) ② 다이얼 피이더(dial feeder)
③ 롤 피이더(roll feeder) ④ 트랜스퍼 피이더(transfer feeder)

해설 프레스 가공용 송급배출장치
- 1차가공용 송급배출장치 : 로울 피이더, 그리퍼 피이더 등
- 2차 가공용 송급배출장치 : 슈트, 푸셔 피이더, 다이얼 피이더, 트랜스퍼 피이더, 프레스용 로봇 등

(2) 운전가공중의 안전수칙

① 운전가공 중에는 금형사이에 절대 손을 넣지 않는다.
② 지시된 작업표준을 지키고 안전작업을 한다.
③ 연속 다발작업을 제외하고는 1회마다 페달에서 발을 뗀다.
④ 가공 중의 부품삽입, 부품이나 스크랩의 배출시에는 필요에 따라 수공구 사용
⑤ 2인 이상의 공동작업일 경우 책임자 선정
⑥ 작업중단 시 기계를 정지하고 재료나 가공품을 꺼낸다.
⑦ 주유, 청소 시에는 기계를 정지한 뒤 실시

(3) 정지 시 안전수칙

① 플라이휘일의 회전을 멈추기 위해 손으로 누르지 않는다.
② 클러치를 연결한 상태에서 기계를 정지시키지 않는다.
③ 정전시 즉시 스위치를 끈다.

[문 제]

다음 중 프레스 작업의 안전기준에 맞는 것은?

① 방호장치를 사용하기 위해서라도 풋 스위치는 제거하면 된다.
② 프레스는 제작기준과 안전기준에 적합하지 않은 것을 사용하면 안 된다.
③ 안전블럭은 클러치 기능유지를 위해 필요하다.
④ 동력프레스는 6개월에 1회 이상 자체검사를 실시한다.

해설
- 안전블럭은 상형 금형 탈 · 부착시 슬라이더의 불시 하강으로 인한 사고를 방지하기 위하여 사용하는 방호장치이며, 프레스 자체검사기간은 연 1회이다.
- 풋스위치 : 조작레버에 오작동방지를 위한 안전장치인 풋스위치에 커버를 설치하여 신체접촉으로 인한 오작동이 되지 않도록 조치

정답 ②

[문 제]

다음 중 프레스 정지시의 안전수칙이 아닌 것은? (2012년 기출문제)

① 정전되면 즉시 스위치를 끈다.
② 안전블럭을 바로 고여 준다.
③ 클러치를 연결시킨 상태에서 기계를 정지시키지 않는다.
④ 플라이휘일의 회전을 멈추기 위해 손으로 누르지 않는다.

해설 안전블럭은 금형을 부착하거나 해체조정작업 시 사용한다.

3.8 로울러 작업

(1) 개요

원통상의 물체 2개 이상을 1조로 하여 작은 간격을 두고 각각 반대방향으로 회전하여 금속 또는 비금속재료를 로울러기 사이의 작은 간격으로 통하게 하여 압축, 분쇄, 성형, 평활, 인쇄 또는 압연작업을 하는 기계

(2) 작업자의 신체일부가 말려들기 위한 역학적 조건

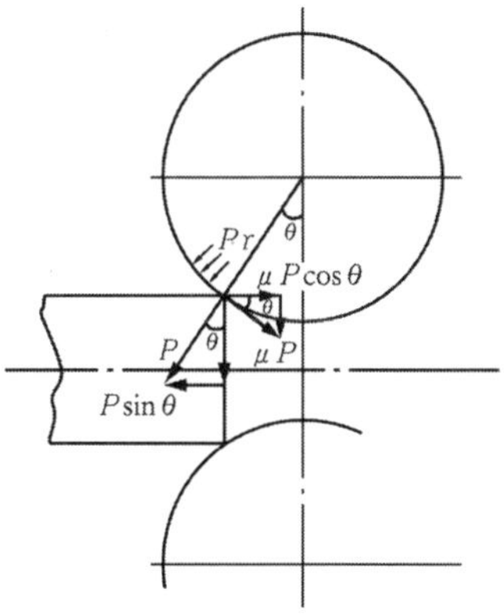

[그림 3.36] 로울러의 위험성

$$\mu = \tan\theta \text{ : 마찰계수}$$

여기서, P : 재료가 로울러 면에서 받는 힘

μ : 재료와 로울러 간의 마찰계수

μp : 접선력

θ : 접촉각

(가) 로울러가 재료를 물어 들이기 위한 조건

$$\mu p\cos\theta \geq p\sin\theta$$

$$\therefore \ \mu \geq \tan\theta$$

(나) 손이 로울러에 말려들지 않은 조건

$$\mu < \tan\theta$$

[문 제]

다음 중 압연기에서 재료가 자력으로 로울러에 물려드는 한계의 마찰각(ρ)과 접촉각(α)과의 관계는?

① $\alpha = \rho$　　② $2\alpha = \rho$

③ $3\alpha = \rho$　　④ $4\alpha = \rho$

해설 압연이 가능하게 되는 원인은 $\alpha \leq \rho$의 관계가 성립된 경우이므로 로울러에 물려드는 한계는 $\alpha = \rho$가 된다.

[문 제]

다음 중 로울러가 재료를 물어들이기 위한 조건은?(여기서 μ : 재료와 로울러 간의 마찰계수, θ : 접촉각이다.)

① $\mu = \tan\theta$　　② $\mu \geq \tan\theta$

③ $\mu \leq \tan\theta$　　④ $\mu \geq \theta$

(3) 로울러기 방호장치

(가) 급정지장치

작업자의 신체의 일부가 로울러에 말려 들어가는 상태에서 작업자의 손이나 무릎, 복부 등에 쉽게 닿을 수 있는 조작부를 건드림으로써 급정지하도록 하는 장치

① 급정지장치의 구성

ⓐ 신체압력 감응 막대장치

작업자의 손이 먼저 방호장치를 작동하여 로울러기의 회전을 멈추지 않고는 로울러기의 작업점에 도달하지 못하도록 하는 방호장치

ⓑ 비상안전 제어장치

- 작업자가 능동적으로 작동시켜 로울러를 멈추게 하는 장치(로울러기의 전 · 후에 설치)
- 작업바닥으로부터 180[cm] 이하, 수직접선으로부터 5[cm] 이내에 설치

ⓒ 비상안전 제어로프

- 로프를 밀거나 잡아당김으로써 로울러를 멈추게 하는 장치
- 로울러기의 전 · 후에 설치, 로울러기의 수직접선으로부터 5[cm], 작업바닥으로부터 180[cm] 이하가 되도록 설치

② 급정지장치의 종류

표 3.5 급정지장치의 종류

종류	설치위치	비고
손조작식(로프식)	밑면으로부터 1.8[m] 이내	위치는 조작부의 중심점을 기준
복부조작식	밑면으로부터 0.8~1.1[m] 이내	
무릎조작식	밑면으로부터 0.4~0.6[m] 이내	

[문 제]

로울러기의 구동에너지를 근로자 자신이 작업위치에서 조작 차단하는 어떤 장치를 설치해야 하는가?

① 위험방지장치 ② 급정지장치
③ 방호설비 ④ 감속장치

해설 로울러기는 손에 말려 들어가는 협착 사고를 많이 일으키는 위험 기계이므로 법정 방호장치인 급정지장치를 성능 기준에 맞게 설치하여야 하며 무경험자(3개월 이하)의 작업도 금하여야 한다.

[문 제]

로울러기의 감응식 방호장치는?

① 비상안전스위치 ② 비상안전제어 로프장치
③ 발광다이오우드 광선식 장치 ④ 연동식 방책

해설 로울러기의 급정지 장치는 작업자가 긴급시 조작할 수 있는 조작부와 조작부에 의하여 브레이크 장치를 동작시키는 비상안전스위치와 제동장치로 구성되어 있으며 가), 나)는 작업자가 동작을 시키는 구조이다.

정답 ③

[문 제]

로울러기의 로프식 급정지 장치의 설치거리는?

① 바닥에서 0.6[m] 이하 ② 바닥에서 1.2[m] 이하
③ 바닥에서 1.8[m] 이하 ④ 바닥에서 2.1[m] 이하

[문 제]

비상안전제어 로프장치(safety trip wire cable)는 송급 및 인출 컨베이어, 슈트 및 호퍼 등에 의해서 제한이 되는 말기에 사용된다. 이는 로울러의 방호장치 중 어느 것인가?

① 손조작식 ② 복부조작식 ③ 무릎조작식 ④ 손쳐내기식

해설 롤러의 방호장치 중 로프식은 손조작식뿐이다.

[문 제]

산업안전보건법령 상 로울러기 조작부의 설치위치에 따른 급정지 장치의 종류가 아닌 것은?

(2014년 기출문제)

① 손조작식 ② 복부조작식 ③ 무릎조작식 ④ 발조작식

[문 제]

롤러기 조작부의 설치위치에 따른 급정지 장치의 종류에서 손조작식 급정지장치의 설치 위치로 옳은 것은?

(2014년 기출문제)

① 밑면으로부터 0.5[m] 이내 ② 밑면으로부터 0.6[m]~1.0[m] 이내
③ 밑면으로부터 1.8[m] 이내 ④ 밑면으로부터 1.0[m]~2.0[m] 이내

③ 급정지장치의 성능

로울러기 급정지거리는 로울러를 무부하로 회전시킨 상태에서도 앞면 로울러의 표면 원주속도에 따라 규정된 정지거리 내에서 로울러를 정지시킬 수 있는 거리를 말한다.

표 3.6 급정지거리의 제한

앞면 로울러의 표면 원주속도[m/min]	급정지 거리
30 미만	앞면 로울러 원주의 1/3
30 이상	앞면 로울러 원주의 1/2.5

ⓐ 로울러 원주속도

$$V = \frac{\pi DN}{1,000}[\mathrm{m/min}]$$

여기서, V : 표면 원주속도[m/min]
D : 로울러 원통직경[mm]
N : 회전수[rpm]

ⓑ 급정지장치 설치방법

- 급정지장치 중 손으로 조작하는 급정지장치의 조작부는 로울러기의 전면 및 후면에 각각 1개씩 수평으로 설치
- 조작부에 사용하는 줄은 강성(stiffness)이 있는 재료로 직경 4[mm] 이상의 와이어로프나 직경 6[mm] 이상, 절단하중이 300[kg] 이상의 합성섬유 로프 사용
- 급정지장치가 동작한 경우 로울러기의 기동장치를 재조작하지 않으면 가동되지 않는 구조로 할 것
- 급정지장치의 조작부는 작업자가 긴급 시에 쉽게 조작할 수 있도록 할 것

(나) 울(guard)

원자재를 로울러기에 밀어 넣을 때 손이 로울러기에 접촉하여 말려 들어가는 것을 방지하기 위한 접촉예방장치이다. 손가락의 어떤 부위도 울 내로 깊숙이 밀어 넣을 수 없도록 작업자에 대한 설계를 할 때는 그 간극을 9.5[mm] 이하로 좁게 해야 한다.

① <u>울 개구부 간격</u>

ILO에서는 송급대와 위험부위에서 울의 적정 위치까지의 거리와 울 개구부 간격을 다음 식으로 규정하였다.

$$Y = 6 + 0.15X\text{(단위 : [mm])}$$

$$Y = 30 \text{ 단, } X < 160$$

$$\text{단, } X \geq 160$$

Y : 울 개구부와의 간격

X : 송급대와 위험부위에서 울의 적절한 위치까지의 거리

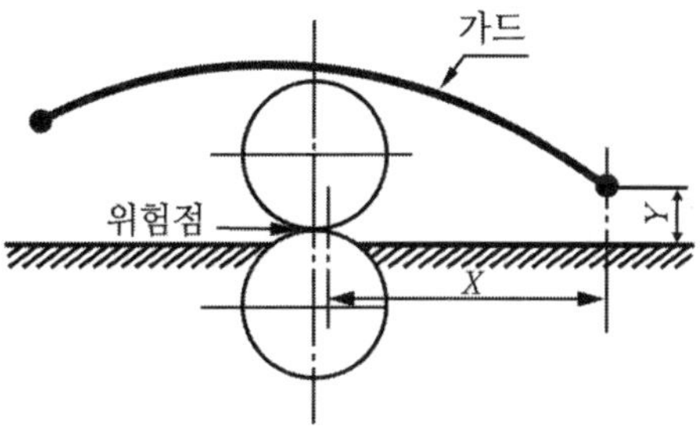

[그림 3.37] 가드 개구부 간격

② 절단기 가드의 개구부 간격

$$Y = 6 + \frac{1}{8}X$$

③ 방적기 및 제면기, 동력기계, 로울러기가 전동체인 경우 가드의 개구부 간격 (위험점이 대형기계의 전동기 회전체인 경우)

$$Y = 6 + \frac{1}{10}X\text{(단, } x \geq 760\text{[mm]에서 유효)}$$

[문 제]

로울러기의 맞물림점 전방에 12[mm] 개구 간격을 가진 가드를 설치할 때 맞물림 점으로부터 가드까지의 설치 안전거리는? (2015년 기출문제)

① 10[mm]　② 20[mm]　② 30[mm]　④ 40[mm]

해설 가드 개구부 간격 3가지

- 롤러 가드의 개구부 간격
  $Y=6+0.15X$(단위 : [mm])
  $Y=30$ 단, $X\geq160$
  Y : 울 개구부와의 간격
  X : 송급대와 위험부위에서 울의 적절한 위치까지의 거리
- 절단기 가드의 개구부 간격
  $Y=6+\frac{1}{8}X$
- 방적기 및 제면기, 동력기계, 로울러기가 전동체인 경우 가드의 개구부 간격(위험점이 대형기계의 회전체인 경우)
  $Y=6+\frac{1}{10}X$(단, $x\geq760$[mm]에서 유효)

[문 제]

다음 중 위험구역에서 가드까지의 거리가 200[mm]인 롤러기에 가드를 설치하는 데 허용 가능한 가드의 개구부 간격으로 옳은 것은? (2013년 기출문제)

① 최대 20[mm]　② 최대 30[mm]
③ 최대 36[mm]　④ 최대 40[mm]

해설 $Y=6+0.15X=6+0.15\times200=36$[mm]

[문 제]

로울러기에서 가드의 개구부와 위험점간의 거리가 200[mm]이면 개구부 간격은 얼마이어야 하는가? (단, 위험점이 전동체이다.) (2014년 기출문제)

① 30[mm]　② 26[mm]　③ 36[mm]　④ 20[mm]

해설 위험점이 대형기계의 회전체인 경우

$$Y=6+\frac{1}{10}x=6+\frac{1}{10}\times200=26[\text{mm}]$$

[문 제]

다음 중 지름이 60[cm]이고 20[rpm]으로 회전하는 롤러에 적합한 급정지장치의 성능으로 옳은 것은?

(2013년 기출문제)

① 앞면 롤러 원주의 1/1.5 거리에서 급정지
② 앞면 롤러 원주의 1/2 거리에서 급정지
③ 앞면 롤러 원주의 1/2.5 거리에서 급정지
④ 앞면 롤러 원주의 1/3 거리에서 급정지

해설 앞면 로울러 표면속도를 구하는 식은

$$V=\frac{\pi DN}{1,000}[\text{m/min}]=\frac{\pi\times D\times 20}{1,000}=37.68[\text{m/min}]$$

표면속도가 30 이상이므로 규정에 의하여 앞면 롤러 원주의 1/2.5 거리에서 급정지된다.

[문 제]

로울러기 방호장치의 무부하 동작시험시 앞면 로울러 지름이 150[mm]이고, 회전수가 30[rpm]인 로울러기의 급정지거리는 몇 [mm] 이내이어야 하는가?

(2013년 기출문제)

① 157 ② 188 ③ 207 ④ 237

해설 표면속도(V)는 $V=\frac{\pi DN}{1,000}[\text{m/min}]=\frac{\pi\times 150\times 30}{1,000}=14.13[\text{m/min}]$

30[m/min]이므로 급정지거리는

급정지거리$=\frac{\pi D}{3}=\frac{3.14\times 150}{3}=157[\text{mm}]$

(다) 안내 로울러

[그림 3. 38]에서 보듯이 한 끝을 자유롭게 지지한 아암의 끝에 부착한 소형 로울 한 개가 고정 로울의 물림점에 놓이게 되고, 재료의 이송 시에 고정 로울러 면에 접근하게 되면 하나는 위아래로 이동해서 고정 로울러와 접촉하게 되어 회전방향이 역으로 되기 때문에 손을 밀어내게 하는 방호장치이다.

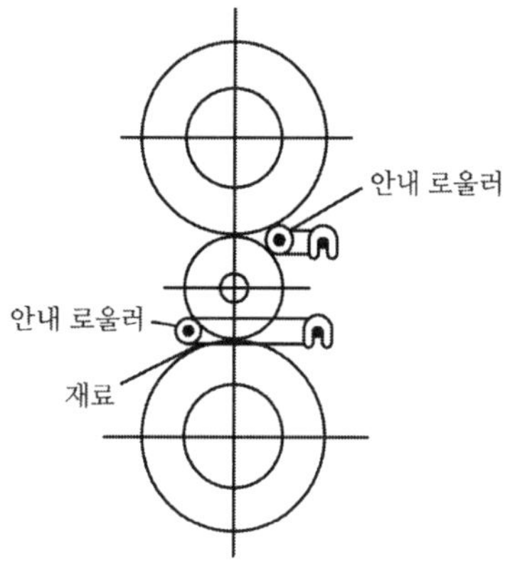

[그림 3.38] 안내 로울러

(4) 로울러기의 작업안전수칙

① 로울러기의 주위 바닥은 평탄하고 돌출물이나 장애물이 있으면 안 되며 기름이 바닥에 있으면 제거
② 재료가 가공 중에 유독성 또는 자극성 물질이 발산되는 분쇄 로울러 및 로울러 밀은 밀폐하거나 국소배기장치 설치
③ 로울러기 청소 시에는 정지시키고 난 후에 작업

Chapter 04

절삭가공

4.1 절삭가공

4.1.1 정의

주조, 단조, 프레스, 용접 등의 가공방법에는 그 가공면의 거칠기나 가공치수 정밀도에는 한계가 있기 때문에 정밀도가 높은 절삭가공을 해야 한다. 절삭가공이란 공작기계를 이용하여 일감을 절삭가공할 때, 절삭공구(바이트)나 연삭숫돌 및 연삭입자를 사용하므로 가공 시 반드시 칩이 발생한다. 절삭가공에는 정밀다듬질, 거친 다듬질이 있으며 가공하게 될 부품형상의 기본은 외주원통면, 내주원통면, 평면 및 특수형상으로 나누어진다. 절삭기계의 기본 운동은 공구와 가공품이 직접 접촉하는 절삭운동과 형상을 만들기 위하여 가공품 또는 공구의 운동을 하는 이송운동이 있다.

4.1.2 절삭가공 분류

(1) 공구에 의한 절삭가공

(가) 선삭(turning) : 선반

일반적으로 일감을 회전시키면서 설치한 공구를 세로방향과 가로방향으로 이동시켜 절삭가공하는 기계이다. 공작기계 중 많이 사용되며 작업의 종류도 많다.

(나) 평삭(planing) : 세이퍼, 플레이너, 슬로터

단일공구를 사용하는 가공에서 직선절삭운동과 직선이송운동의 조합이 평삭이다.

① 세이퍼

바이트를 왕복운동시켜 테이블 위에 고정한 일정한 일감을 평면으로 깎는 일을 주로 하는 기계로 작은 일감을 절삭하는 데 적합

② 플레이너

일감을 고정한 테이블을 왕복운동하게 하고 바이트를 이것과 직각으로 이송하며 일감을 평면으로 절삭하는 기계로 비교적 큰 일감절삭에 적합

③ 슬로터

구조는 세이퍼와 비슷하지만 램이 상하 왕복운동하는 것이 다르다. 즉, 일감을 테이블에 고정하고 핸들을 돌림으로써 직선운동과 회전운동을 한다.

(다) 드릴링(drilling) : 드릴링머신

드릴이라는 절삭공구를 사용하여 회전절삭운동과 그 회전 중심선 방향으로 직선이송운동을 조합한 것으로 일감에 구멍을 뚫는 기계이며 탭 작업, 리이머 작업, 보오링 작업 등을 할 수 있다.

(라) 밀링(milling) : 밀링머신

원판 또는 원통 둘레에 많은 날을 가진 밀링커터 공구를 회전시켜 일감을 이송하며 절삭하는 공작기계

(2) 고정입자에 의한 가공

(가) 연삭(grinding) : 연삭기

연삭기의 공구는 숫돌바퀴를 사용하며 숫돌바퀴에 회전운동을 주어 고속으로 절삭운동을 행하는 가공법으로 좋은 정밀도와 다듬질면을 얻기 위한 가공이다.

(나) 호닝(honing) : 호닝머신

구멍 내면의 다듬질에 사용하는 방법

(다) 슈퍼피니싱(super finishing)

비교적 낮은 압력으로 숫돌을 일감의 표면에 대고 누르면서 숫돌에 진동을 주며 일감에 회전이송을 주어 일감의 표면을 다듬질하는 가공법

(라) 페이퍼가공(coated abrasive maching)

종이나 포지의 한 면에 경질입자를 접착제로 고정시킨 연마공구를 벨트상의 연마포로 적당한 풀리 위를 고속으로 이동하면서 일감에 대고 눌러 표면을 다듬질하는 가공

(3) 유리입자에 의한 가공

(가) 랩핑(lapping)

경질입자와 래핑유를 혼합한 것을 랩이라 하는 공구와 일감 사이에 바르고 상대운동을 주어 입자가 일감 표면을 다듬질하는 방법

(나) 액체호닝(liquid honing)

적당한 액과 정밀입자를 혼합하여 일감의 표면에 분사하여 그 면을 다듬질하는 방법

(다) 초음파가공(ultrasonic maching)

액체에 경질입자를 혼합한 것으로 초음파공구와 일감 사이에 초음파 진동을 주어 입자로 하여금 일감에 공구와 동일단면의 구멍을 내게 하는 방법

4.1.3 절삭 공작기계의 위험성

절삭 가공기계의 일반적인 위험성은 다음과 같다.

① 작업점에서 발생하는 위험

② 절삭칩에 의한 위험

• 유동형 칩에 의한 손의 말림
• 전단형 칩비산에 의한 눈 부상의 위험

③ 절삭유에 의한 피부병과 유연(油燃)에 의한 기관지 계통의 피해

• 절삭액에 의한 피부질환

ⓐ 유성 여드름과 모낭염

ⓑ 접촉성 피부염

ⓒ 피부 색소변화 등

④ 공작물 기계에 착탈할 때 중량물 운반에 따른 낙하 등

> **참고** 모낭염(folliculitis)
>
> 모낭(피부 속에서 털을 감싸고 영양분을 공급하는 주머니)에서 시작되는 세균 감염에 의한 염증으로, 침범한 모낭의 깊이에 따라 상부를 침범한 '얕은 고름물집 모낭염'과 하부를 침범한 '깊은 고름물집 모낭염'으로 나누어진다. 공작기계의 절삭가공 속도가 크고, 기름의 흐름이 많아 계속적으로 기름에 접촉할 경우에 모낭염 발생의 위험도가 높다.

4.1.4 절삭공구 및 칩의 형태

(1) 절삭공구(바이트)

절삭공구에서 여러 가지 모양과 재질의 1날공구를 사용하는데 이것을 통틀어 바이트라고 한다. 바이트의 재질은 경도가 높고 내마멸성이 큰 고속도강, 초경합금, 세라믹, 다이어몬드가 사용된다.

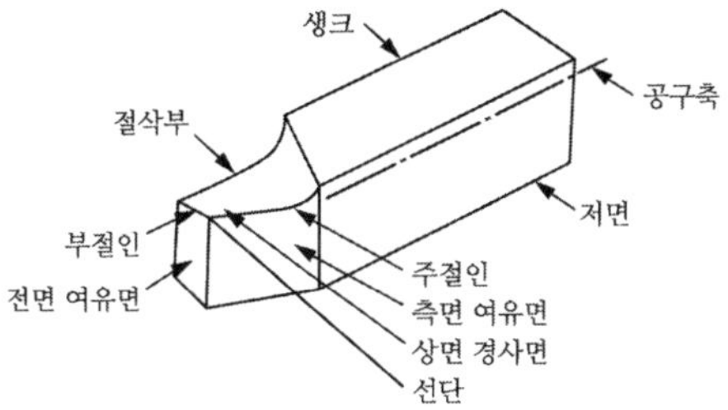

[그림 4.1] 바이트 각부 명칭

(가) 경사각

절삭작업에 가장 큰 영향을 주는 것으로 보통 10~15° 정도이다.

(나) 여유각

절삭작용에 직접적 영향은 없으나 날끝이 마모되면 절삭면과 접촉이 나쁘게 되며 이것을 피하기 위해 두는 각으로 5~10° 정도를 둔다.

(2) 공구재료

① 탄소공구강 : 탄소 0.6%를 함유한 강으로 바이트, 드릴, 톱 등에 사용

② 합금공구강 : 내마모성, 충격에 강하고 절삭공구로 사용

③ 고속도강 : 바이트 재료 중 많이 사용하는 공구로 W(18%), Cr(4%), V(1%)를 함유한 강이다.

④ 초경합금 : 탄화텡스텐(WC)이나 탄화티탄(TiC)의 분말에 코발트 성분을 섞어 압축 성형 후 고온에서 소결한 것으로 대단히 견고하나 충격에 약하고 취성이 큰 소결공구이다. 대표적인 금속간화합물이다.

⑤ 세라믹 : 산화알루미늄을 주성분으로 하여 소결한 절삭공구로 내열성, 고온경도, 내마모성이 크다.

(3) 절삭칩의 형태

절삭공구를 사용하여 절삭가공할 때 칩이 발생하는 것

(가) 유동형 칩(flow type chip)

공구 전방의 일감이 공구의 진행과 함께 전단면에 연속적으로 전단변형을 일으켜 소성 변형에 의하여 발생하는 칩으로 칩이 연속적으로 발생하므로 칩 브레이커가 필요하다. 유연한 재료, 경사각이 크고 절삭깊이가 얕을 때, 속도가 빠를 때 발생한다.

(나) 전단형 칩(shear type chip)

강도가 낮고 취약한 재료를 절삭 시 공구 전방의 일감이 간헐적으로 전단파괴가 일어나 발생되는 칩이며, 가공면 상태가 약간 나쁘다. 전단형 칩은 밀링머신에서 많이 발생되며 칩 중에서 가장 날카로운 칩이다.

(다) 열단형 칩(tear type chip)

알루미늄, 동과 같은 연성이 큰 일감을 절삭시 칩이 공구 윗면에 점착하여 미끄러져 나가지 않으며 아래 방향으로 균열이 발생하여 생기는 칩으로 가공면이 거칠다.

(라) 균열형 칩

취성이 큰 재료를 절삭 시 공구날 끝에서 일감 내부에 균열이 발생하여 일감의 자유표면까지 전해져서 거의 균열만으로 발생하는 칩이다. 구성인선(built up edge)이 발생하며 취성이 많은 재료에서 생긴다.

> **참고** 구성인선
>
> 절삭속도가 100[m/min] 이하에서 강이나 경합금 같은 재료를 절삭할 때 가공물이 가공경화되어 단단해지면서 공구날 끝에 쌓여 칩에 부착되는 현상

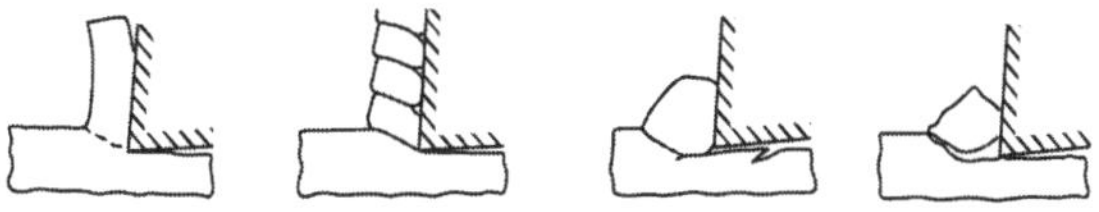

[그림 4.2] 칩의 형태(유동형, 전단형, 열단형, 균열형)

[문 제]

선반에서 강이나 경합금 등의 재료를 절삭할 때 가공물이 가공경화되어 단단해지면서 공구날 끝에 쌓여 칩에 부착되는 현상을 무엇이라고 하는가?

정답 ( )

4.1.5 절삭제

(1) 절삭제

절삭공구와 칩 사이에서 마찰로 인한 열의 발생을 감소시켜 공구수명을 길게 하기 위하여 냉각작용과 윤활작용을 하는 역할을 함

(2) 절삭제의 목적

① 공구인선을 냉각시켜 공구온도 상승에 따른 경도저하를 막는다.
② 가공물을 냉각시키고 가공온도 상승에 의한 가공 정밀도가 저하되는 것 방지
③ 공구인선과 칩 사이에 침윤작용을 하여 윤활작용을 하고 공구마모를 적게한다.
④ 칩 제거작용을 하여 절삭작업을 용이하게 한다.

(3) 절삭제의 종류

① 알카리성 수용액
냉각작용이 좋은 물에 방부제로서 알카리성을 첨가한 것으로 연삭작업에 많이 사용한다.
② 유화유
광유에 비눗물을 첨가하여 유화한 것으로 냉각작용이 좋고 윤활성도 있으며 저렴하여 일반 절삭제로 널리 사용한다.
③ 광유
경절삭에 많이 사용되며 경유, 머신오일, 스핀들오일, 석유 또는 혼합유로서 윤활작용은 좋으나 냉각작용이 약하다.

④ 동식물유

돈유, 올리브유, 종자유, 피마자유, 콩기름 등으로서 냉각작용은 좋지 않으나 윤활 작용은 양호하다. 저속절삭, 나사, 기어절삭에 많이 사용한다.

⑤ 첨가제

칩과 공구 사이의 마찰을 줄이기 위하여 유황, 또는 유화물, 흑연, 아연분 등을 동식물유 등에 첨가하거나 인산염, 규산연 등은 수용성 절삭제에 첨가한다.

4.2 절삭 공작기계의 안전

4.2.1 선반(Lathe)

(1) 개요

공작물의 회전과 그 회전축을 포함하는 평면 내에서 공구의 선운동에 의하여 공작물을 소정의 형태로 가공하는 공작기계를 선반(lathe)이라 하고, 선반에서의 가공을 선반가공 또는 선삭(旋削 ; turning)이라 한다. 선반에서 할 수 있는 기본가공은 다음 그림과 같다.

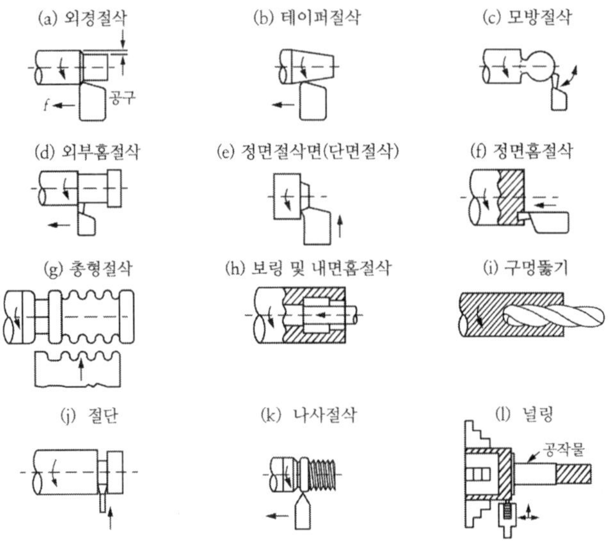

[그림 4.3] 선반의 기본 작업

선반의 크기는 ① 가공할 수 있는 가공물의 최대지름 ②베드(bed)의 길이와 베드에서 센터(center)까지의 높이 또는 베드의 길이와 ③스윙(swing)으로 나타낸다. 그림에서와 같이 스윙은 베드에서 센터까지 높이의 2배이며, 베드 길이는 주축대가 놓인 부분의 길이를 포함한다.

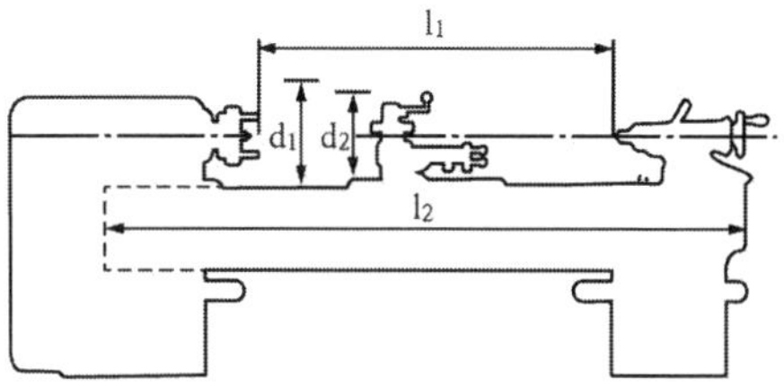

d_1 : 베드 위의 스윙　　d_2 : 왕복대 위의 스윙
l_1 : 양센터 간의 최대거리　　l_2 : 베드의 길이

[그림 4.4] 선반의 크기

[문 제]

선반의 크기를 표시하는 것으로 틀린 것은? (2015년 기출문제)

① 주축에 물릴 수 있는 공작물의 최대 지름
② 주축과 심압축의 센터 사이의 최대 거리
③ 왕복대 위의 스윙
④ 베드 위의 스윙

해설 선반의 크기 표시방법

- 보통선반, 탁상선반, 모방선반, 터릿선반
  - 베드위의 스윙
  - 양 센터 사이의 최대 거리 및 최대 길이
  - 자동선반, 차축선반 : 공작물의 최대 지름 및 최대 길이
- 정면선반 : 베드 위의 스윙 또는 면판의 지름 및 면판에서 왕복대까지의 최대 거리

정답 ①

(2) 선반의 종류 및 구조

(가) 선반종류

선반은 분류 기준에 따라 여러 종류가 있으나 보통 작업목적에 따라 분류하면 다음과 같다. 지금은 사람이 알아보도록 작성된 설계 도면을 기계가 이해할 수 있는 언어로 정보화하고 이를 수치제어 장치에 입력시켜 입력된 정보대로 기계를 자동 제어하여 절삭 하는 CNC 선반이 많이 사용된다.

① 보통선반(engine lathe)　　② 탁상식 선반(bench type lathe)
③ 공구선반(tool room lathe)　　④ 정면선반(face lathe)
⑤ 터릿선반(turret lathe)　　⑥ 차축선반(shaft lathe)
⑦ 모방선반(copying lathe)　　⑧ 나사절삭선반(screw cutting lathe)

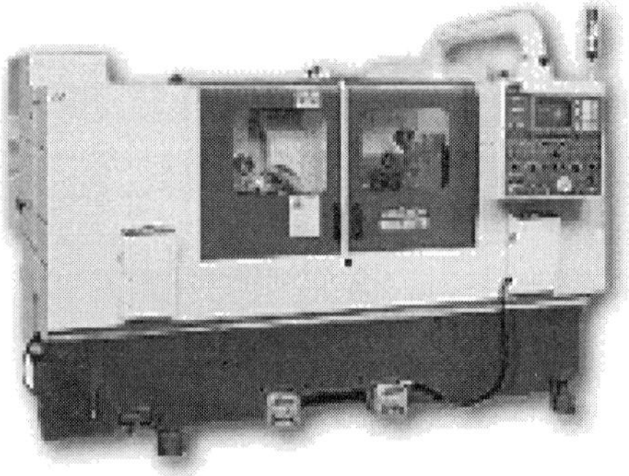

[그림 4.5] CNC 선반

[문 제]

터릿선반의 구조와 특징을 설명하시오.

(나) 선반의 구조

본 교재에서는 주로 사용되는 선반인 보통선반(engine lathe)에 대하여 설명한다. 보통선반은 특수 목적에 사용하기에는 불편하나 기본적인 작업을 거의 다 할 수 있기 때문에 가장 많이 사용된다. 따라서 다른 종류의 선반은 기본기능 중 특정 목적의 가공에 편리하도록 설계된 것이므로 먼저 보통선반의 구조, 기능 및 사용법을 아는 것이 중요하다.

선반은 주요구조는 주축대(head stock), 심압대(tail stock), 왕복대(carriage), 베드(bed), 부속장치가 있다.

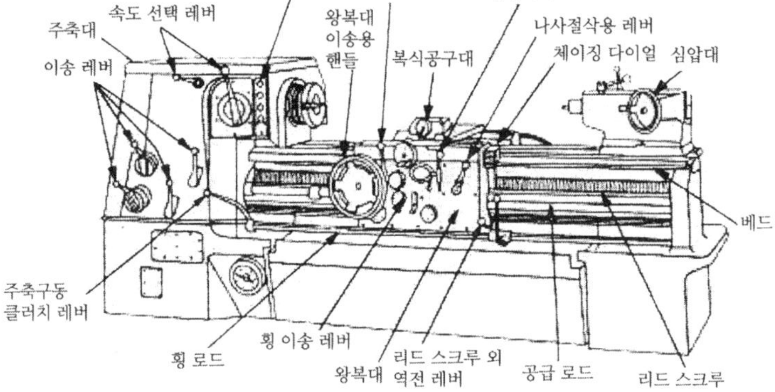

[그림 4.6] 보통선반의 구조

① 주축대 : 주축대에는 전동기의 동력을 받아 회전하는 주축(spindle), 주축의 나사부에 가공물을 고정하는 척(chuck) 또는 면판(face plate)이 설치되어 있다. 가공물의 회전수가 되는 주축의 회전수는 아래 [그림 4.7]과 같이 변속기어 장치에 의하여 조정한다. 변속장치로는 이 밖에 단차(段車), 백기어(back gear), 유압장치 및 무단변속장치 등이 있다.

② 왕복대 : 왕복대는 에이프런(apron), 새들(saddle), 복식공구대(compound rest) 및 공구대(tool post) 등으로 되어 있으며, 주축대와 심압대 사이를 좌우로 왕복한다.

③ 심압대 : 일감의 오른쪽 끝을 센터로 지지하는 것이 주 목적이며 심압축에 드릴을 끼워 드릴 작업도 할 수 있다.

④ 베드 : 주축대, 심압대, 왕복대를 지지하고 절삭작업 시에 생기는 휨, 비틀림에 견딜 수 있어야 하며 각각의 운동을 바르게 안내하는 역할을 한다.

⑤ 선반의 부속장치 : 작업의 종류에 따라 선반에는 센터, 면판, 돌리개(dog), 심봉(mandrel), 척(chuck), 방진구(work rest) 등의 각종 부속장치가 사용된다.

ⓐ 센터 : 센터는 심압대의 스핀들에 끼워 넣어 주축의 척 또는 면판과 함께 가공물을 지지하는 부속품이다. 센터는 가공물과 함께 회전하지 않고 정지한 상태에서 회전하는 가공물과 면접촉을 하면서 지지하는 정지센터(dead center)와 센터에 베어링이 있어 가공물과 함께 회전하는 라이브 센터(live center)가 있다. 센터는 모오스테이퍼로 되어 있고, 원추각은 보통 60°이다.

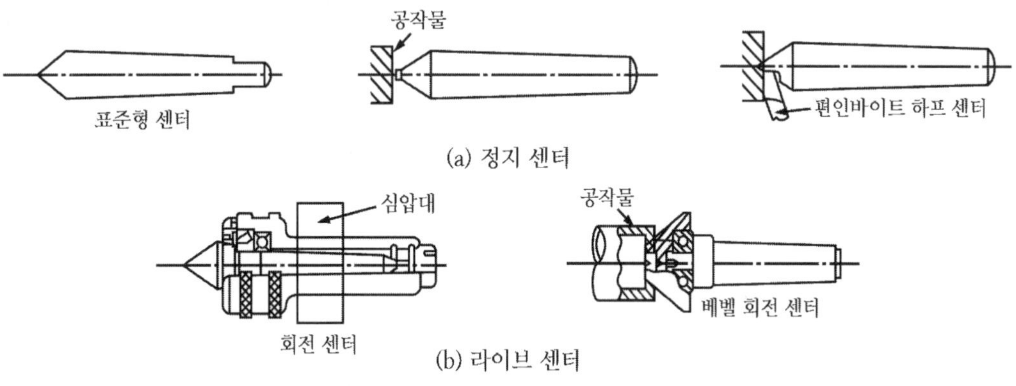

[그림 4.7] 센터 종류

ⓑ 척(Chuck) : 회전하는 바이스의 일종으로서 주축의 나사부에 설치하여 가공물을 고정하는 데 사용되는 것이며, 단동척, 연동척, 마그네틱척, 콜릿척 등이 있다.

- 단동척 : 4개의 조(jaw)로 되어 있으며, 각 조가 독립적으로 움직여 불규칙한 공작물의 고정에 적합하다.

• 연동척 : 3개의 조가 스크롤(scroll)에 의하여 동시에 움직이며, 원형단면봉 등을 고정하면 자동으로 중심이 조정되어 편리하다. 조는 내경용과 외경용이 별도로 있는 것도 있고, 조의 방향을 바꾸어 사용하는 것도 있다. 스크롤이 마모되면 정밀도가 떨어지는 단점이 있다.

• <u>마그네틱척</u> : 척 내부에 있는 전자석에 직류를 통하면 척이 자화(磁化)되어 가공물을 흡착한다. 가공 후 가공물의 잔류자기를 제거하기 위하여 탈자기(脫磁機)를 사용한다.

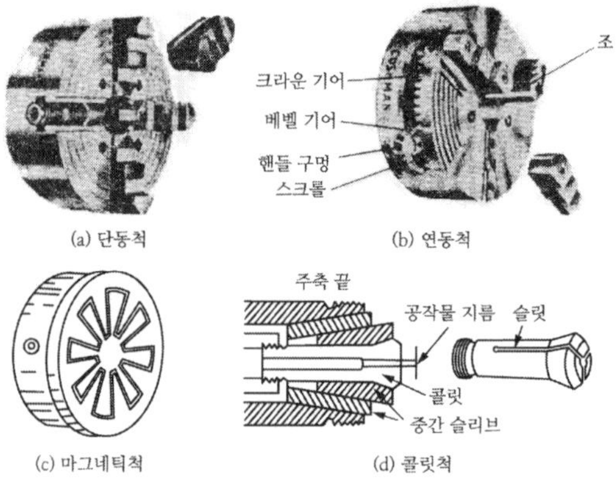

[그림 4.8] 척의 종류

ⓒ 면판 : 공작물의 형상이 불규칙하여 척으로 지지할 수 없는 경우, 그림과 같이 주축의 나사부에 고정하여 공작물의 지지에 사용되는 부속이다.

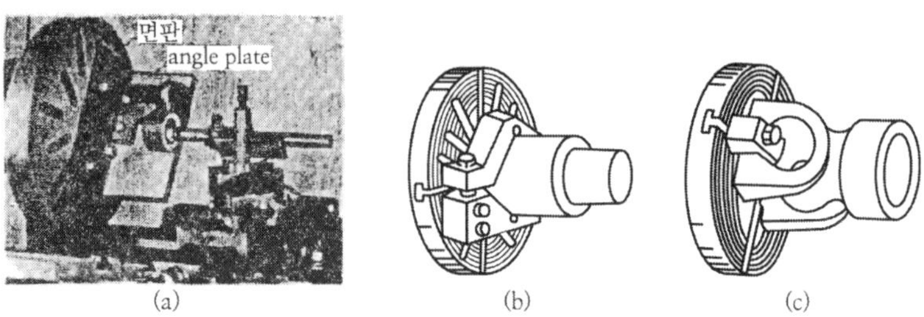

[그림 4.9] 면판

ⓓ 돌리개 : 공작물을 양 센터에 걸고 주축에 고정된 면판과 함께 공작물을 회전시키는 부속품이다.

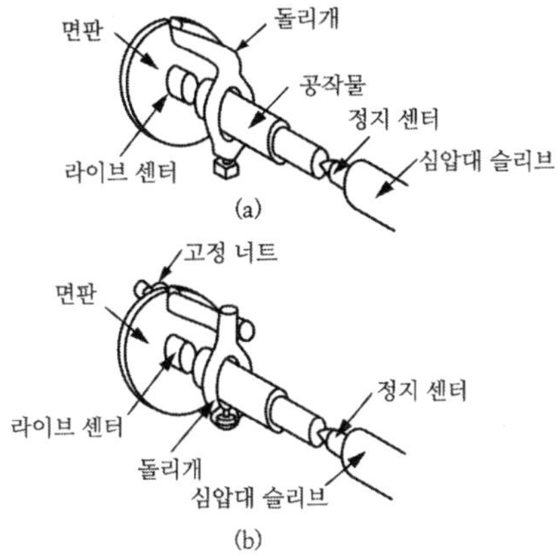

[그림 4.10] 돌리개 사용

ⓔ 심봉(mandrel) : 공작물을 센터로 지지할 위치에 구멍이 있을 때 구멍에 끼워 공작물과 일체시켜 센터를 사용할 수 있게 하는 부속품이다.

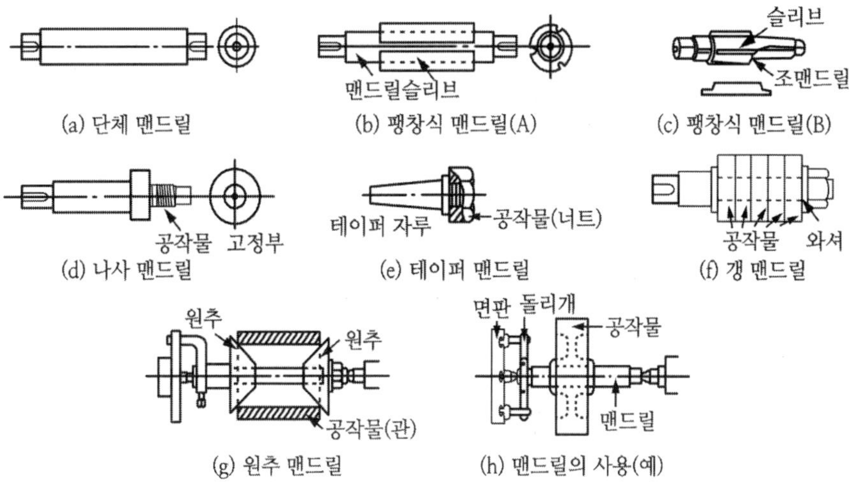

[그림 4.11] 심봉

ⓕ 방진구(work rest) : 지름이 작고 긴 공작물의 가공에서 공구의 작용력에 의하여 공작물이 휘어지기 때문에 안정된 가공을 할 수 없을 때 공작물의 굽힘과 이로 인한 진동을 방지해주는 부속품이다. 산업안전보건법 상 일감의 길이가 직경의 12배 이상일 때는 방진구를 사용하여야 한다.

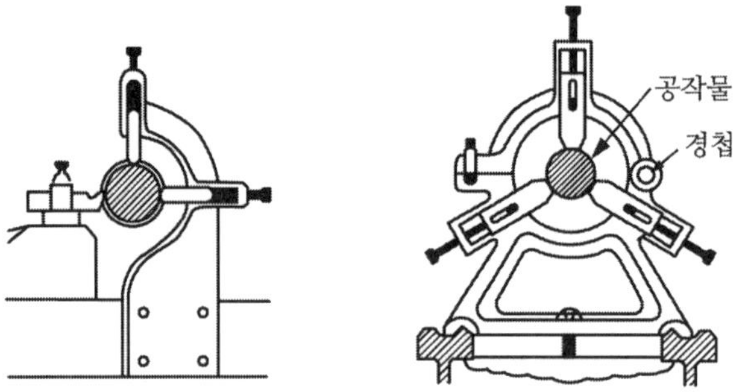

(a) 이동식 방진구　　　　(b) 고정식 방진구

[그림 4.12] 방진구

[문 제]

다음 중 선반에서 방진구를 사용 시 그 크기는 보통 공작물직경의 몇 배 이상일 때 사용하는가?

① 6배　② 8배　③ 10배　④ 12배

[문 제]

다음 중 선반작업에서 가늘고 긴 공작물의 처짐이나 휨을 방지하는 부속장치는? (2012, 2013년 기출문제)

① 방진구　② 심봉　③ 돌리개　④ 면판

(3) 선반의 방호장치

① 덮개(시일드) : 가공재료의 칩이나 절삭유 등의 비산 위험으로부터 보호하는 장치이다.

[그림 4.13] 시일드(shield) 및 척카바

② 척카버(chuck)

③ 칩브레이커(chip breaker) : 절삭공구의 날 끝에 홈 또는 단을 만들어 칩을 구부러지게 하여 칩을 절단시키는 공구로 클램프형 칩브레이커, 연삭형 칩브레이커가 있다.

[칩브레이커 역할]

- 칩이 가공물의 표면에 손상을 주는 것을 예방
- 작업자를 칩에 의한 부상으로 부터 보호
- 칩을 미리 제거하여 절삭유제가 바이트의 절삭점에 쉽게 도달 할 수 있게 한다.

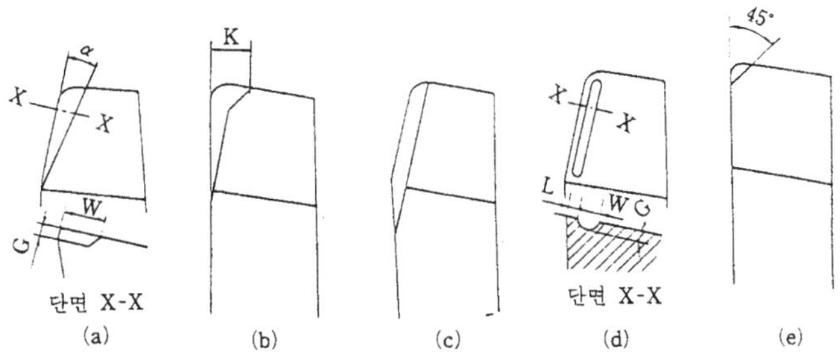

[그림 4.14] 칩 브레이커의 예

④ 브레이크

가공작업 중 위험에 직면 시 선반을 급정지시키는 제동장치이다.

[문 제]

다음 중 선반작업 시 사용되는 방호장치가 아닌 것은?

① 풀아웃(pull out) ② 시일드(shield)
③ 칩브레이커(chip breaker) ④ 척카버

해설 pull out은 프레스에 사용되는 수인식 방호장치이다.

[문 제]

다음 중 수직선반, 터릿선반 등으로부터 돌출가공물에 설치할 방호장치는?

① 슬리이브 ② 건널다리
③ 방책 ④ 덮개 또는 울

정답 ④

[문 제]

선반에서 절삭가공 중 발생하는 연속적인 칩을 자동적으로 절단하는 방호장치는? (2013, 2014년 기출문제)

① 척커버 ② 방진구
③ 보안경 ④ 칩브레이커

[문 제]

다음 중 선반에서 사용되는 방호장치는?

① 풀아웃(pull out) ② 게이트 가드(gate guard)
③ 스위프 가드(sweep guard) ④ 시일드(shield)

해설 ① 시일드(shield) : 칩 및 절삭유의 비산방지를 위한 것이며 전후, 좌우, 위쪽부분에 설치한 플라스틱 덮개
② 스위프 가드(sweep guard) : 슬라이드나 레버에 링크 혹은 캠으로 연결된 손쳐내기식 봉에 의해 슬라이드의 하 강에 앞서 위험한계에 있는 손을 쳐내는 방호장치
③ 게이트 가드(gate guard) : 슬라이드가 하강하기 전에 게이트가 금형 앞면에 내려오게 되면 손이나 작업물이 게이트의 하강을 방해할 경우에 슬라이드의 동작이 정지되도록 하는 프레스, 사출 성형기의 방호장치
④ pull out은 프레스에 사용되는 수인식 방호장치이다.

(4) 작업안전수칙

① 공구나 일감은 확실하게 고정한다.
- 선반의 바이트는 끝을 짧게 장치한다.
- 일감의 길이가 직경의 12배 이상일 때는 방진구를 사용한다.

② 절삭 중인 일감에는 손을 대지 말아야 한다.
- 면장갑 착용 금지

③ 작업 중 절삭칩이 눈에 들어가지 않도록 반드시 보안경 착용
- 바이트에는 칩브레이커 설치

④ 작업 중 일감의 치수측정 시나 주축 변속은 기계의 운전을 정지하고 한다.
⑤ 절삭칩의 제거는 반드시 브러시를 사용
⑥ 리이드 스크류에는 몸의 하부가 걸리기 쉬우므로 조심해야 한다.
⑦ 선반의 베드 위에는 공구를 놓아서는 아니 된다.
⑧ 기계의 운전 중 백기어(back gear)의 사용을 금한다.
⑨ 센터작업을 할 때에는 심압센터에 자주 절삭유를 주어 열발생을 막는다.
⑩ 공작물의 장착이 끝나면 척, 렌치류는 곧 벗겨 놓는다.
⑪ 캐리어(공구대)는 적당한 크기의 것을 선택하고 심압대는 스핀들을 지나쳐 내놓지 않는다.
⑫ 무게가 편중된 가공물의 장착에는 균형추를 부착한다.

참고

- 백기어
  선반의 주축대의 동력전달장치에서 감속을 목적으로 변속의 범위를 넓히기 위해 사용되며 백기어 비는 보통 1/10 내외로 한다.
- 리이드(lead)
  코일상의 한 점이 그 선에 따라서 1회전할 때 축방향으로 이동한 거리

$$\ell = np$$

- 리이드 스크류(lead screw)
  왕복대가 좌우 이송할 수 있도록 회전하는 사각형 나사

[문 제]

2줄 나사의 피치가 0.75[mm]일 때 이 나사의 리드(lead)는 얼마인가?

① 0.75[mm]　② 1.5[mm]　③ 3[mm]　④ 3.75[mm]

풀이 $\ell = np = 2 \times 0.75 = 1.5$[mm]

[문 제]

다음 중 선반에서 주축변속은 언제 하는 것이 좋은가?

① 정지시켜 변속한다.　② 저속회전일 때 변속한다.
③ 고속회전일 때 변속한다.　④ 작업에 따라 절삭가공 중에 한다.

[문 제]

다음 중 선반작업에서 위배되는 경우로 맞는 것은?

① 편심물을 가공할 때는 무게균형을 맞춘다.
② 일감의 길이가 6배 이상일 때는 방진구를 쓴다.
③ 보링작업 중 칩을 제거하려들지 않는다.
④ 바지는 작업 중 리드 스크류에 감기기 쉽다.

해설 선반에서 방진구 사용은 일감의 길이가 12배 이상일 때 사용한다.

[문 제]

직경 30[mm]인 연강을 선반에서 절삭할 때 스핀들 회전수는?(단, 절삭속도는 20[m/min]이다)

① 132[rpm]　② 212[rpm]　③ 160[rpm]　④ 318[rpm]

해설 $N = \dfrac{V \cdot 1{,}000}{\pi D} = \dfrac{20 \times 1{,}000}{3.14 \times 30} \fallingdotseq 212$[rpm]

[문 제]

다음 중 선반작업의 안전수칙을 설명한 것으로 옳지 않은 것은? (2014년 기출문제)

① 운전 중에는 백기어(back gear)를 사용하지 않는다.
② 센터작업 시 심압센터에 자주 절삭유를 준다.
③ 일감의 치수측정, 주유 및 청소 시에는 기계를 정지시켜야 한다.
④ 가공 중 발생하는 절삭칩에 의한 상해를 방지하기 위하여 면장갑을 착용한다.

해설 회전하는 모든 공작기계에는 장갑을 절대 껴서는 아니 된다.

[문 제]

다음 중 선반작업 시 준수하여야 하는 안전사항으로 틀린 것은? (2014년 기출문제)

① 작업 중 장갑착용을 금한다.
② 작업 시 공구는 항상 정리해 둔다.
③ 운전 중 백기어(back gear)를 사용한다.
④ 주유 및 청소를 할 때는 반드시 기계를 정지시키고 한다.

[문 제]

다음 중 선반작업 시 주의사항으로 틀린 것은? (2013년 기출문제)

① 회전 중에 가공물을 직접 만지지 않는다.
② 공작물의 설치가 끝나면 척에서 렌치류는 곧바로 제거한다.
③ 칩(chip)이 비산할 때는 보안경을 쓰고 방호판을 설치하여 사용한다.
④ 돌리개는 적정크기의 것을 선택하고, 심압대 스핀들은 가능하면 길게 나오도록 한다.

[문 제]

선반작업의 안전수칙으로 적합하지 않은 것은? (2012년 기출문제)

① 작업 중 장갑을 착용해서는 아니 된다.
② 공작물의 측정은 기계를 정지시킨 후 실시한다.
③ 사용 중인 공구는 선반의 베드 위에 올려 놓는다.
④ 가공물의 길이가 지름의 12배 이상이면 방진구를 사용한다.

[문 제]

선반의 주축대의 동력전달장치에서 감속을 목적으로 변속의 범위를 넓히기 위해 사용되는 것은?

정답 (   )

4.2.2 드릴머신(drilling machine)

(1) 개요

주축에 드릴을 끼워서 회전절삭운동을 시키고, 주축에 직선 이송운동을 자동 또는 수동으로 행하게 하는 공작기계이다. 드릴머신의 크기는 가공할 수 있는 구멍의 최대 지름 및 길이 또는 칼럼 내측에서 주축까지의 최대 거리와 주축 하단서 테이블 상면까지의 최대 거리로 표시한다.

(2) 드릴머신의 종류 및 구조

(가) 종류

① 휴대용 드릴머신(portable drilling machine)

휴대할 수 있으며, 전동 또는 공압구동 드릴머신으로서 손으로 지지하면서 임의 장소 및 임의 방향에서 구멍을 뚫을 수 있다. 구동력과 가공 최대 직경에 따라 다양한 크기의 휴대용 드릴머신이 있다.

② 탁상식 드릴머신(bench mounting type drilling machine)

이송을 수동으로 하는 소형의 벨트 전동식 드릴머신으로서 가장 많이 사용되는 기계로 테이블 또는 벤치에 올려놓고 사용하는 드릴머신이다.

③ 직립식 드릴머신(upright drilling machine)

탁상용 드릴머신과 비슷하나 다른 점은 더 크고, 주축의 이송이 핸드레버, 핸드휠 (hand wheel) 및 자동이송의 선택이 가능하며, 기어박스가 있어 주축속도와 이송을 다양하게 변화시킬 수 있다.

④ 레이디얼 드릴머신(radial drilling machine)

대형의 공작물에 여러 개의 구멍을 뚫을 때 공작물을 이동시키지 않고 아암을 칼럼 주위로 회전시키고 드릴링 헤드를 아암상에서 이동시켜 아암 반경 내의 임의 위치에 드릴을 위치시킬 수 있는 드릴링 머신이다. 드릴헤드가 아암상에서 직선운동만 되는 것을 보통식이라 하고, 직선운동과 회전운동이 되는 것을 만능식이라 한다. 칼럼에서 주축대까지의 최대거리가 3m 만큼 큰 것도 있다.

⑤ 다축 드릴머신(multi－spindle drilling machine)

1개의 구동축으로부터 유니버셜조인트(universal joint) 등을 통하여 2~60개의 주축이 회전하며, 주축 간의 위치를 조정할 수 있는 드릴머신으로, 여러 개의 구멍을 동시에 뚫을 때 편리하다. 이 드릴머신에서 가공한 제품은 정밀도와 호환성이 높다.

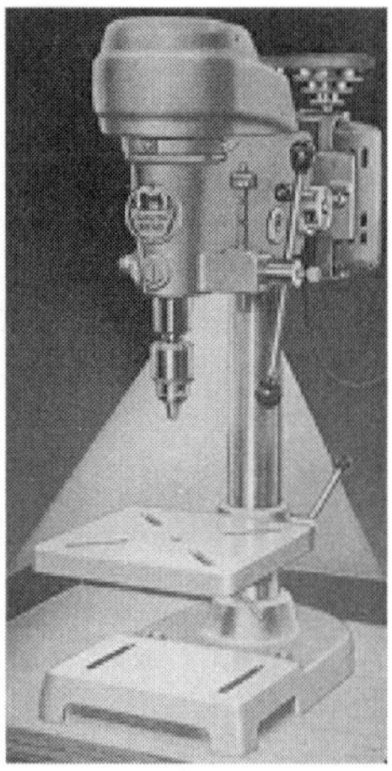

[그림 4.15] 탁상용 드릴머신

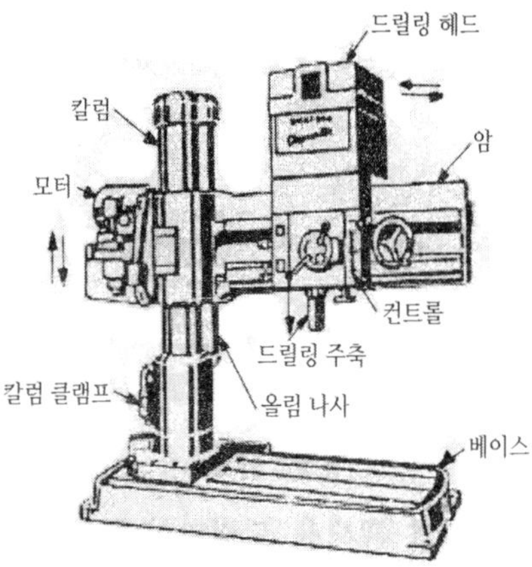

[그림 4.16] 레이디얼 드릴머신

[그림 4.17] 다축드릴 머신

[문 제]

다음 중 일감에 여러 개의 구멍을 뚫고자 할 때 일감을 움직이지 않고 스핀들을 움직여서 구멍을 뚫는 드릴링 머신 인 은?

① 탁상 드릴링 머신
② 레이디얼 드릴링 머신
③ 다축 드릴링 머신
④ 보오링 머신

해설 ① 탁상 드릴링 머신 : 베이스를 탁상 위에 올려 놓고 볼트로 단단히 고정시키고, 공작물을 테이블에 고정하여 작업한다. 테이블은 칼럼을 따라 상하 이동을 하며 주축은 상부에 있는 전동기로부터 회전되며, 전동장치에는 기어를 사용하지 않고 V벨트로 주축을 회전시키고 변속은 단차로 이루어진다. 드릴의 지름이 비교적 작고(13[mm] 이하) 구멍이 깊지 않은 가공에 적합하다.

② 레이디얼 드릴링 머신 : 비교적 대형이며 무거운 공작물의 구멍 뚫기에 사용한다. 공작물을 테이블에 고정, 스핀들을 움직여서 구멍 뚫는 기계이다. 직립된 칼럼의 중심에 암을 선회시켜 주축 헤드는 암에 따라 수평으로 이동하므로 주축을 그 범위 안에서 임의의 위치까지 도달할 수 있다.

③ 다축 드릴링 머신 : 직접 드릴링 머신의 상부기구를 같은 베드 위에 여러 개 나란히 장치한 것이여, 개개의 스핀들에 드릴, 그밖에 여러 가지 공구를 끼워 드릴가공, 리머가공 탭가공 등을 순서에 따라 연속적으로 능률있게 작업할 수 있다.

④ 보링머신 : 드릴머신의 드릴로 뚫려 있는 구멍이나 단조품, 주조품 등에 각각의 공정 중에 만들어진 구멍은 지름의 크기, 진원도 · 원통도 · 위치 상호 피치 등이 만족스럽지 못하므로 이들의 구멍을 정확한 치수로 절삭하는 공작기계이다. 종류는 수평식, 지그, 정밀, CNC보링 머신이 있다.

정답 ②

(나) 드릴머신 구조

드릴머신은 베이스, 칼럼, 테이블, 헤드 및 주축(spindle)의 구조로 되어 있다.

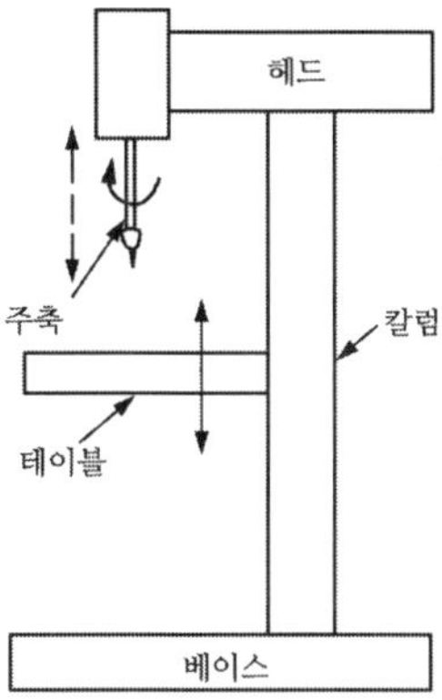

[그림 4.18] 드릴머신의 구조

(3) 드릴머신으로 할 수 있는 작업

① 드릴링(drilling)

② 리이밍(reamming) : 정확한 치수와 매끈한 구멍으로 정확하게 다듬질

③ 스파트 페이싱(spot facing) : 구멍에 직각으로 너트 등의 닿는 자리를 만듦

④ 카운터 보링(Counter boring) : 너트 등의 까우는 자리를 오목하게 파서 자리를 만듦

⑤ 카운터 싱킹(Counter sinking) : 너트 등의 자리를 대원추면에 접시모양으로 만듦

⑥ 태핑(tapping) : 드릴 구멍에 암나사를 만듦

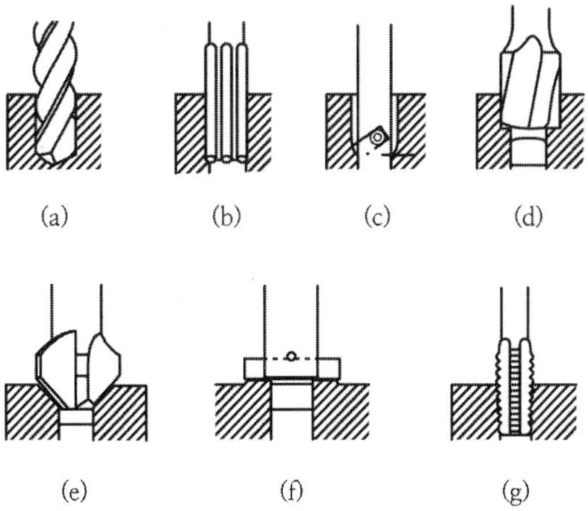

(a) 드릴링　(b) 리이밍　(c) 보오링　(d) 카운터보링
(e) 카운터싱킹　(f) 페이싱　(g) 태핑

[그림 4.19] 드릴작업

[문 제]

다음 중 드릴의 작업종류가 아닌 것은?

① 리이밍 ② 카운터싱킹
③ 스파트페이싱 ④ 터닝

해설 터닝은 드릴링 작업과 상관없는 용어이다.

[문 제]

드릴작업 시에 주의할 사항 중 틀린 것은 ?

가) 구멍의 중심과 드릴의 끝을 일치시킨다.
나) 구멍이 거의 뚫렸을 때는 빨리 뚫는다.
다) 드릴은 흔들리지 않게 정확히 바이스에 고정한다.
라) 강인한 재료를 절삭할 때는 절삭유를 공급한다.

해설 • 드릴작업 시 유의해야 할 사항

① 공작물을 확실히 고정하여 절삭 중 드릴과 함께 회전하지 않도록 한다.
② 얇은 철판에 구멍을 뚫을 때 밑에 나무판을 놓고 뚫는다.
③ 경사면에 구멍을 뚫을 때는 예비 지식을 갖고 작업해야 한다.
④ 1쌍의 날의 길이를 같게 한다.
⑤ 날의 여유각(2번 각)이 같게 한다.
⑥ 날 끝 각도가 드릴축의 중심에서 같게 한다.
⑦ 연삭 후엔 즉시 냉각시킬 것
⑧ 구멍이 거의 뚫어졌을 때 드릴이 잘 부러진다.

• 경사면의 드릴작업 시 유의 사항

① 미리 깎아서 평면이 되게 한다.
② 여유의 보수를 평면으로 붙여둔다.
③ 엔드밀로 먼저 자리를 낸다.
④ 센터드릴이나 지름이 가는 드릴로 먼저 뚫는다.
⑤ 안내가 달려 있는 드릴을 사용한다.
⑥ 공작물을 경사지게 놓아 공작 면에 자리를 만든 후 다시 원위치로 한다.

참고

■ 리이머

뚫은 구멍을 정확한 치수로 매끄럽게 다듬는데 사용되는 공구로서 몸체에 직선 또는 나선형 절인(切刃)이 있으며, 리이머 가공을 위해서는 소요의 치수보다 0.4[mm] 정도의 작은 치수의 드릴로 가공한다.

■ 탭

3~4개의 홈(flute)이 있는 bolt 형상을 갖는 내부 나사절삭을 위한 공구로 핸드탭은 3개의 탭이 1조로 되어 있으며, 보통 손으로 회전시켜 나사가공을 하는 탭이고 자루 단면이 4각으로 탭렌치를 사용하도록 되어 있다. 머신탭은 드릴링머신에서 탭고정구와 함께 사용하도록 된 탭이다. 탭머신으로는 보통 드릴링머신이 탭헤드와 함께 주로 사용되고, 터릿 선반 등도 사용된다.

• 탭의 파손 원인

① 탭 구멍이 너무 작아서 절삭저항이 과대할 때

② 탭이 한쪽으로 기울어져 밀착될 때

③ 절삭유제 없이 탭이 구멍에 너무 밀착될 때

④ 칩이 충전되어 있는 상태에서 탭을 무리하게 회전시킬 때

⑤ 탭이 구멍의 바닥에 닿은 상태에서 탭을 회전시킬 때

(4) 드릴머신 구성요소

(가) 드릴

① 드릴종류

드릴을 형태와 사용 목적에 따라 분류하면 평드릴, 트위스트 드릴, 특수드릴이 있으며 널리 사용되는 것은 비틀림 홈이 2개 있는 트위스트 드릴이다.

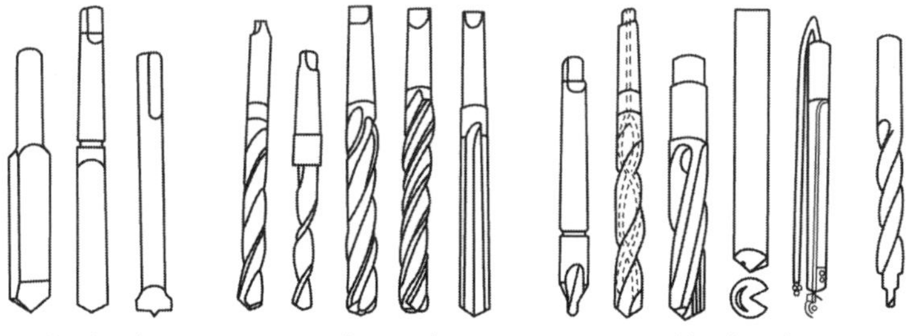

[그림 4.20] 드릴종류

② 드릴각부 명칭

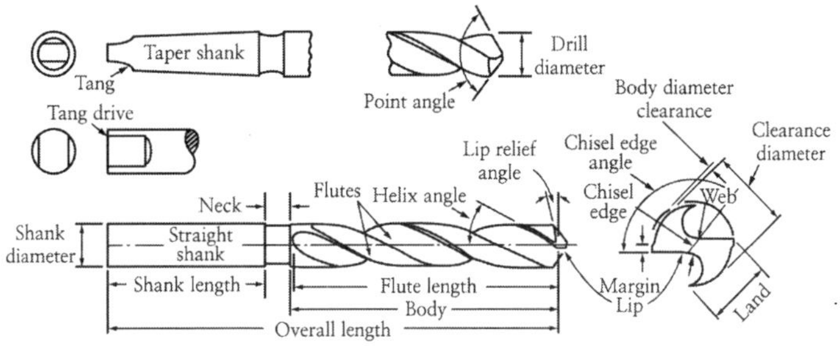

[그림 4.21] 드릴 각부 명칭

(나) 드릴척과 소켓

드릴자루(drill shank)에는 평행식과 테이퍼식이 있으며, 평행식은 지름이 12mm 이하인 드릴에, 테이퍼식은 그 이상에서 사용된다. 평행식 자루를 갖는 드릴은 드릴척에 고정하고, 드릴척에 아버를 끼워서 아버를 다시 드릴머신의 주축 테이퍼 구멍에 압입한다. 테이퍼 자루를 갖는 드릴은 주축 테이퍼 구멍에 직접 압입하거나, 드릴자루가 테이퍼 구멍 보다 작을 때에는 드릴을 중간에 끼우고 테이퍼 구멍보다 클 때에는 소켓을 중간에 끼워 주축 테이퍼 구멍에 삽입한다.

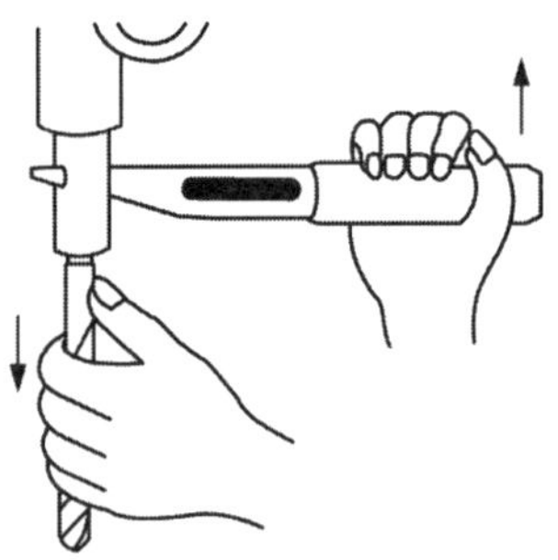

[그림 4.22] 드릴뽑기

[그림 4.23] 드릴척과 척아버

[문 제]

드릴 공구를 드릴링 머신에 고정하는 방법 중 잘못된 것은?

① 콜릿척 ② 드릴척
③ 드릴 소켓 ④ 드릴링 머신에 직접 끼움

해설 드릴의 고정법에는 다음 세 가지가 있다.

① 드릴을 직접 주축에 고정하는 방법 : 드릴의 지름이 어느 정도 커지면 자루부가 테이퍼로 되어 있어서 이것이 주축의 테이퍼 구멍에 맞을 때는 직접 드릴의 자루를 주축에 끼워서 고정시킨다.
② 소켓 또는 슬리브를 사용하는 방법 : 드릴의 자루부가 주축 구멍에 맞지 않을 때에 슬리브 또는 소켓을 주축에 끼우고 거기에 드릴을 끼워서 고정
③ 드릴척을 사용하는 방법 : 지름이 드릴은 자루가 스트레이트로 되어 있어서 주축 구멍에 맞지 않으므로 주축에 맞는 드릴척의 자루를 주축에 끼워 고정한 다음, 드릴을 척에 고정하는 방식이다.

※ 콜릿척(collet chuck)
지름이 작은 환봉이나 각봉재를 가공할 때 편리하여 터릿 선반이나 자동 선반에 널리 사용되고 있다. 지름이 작은 환봉을 대량 생산하기 위하여 보통선반에 사용 할 때에는 스핀들 테이퍼 구멍에 슬리브를 설치하고 여기에 척을 끼운다. 콜릿 구멍은 원, 사각, 그밖에 기하학적 모양으로 만든다.

정답 ①

(다) 드릴의 파손원인

① 절삭날이 바르게 연삭되지 않아서 절삭인에 국부적으로 과대한 절삭력이 작용할 때
② 작업 중 드릴이 굽힌 상태에서 계속 작업할 때
③ 구멍에 칩이 너무 많이 충전되어 있어 토오크가 과대할 때
④ 이송이 너무 커서 절삭저항이 과대할 때
⑤ 드릴을 너무 길게 고정하여 휘어졌을 때

(5) 방호장치

드릴척이나 드릴이 회전하고 있으면 말려들거나 접촉하여 재해가 발생한다.

① 안전덮개(shield)
② 자동급유장치 : 드릴작업 시 일감의 냉각을 위하여 손으로 급유하는 경우의 재해를 방지하기 위하여 설치한다.

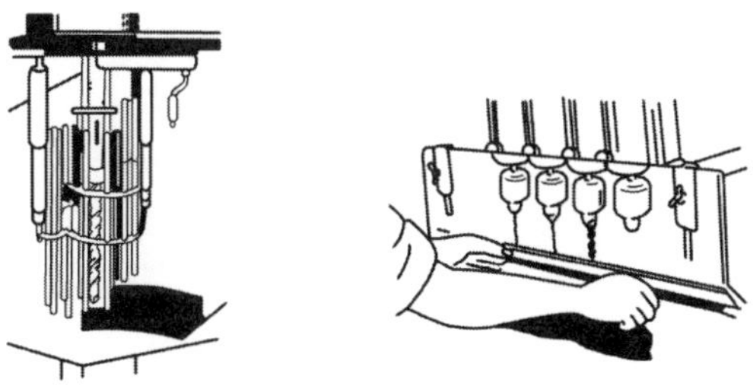

[그림 4.24] 안전덮개

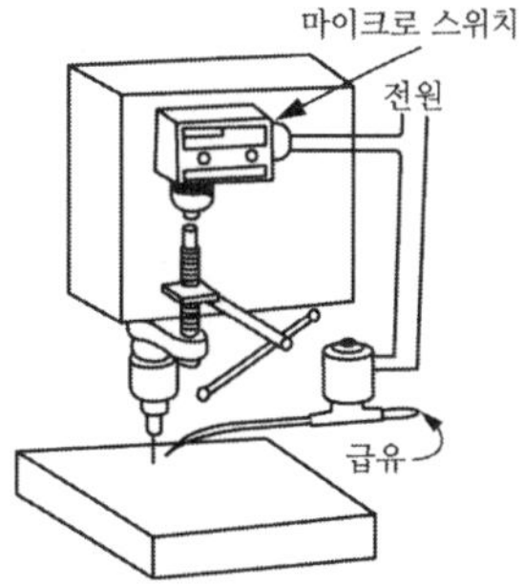

[그림 4.25] 드릴링머신의 자동급유장치

(6) 작업안전수칙

① 일감은 견고하게 고정시키고 손으로 잡고 구멍을 뚫는 것은 위험하다.
② 드릴을 끼운 후에 척렌치를 반드시 뺀다.
③ 장갑을 끼고 작업을 하지 않고 구멍을 뚫을 때 관통된 것을 확인하기 위하여 손으로 대보아서는 아니 된다.
④ 가공 중에 구멍이 관통되면 기계를 멈추고 손으로 돌려서 드릴을 뺀다.
⑤ 작업모를 착용하고 옷소매가 긴 작업복이나 장갑은 사용하지 않는다.
⑥ 일감의 설치, 테이블의 고정이나 조정은 기계를 정지시킨 다음에 실시
⑦ 칩은 기계를 정지시킨 다음 브러시나 공기압축으로 제거하고, 드릴작업에는 보호안경을 쓰거나 안전덮개를 설치한다.
⑧ 이동식 전기 드릴은 반드시 접지시켜야 하며 회전 중에는 이동하는 일 없어야 한다.
⑨ 얇은 판이나 황동 등은 흔들리기 쉬우므로 나무판을 밑에 받치고 구멍을 뚫도록 한다.

⑩ 큰 구멍을 뚫을 때에는 먼저 작은 구멍을 뚫은 다음에 뚫도록 한다.

⑪ 전기드릴을 사용할 때에는 반드시 접지하여 작업하도록 한다.

⑫ 이송레버를 파이프에 걸고 무리하게 돌리지 않아야 한다.

(7) 일감 고정방법

① 일감이 작을 때는 바이스로 한다.

② 일감이 크고 복잡할 때는 볼트와 고정구(클램프)를 사용하여 고정한다.

③ 대량생산과 정밀도를 요구할 때는 지그(jig)를 사용한다. 작업의 예는 자동차 실린더 블럭의 구멍을 뚫을 때나 보링작업 시 사용

[그림 4.26] 지그(jig)

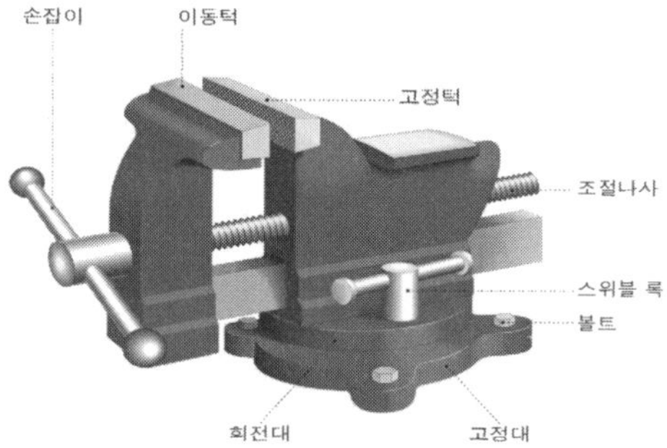

[그림 4.27] 바이스(vise)

[문 제]

드릴작업 시 관통여부를 조사하는 방법 중 틀리는 것은?

① 햇빛에 비추어 본다.
② 철사를 넣어본다.
③ 손가락을 넣어본다.
④ 전등으로 비추어 본다.

[문 제]

드릴링 머신에서 얇은 철판이나 동판에 구멍을 뚫을 때에는 다음 어떤 방법이 좋은가? (2012년 기출문제)

① 각목을 밑에 받치고 고정기계를 사용 고정한다.
② 테이블에 고정한다.
③ 클램프로 고정한다.
④ 드릴 바이스에 고정한다.

[문 제]

다음 중 드릴작업 시 가장 안전한 행동에 해당하는 것은? (2014년 기출문제)

① 장갑을 끼고 작업한다.
② 작업 중에 브러시로 칩을 털어낸다.
③ 작은 구멍을 먼저 뚫고 다음에 큰 구멍을 뚫는다.
④ 드릴을 먼저 회전시키고 공작물을 고정한다.

[문 제]

드릴로 구멍을 뚫는 작업 중 공작물이 드릴과 함께 회전할 우려가 가장 큰 시점은 언제인가? (2014년 기출문제)

① 처음 구멍을 뚫을 때
② 중간쯤 뚫렸을 때
③ 거의 구멍이 뚫렸을 때
④ 구멍이 완전히 뚫렸을 때

해설 드릴작업에서 드릴과 공작물이 함께 회전하는 경우는 거의 구멍이 뚫렸을 때로 그 이유는 드릴이 공작물에 깊게 들어가 하중이 많이 걸리기 때문이다.

[문 제]

다음 중 드릴작업 시 안전수칙으로 적절하지 않은 것은? (2013 기출문제)

① 장갑의 착용을 금한다.
② 드릴은 사용 전에 검사한다.
③ 작업자는 보안경을 착용한다.
④ 드릴의 이송은 최대한 신속하게 한다.

[문 제]

다음 중 드릴링 머신(drilling machine)에서 구멍을 뚫는 작업 시 가장 위험한 시점은? (2012년 기출문제)

① 드릴작업의 끝
② 드릴작업의 처음
③ 드릴이 공작물을 관통한 후
④ 드릴이 공작물을 관통하기 전

해설 드릴이 관통하기 직전은 드릴이 깊이 박혀 있으므로 공작물과 함께 회전하여 가장 위험한 시점이다.

[문 제]

드릴의 지름(D)이 6[mm]이고 회전수(N)가 400[rpm]으로 공작물을 절삭할 때 절삭 속도(V)는 얼마인가?

① 7.5[m/min]
② 7.0[m/min]
③ 6.5[m/min]
④ 6.0[m/min]

해설 드릴 절삭속도 V[m/min]는 다음 식으로 표현한다.

$$V=\frac{3.14\times D\times N}{1,000}[\mathrm{m/min}]$$

V = 절삭속도[m/min], D = 드릴의 지름[mm], N = 회전수[rpm]

$$V=\frac{3.14\times D\times N}{1,000}=\frac{3.14\times 6\times 400}{1,000}=7.536[\mathrm{m/min}]$$

정답 ①

[문 제]

다음 중 드릴작업에서 반복적 위치에서의 작업과 대량생산 및 정밀도를 요구할 때 사용하는 고정장치로 가장 적합한 것은? (2013, 2015년 기출문제)

① 바이스(vise)
② 지그(jig)
③ 클램프(clamp)
④ 렌치(wrench)

해설 지그는 기계가공에서 가공물을 양산하는 경우에 공작물의 가공위치를 용이하고 정확하게 설정하기 위해서 공작물을 고정하거나 절삭공구의 제어, 안내 등을 하는 도구를 말한다. 일반적으로 가공물을 정확하게 부착하는 작업은 숙련을 필요로 하는데 지그를 사용하면 간단하고, 빠르고, 정확하게 부착할 수 있다.

4.2.3 밀링머신

(1) 개요

밀링커터를 사용하여 회전운동을 하여 평면가공, 측면가공, 홈가공, 기어가공, 절단가공, 윤곽가공 등을 하는 공작기계로 이 때의 절삭공구를 밀링커터라고 한다.

밀링머신의 크기는 테이블의 최대 이동량(좌우거리×전후거리×상하거리)으로 표시한다. 아래 그림은 니이형 수평식 밀링머신으로서, 공작물은 테이블에 고정하고, 공작물은 테이블에 의하여 세로방향(左右)으로, 새들(Saddle)에 의하여 가로방향(前後), 니이(knee)에 의하여 상하방향으로 이동된다.

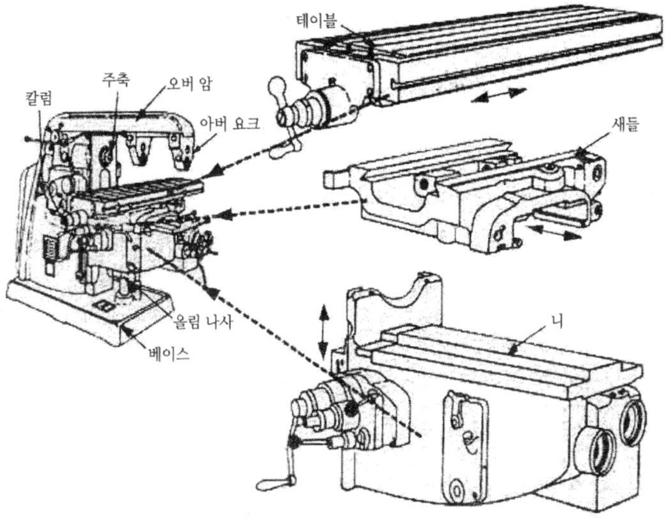

[그림 4.28] 니이형 밀링 머신

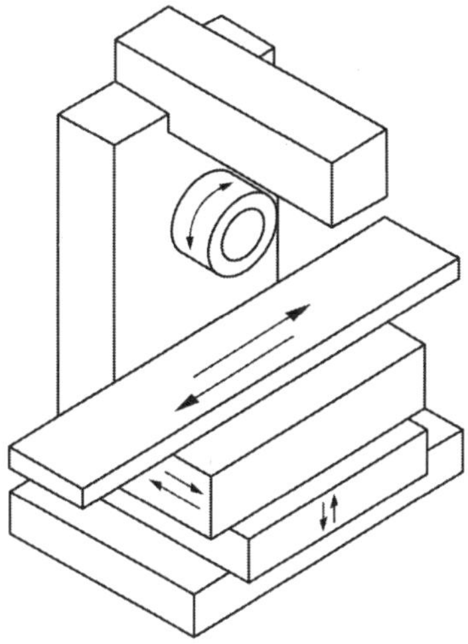

[그림 4.29] 수평식 밀링머신의 운동

(2) 밀링머신의 종류

(가) 니이형 밀링머신

① 수평밀링머신 : 밀링커터 사용, 커터는 아아버에 끼워 지지

- 평형
- 만능형 : 분할대와 조합 : 나선홈, 기어절삭

② 수직밀링머신 : 밀링커터, 엔드밀 사용, 평면절삭, 측면가공, 홈가공

(나) 생산형 밀링머신

(다) 플레이너형 밀링머신

(라) 특수형 : 모방, 나사, 캠

[그림 4.30] 수평밀링머신과 CNC 밀링머신

(3) 밀링커터의 종류

(가) 작업에 따라

① 평면커터 : 보통 폭이 10~15[mm]이다. 커터의 폭보다 좁은 평면가공에 사용한다. 소비동력이 적고 가공면의 정도가 좋으나 추력(thrust)이 작용하는 결점이 있다.

② 측면커터 : 폭이 비교적 좁은 원통형 커터로 홈, 단면가공 및 평면가공에 사용한다.

③ 각도커터 : 각 절삭가공 등에 사용한다.

④ 총형커터 : 외주에 소요제품의 외형과 같은 곡선의 윤곽을 갖고 있으며, 기어, 커터, 리이머 등의 가공에 사용한다.

(나) 구조에 따라

① 일체형 커터

② 조립형 커터

(다) 형태에 따라

① 원통형 커터

② 자루형 커터

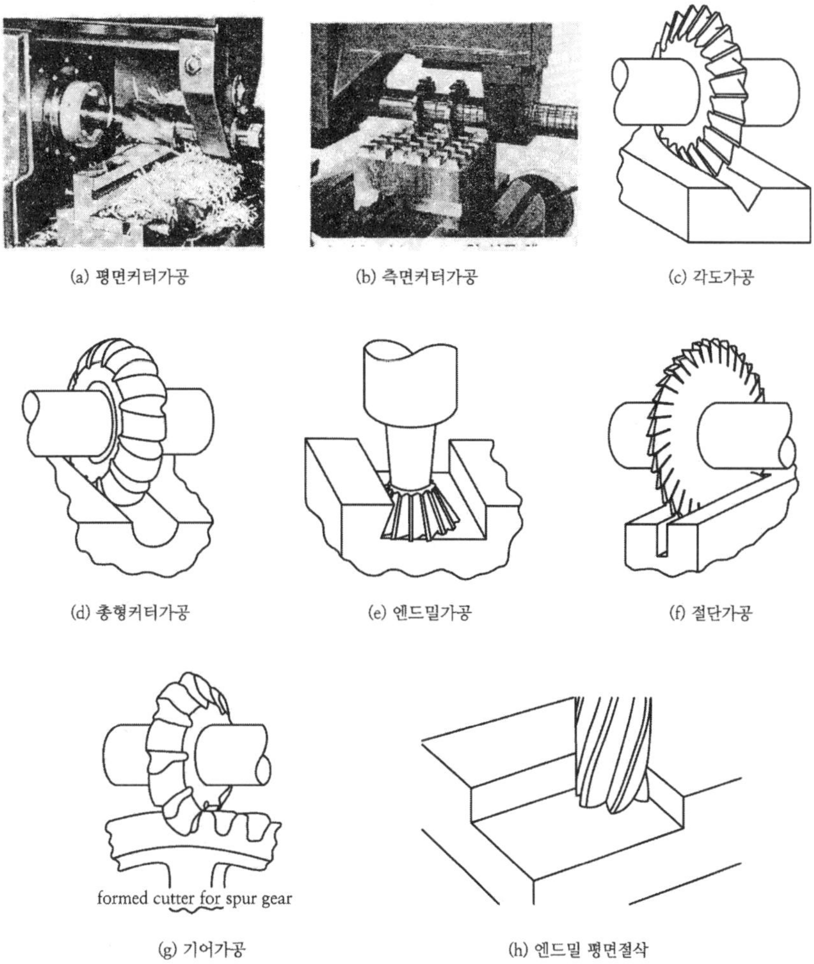

[그림 4.31] 커터 종류에 따른 가공

(라) 커터의 절삭방향

커터의 회전방향과 가공물의 이송방향에 따라 상향절삭과 하향절삭이 있다.

① 상향절삭 : 일반적으로 많이 사용되는 방법으로서 그림과 같이 커터의 회전방향과 가공물의 회전방향이 반대일 때, 즉 커터가 절삭을 시작할 때 칩이 가장 얇고 절삭이 끝날 때 가장 두껍게 되는 절삭을 상향절삭이라 한다. 이 상향절삭은 밀링커터의 날이 가공재를 들어 올리는 방향으로 작용한다.

- 장점

ⓐ 칩이 날을 방해하지 않는다.

ⓑ 밀링커터의 진행방향과 테이블의 이송방향이 반대이므로 이송기구의 백래시가 없다.

ⓒ 진동이 없는 상태에서 공구형상과 이송에 의해서만 결정되는 이론적 조도가 작다.

ⓓ 절삭동력이 적게 소비된다.

• 단점

ⓐ 커터가 가공물을 들어 올리려 하므로 가공물을 견고하게 고정하여야 한다.

ⓑ 마모가 쉽게 되고, 아아버 작용으로 떨림(chattering)이 발생할 수 있어 커터의 수명이 짧다.

ⓒ 가공면이 깨끗하지 못하다.

ⓓ 동력 낭비가 크다.

② 하향절삭

커터의 회전방향과 가공물의 이송방향이 같을 때, 즉 절삭초기에 칩의 두께가 가장 두껍고 절삭이 끝날 때에 가장 얇게 되는 절삭을 하향절삭이라 한다.

• 장점

ⓐ 가공물을 아래로 누르면서 절삭하므로 가공물의 고정 방법이 간단하고, 고정이 어려운 얇은 가공물의 가공, 절단 및 깊고 폭이 좁은 홈파기의 가공에 유리하다.

ⓑ 미끌림이 없어 커터의 마모가 적다.

ⓒ 가공면이 깨끗하다.

• 단점

ⓐ 테이블 이송기구의 백래쉬에 의하여 가공물이 커터에 끌려 들어가 떨림 또는 가공물과 커터에 손상을 가져올 수 있으므로 백래쉬 장치가 있어야 한다.

ⓑ 주철과 같이 표면의 경도가 큰 가공물을 절삭할 때 커터가 충격을 받아 손상되기 쉽다.

ⓒ 하향절삭은 커터의 절삭방향과 이송방향이 같으므로 백래시 제거장치가 없으면 곤란하다.

ⓓ 칩이 커터와 공작물 사이에 끼어 절삭을 방해한다.

ⓔ 떨림이 나타나 공작물과 커터를 손상시킨다.

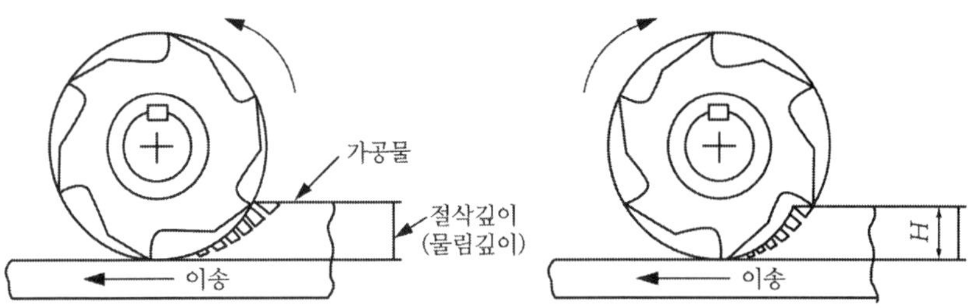

[그림 4.32] 상형절삭과 하향절삭

참고

- 아버(arbor) : 수평 밀링머신에서 주축에 끼워 주축과 함께 회전하면서 밀링커터를 고정하는 기구

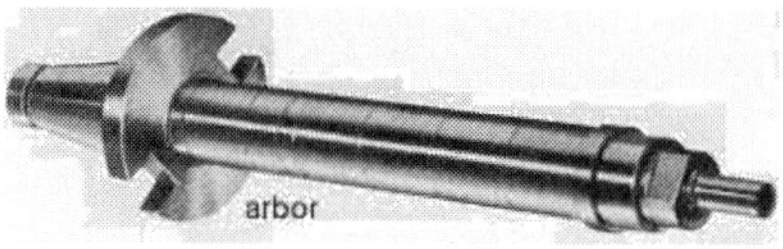

[그림 4.33] 아버

- 척(chuck) : 엔드밀과 같이 자루의 크기나 테이퍼가 주축의 것과 다른 공구를 중간에 끼워 주축에 고정하는 기구
- 백래쉬(backlash) : 기어의 회전을 원활하게 하기 위하여 맞물린 이와 이 사이에 두는 틈새
이 틈에 의해 나사와 톱니바퀴는 자유롭게 움직일 수 있다. 그러나 어떠한 방향으로 회전하던 것을 반대방향으로 회전시킬 때 어긋남과 충격이 일어날 수 있다. 밀링머신 등 공작기계를 사용하여 가공을 할 때에는 공작기계가 가진 백래시를 고려하여 치수를 조정해야 한다. 또 백래시는 마모에 의해 늘어나기 때문에 진동이나 소음을 발생시키고 기계의 수명을 저하시키는 원인이 된다.

[문 제]

다음 중 밀링작업 시 절삭가공에 관한 설명으로 틀린 것은? (2015년 기출문제)

① 하향절삭은 커터의 절삭방향과 이송방향이 같으므로 백래시 제거장치가 없으면 곤란하다.
② 상향절삭은 밀링커터의 날이 가공재를 들어 올리는 방향으로 작용한다.
③ 하향절삭은 칩이 가공한 면 위에 쌓이므로 시야가 좋지 않다.
④ 상향절삭은 칩이 날을 방해하지 않고, 절삭열에 의한 치수정밀도의 변화가 적다.

정답 ③

(4) 밀링머신 방호장치

① 덮개

밀링커터가 회전하고 있을 때 작업자의 소매가 커터에 감겨들거나 칩이 작업자의 눈에 들어가서 일어나는 재해를 방지(상부 아암에 설치)

② 칩의 제거

브러시, 압축공기 사용

(5) 밀링 작업안전수칙

① 밀링커터에 작업복의 소매나 작업모가 말려 들어가지 않도록 하고 칩은 기계를 정지시킨 다음에 브러시로 제거한다.

② 일감, 커터 및 부속장치 등을 제거할 때 시동레버를 건드리지 않도록 한다.

③ 상하 이송장치 핸들은 사용 후 반드시 빼두어야 하며 커터를 교환할 때는 반드시 테이블 위에 목재를 받쳐 놓고 한다.

④ 일감 또는 부속장치 등을 설치하거나 제거시킬 때, 또는 일감을 측정할 때에는 반드시 정지시킨 다음에 한다.

⑤ 커터는 될 수 있는 한 칼럼에 가깝게 설치한다.

⑥ 강력절삭을 할 때에는 일감을 바이스 깊게 물린다.

⑦ 면장갑을 끼지 않으며 가공 중에는 가공면을 점검하지 않는다.

⑧ 밀링작업에서 생기는 칩은 가늘고 예리하여 부상을 입기 쉬우므로 보안경을 쓰도록 한다(칩은 전단형칩으로 절삭칩 중에서 가장 예리함).

⑨ 테이블이나 아암 위에 공구나 커터 등을 올려 놓지 않고 공구대 위에 놓는다.

⑩ 사용 전에는 반드시 기계 및 공구를 점검 시운전 한다.

⑪ 황동이나 주강처럼 철가루가 날리기 쉬운 작업시에는 보안경을 착용한다.

⑫ 급속이송은 백래시 제거장치가 동작하지 않고 있음을 확인하고, 급속이송은 한 방향으로만 한다.

⑬ 절삭공구에 절삭유를 공급할 때는 커터 위에서부터 공급한다.

[문 제]

기계절삭으로 생기는 칩 중 가장 가늘고 예리한 칩은? (2013년 기출문제)

① 밀링 ② 선반 ③ 세이퍼 ④ 플레이너

해설 밀링에서 발생되는 칩은 전단형 칩(shear type chip)으로 가장 날카롭다. 강도가 낮고 취약한 재료를 절삭 시 공구 전방의 일감이 간헐적으로 전단파괴가 일어나 발생되는 칩으로 가공면 상태가 약간 나쁘다.

[문 제]

다음 중 밀링작업 후 커터의 취급방법으로 옳지 않은 것은?

① 칩을 손으로 제거한다. ② 커터에 남은 칩을 솔로 제거한다.
③ 기름을 칠해둔다. ④ 목재상자에 넣어 보관한다.

[문 제]

밀링머신의 작업 규칙 중 틀린 것은 ?

① 제품을 따는 데는 손끝을 대지 말 것
② 운전 중 가공면에 손을 대지 말 것
③ 주유를 할 때 커터에 운전을 중지할 것
④ 장갑을 끼고 작업할 것

해설 모든 회전하는 절삭기계에서는 장갑을 끼고 작업하면 아니 된다.

[문 제]

밀링작업 시 안전수칙 중 잘못된 것은? (2015년 기출문제)

① 작업시 보안경을 착용한다.
② 칩의 처리는 칩브레이커로 한다.
③ 가공물의 치수는 기계정지 후에 한다.
④ 절삭속도는 재료에 따라 달리 적용한다.

[문 제]

다음 중 밀링작업 시 안전사항과 거리가 먼 것은? (2015년 기출문제)

① 커터를 끼울 때는 아버를 깨끗이 닦는다.
② 강력절삭을 할 때는 일감을 바이스에 깊이 물린다.
③ 상하, 좌우 이송장치 핸들은 사용 후 풀어 놓는다.
④ 절삭 중 발생하는 칩의 제거는 칩 브레이커를 사용한다.

[문 제]

다음 중 밀링작업 시 안전조치 사항으로 틀린 것은? (2013년 기출문제)

① 절삭속도는 재료에 따라 정한다.
② 절삭 중 칩제거는 칩브레이커로 한다.
③ 커터를 끼울 때는 아버를 깨끗이 닦는다.
④ 일감을 고정하거나 풀어낼 때는 기계를 정지시킨다.

4.2.4 플레이너, 세이퍼, 슬로터

(1) 개요

공구대에는 공구를 고정하여 절삭운동이 일감 또는 공구의 직선왕복운동으로 이루어지며 이송운동은 절삭운동의 1왕복에 대하여 1회의 단속운동으로 이루어진다. 주로 용도는 평면가공을 기준으로 하여 경사면, 홈파기 등의 가공을 한다.

※ 공통사항

절삭운동은 절삭행정(cutting stroke)과 귀환행정(return stroke) 중 절삭행정에서만 이루어지며 귀환행정은 급속으로 이루어져 급속귀환행정이라고 한다.

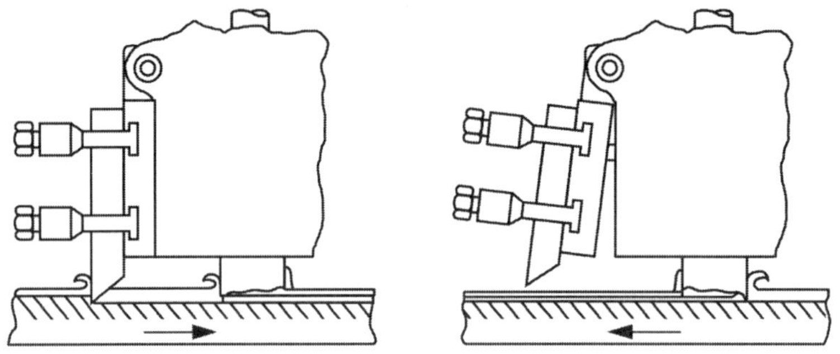

(a) 절삭행정　　　　　　(b) 귀환행정

[그림 4.34] 절삭행정과 귀환행정

> **참고** 급속귀환행정(quick return motion mechanism)
>
> 절삭능률을 향상시키기 위하여 왕복운동에 있어 절삭행정에서는 늦게, 돌아오는 행정에서는 빠르게 되도록 하는 기구

(2) 플레이너(planer) : 평삭기

테이블의 왕복운동과 바이트의 횡이송에 의하여 비교적 넓은 평면(베드, 칼럼)을 정밀하게 가공하는 공작기계로 주로 1[m] 이상의 대형공작물의 평면 연삭에 사용하고 수직 면, 홈 등도 절삭한다.

플레이너의 크기는 테이블의 최대행정과 절삭할 수 있는 최대폭 및 최대높이 표시한다. 왕복운동을 시키면 공구는 가공물과는 직각의 이송운동을 하면서 절삭한다. 절삭운동 중 귀환행정은 급속으로 이루어져 급속귀환행정이라고 한다.

[그림 4.35] 플레이너

[문제]

다음 중 플레이너에 대한 설명으로 옳은 것은? (2015년 기출문제)

① 곡면을 절삭하는 기계이다.
② 가공재가 수평운동을 한다.
③ 이송운동은 절삭운동의 2왕복에 대하여 1회의 단속운동으로 이루어진다.
④ 절삭운동 중 귀환행정은 저속으로 이루어져 저속귀환행정이라 한다.

해설 플레이너는 크고 무거운 공작물을 테이블 위에 고정시키고 가공재가 수평 왕복운동을 하면서 절삭하는 평삭기이다. 귀환행정은 능률을 올리기 위해 급속귀환행정을 한다.

정답 ②

[문제]

다음 중 플레이너(planer)에 관한 설명으로 틀린 것은? (2014년 기출문제)

① 이송운동은 절삭운동의 1 왕복에 대하여 2회의 연속운동으로 이루어진다.
② 평면가공을 기준으로 하여 경사면, 홈파기 등의 가공을 할 수 있다.
③ 절삭행정과 귀환행정이 있으며, 가공효율을 높이기 위하여 귀환행정을 빠르게 할 수 있다.
④ 플레이너의 크기는 테이블의 최대행정과 절삭할 수 있는 최대폭 및 최대높이로 표시한다.

(3) 세이퍼(Shaper) : 형삭기

(가) 개요

램에 붙은 바이트가 직선절삭운동을 하고 일감이 직선이송운동을 하여 평면을 절삭하는 공작기계로 보통 1[m] 이하의 소형공작물의 수평절삭, 측면절삭, 각도절삭, 홈절삭, 키홈절삭 등을 하는 기계이다. 세이퍼의 크기는 램의 최대행정, 램이 움직일 수 있는 거리, 테이블의 크기로 표시한다.

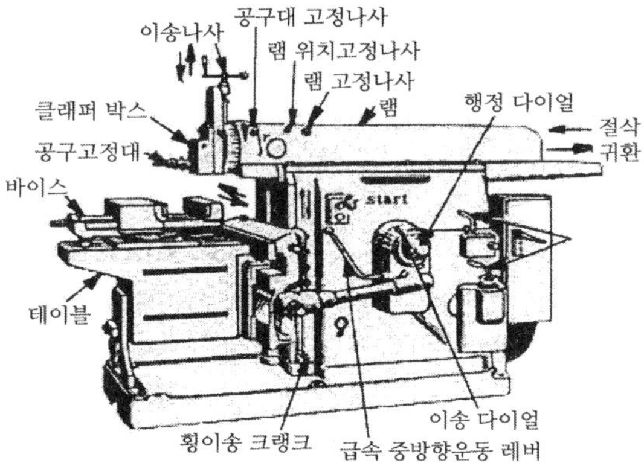

[그림 4.36] 각부 세이퍼 각부 명칭

(나) 세이퍼의 절삭운동과 이송운동

램의 선단에 위치한 공구대에 고정된 바이트의 수평 왕복운동에 의한 절삭운동과 테이블상의 바이스에 고정된 공작물의 이송운동의 2가지 평면운동을 함

(다) 세이퍼의 크기표시 방법

① 램의 최대행정
② 램이 움직일 수 있는 거리
③ 테이블의 크기

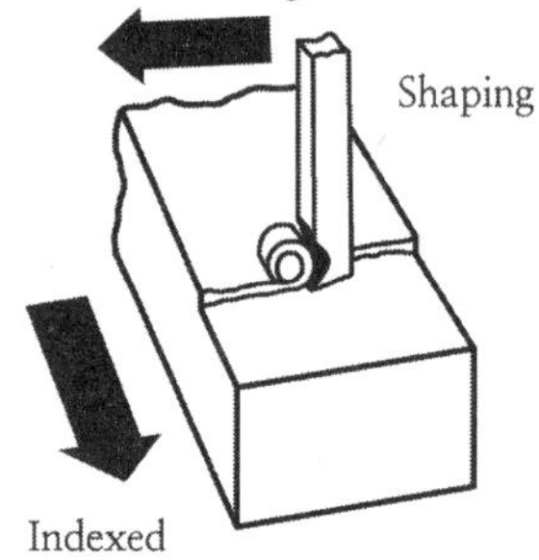

[그림 4.37] 세이퍼의 운동

[문 제]

공작물의 길이가 200[mm]이고 절삭속도 v=35[m/min]로 할 때 2분간 램의 왕복횟수는 얼마인가? (단, 시간비 r=6/8이고 바이트의 왕복은 공작물의 길이보다 30[mm] 길게 조절한다)

① 114[회/분] ② 131[회/분] ③ 228[회/분] ④ 262[회/분]

해설 바이트의 왕복거리=램의 행정이므로
램의 행정[L]=200+30[mm]이므로
L=230[mm], V=35[m/min] R=6/8=0.75

$$N=\frac{1,000RV}{L}=\frac{1,000\times 0.75\times 35}{230}=114[회/분]$$

그러므로 2분간 왕복횟수는114×2=228[회/분]

[문 제]

다음 중 세이퍼(shaper)의 크기를 표시하는 것은? (2014년 기출문제)

① 램의 행정 ② 새들의 크기
③ 테이블의 면적 ④ 바이트의 최대크기

해설 세이퍼의 크기표시 방법
- 램의 최대행정
- 램이 움직일 수 있는 거리
- 테이블의 크기

(다) 세이퍼 가공의 종류

세이퍼에서 [그림 4.38]의 가공을 기본으로 하고, 부속장치를 이용하면 치형가공 및 곡면가공 등도 할 수 있다

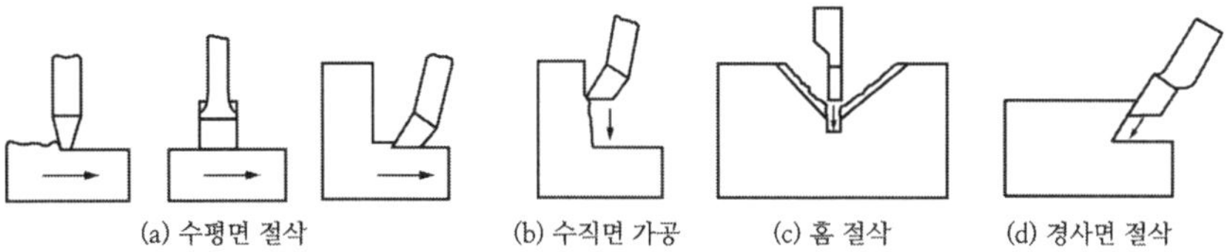

[그림 4.38] 세이퍼 가공의 종류

(4) 슬로터 : 입삭기

상하방향으로 직선왕복운동을 하는 램에 공구를 고정하고 일감의 수직면을 절삭하는 공작기계로 세이퍼를 90° 회전시켜 세워놓은 것과 같다고 하여 수직 세이퍼라고도 한다.

슬로터의 크기는 램의 최대 행정으로 표시한다.

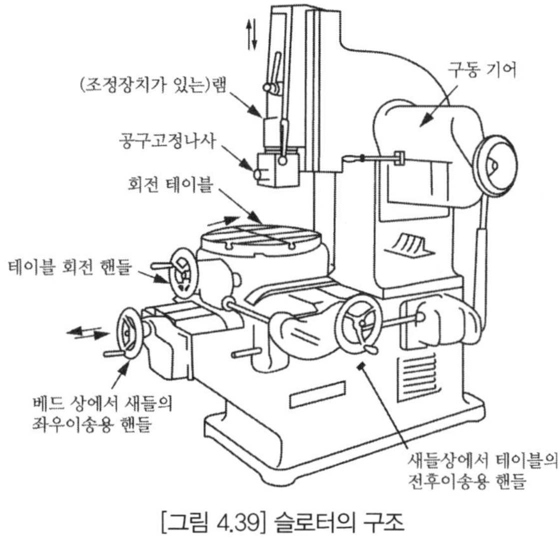

[그림 4.39] 슬로터의 구조

(가) 슬로터 운동 및 가공

보스에 키이홈, 기어 등을 가공하는 데 사용되며, 가공물을 회전 테이블 상에 고정하고, 테이블에 수직방향으로 램이 절삭운동을 한다. 다음 그림은 슬로터 가공의 예를 보여 주고 있다.

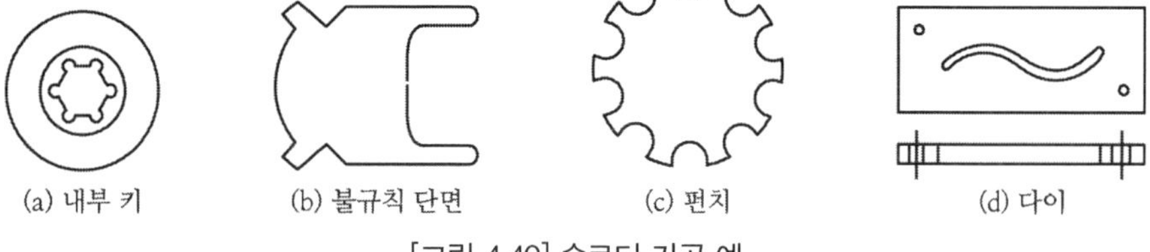

[그림 4.40] 슬로터 가공 예

(나) 공작물 고정

공작물은 테이블 위에 직접 고정하는 경우와 평행대 위에 놓고 각종 클램프를 사용하여 고정하기도 한다. 측면가공에서는 테이블에 이송을 주고, 원통면 가공에서는 공작물의 가공원호 중심을 테이블의 회전 중심과 일치하게 공작물을 고정하여 공작물에 회전 이송을 준다.

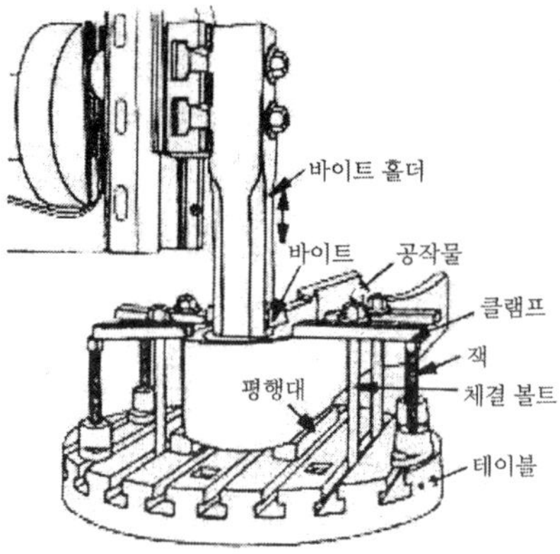

[그림 4.41] 슬로터 공작물고정

(다) 슬로터 바이트 고정구

공간 여유가 충분하므로 강력한 바이트 홀더를 사용하는 것이 좋다. 귀환행정 중 바이트가 가공면에 접촉하여 가공면에 손상을 주거나 바이트의 마멸을 피하기 위하여 릴리이프 블럭(relief block) A는 자중에 의하여 핀 P를 중심으로 회전할 수 있게 되어 있다. 바이트 B는 쐐기 W를 나사 S로 가압하여 고정한다.

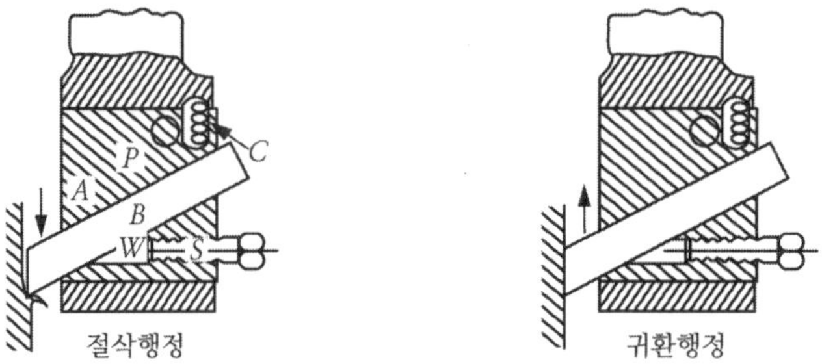

[그림 4.42] 슬로터 고정구

(5) 방호장치

(가) 재해원인

① 램의 왕복운동으로 인한 바이트 파손
② 일감의 이탈
③ 비산하는 칩
④ 일감에 말려드는 재해

(나) 대책

① 일감을 견고히 고정
② 탑승금지
③ 바이트는 가급적 짧게 물림
④ 작업 중에는 바이트의 운동방향에 서지 말 것

(다) 방호장치

① 경첩이 달린 가드
② 방책 : 사람이나 운반기계가 부딪히지 않도록 운동범위를 명시
③ 칩받이
④ 칸막이

[문 제]

다음 중 세이퍼의 안전장치가 아닌 것은? (2013년 기출문제)

① 시건장치　② 칩받이　③ 칸막이　④ 방책

[문 제]

다음 중 방호울을 설치하여야할 공작기계는?

① 선반　② 밀링　③ 드릴　④ 세이퍼

해설 세이퍼나 플레이너는 방호울(방책)을 설치해야 한다.

[문 제]

다음 중 세이퍼에 의한 연강 평면 절삭작업 시 안전대책으로 적절하지 않은 것은? (2014년 기출문제)

① 공작물은 견고하게 고정하여야 한다.
② 바이트는 가급적 짧게 물리도록 한다.
③ 가공 중 가공면의 상태는 손으로 점검한다.
④ 작업 중에는 바이트의 운동방향에 서지 않도록 한다.

[문 제]

다음 중 슬로터(slotter)의 방호장치로 적합하지 않은 것은? (2014년 기출문제)

① 칩받이　② 방책　③ 칸막이　④ 인발블럭

해설 슬로터의 방호장치
　① 칩받이　② 방책　③ 칸막이　④ 가드

(6) 작업안전수칙

(가) 플레이너 작업

① 프레임 내의 피트(pit)에는 뚜껑을 설치
② 테이블 위에는 기계작동 중에 절대 올리지 않는다.
③ 베드 위에 다른 물건을 올려 놓지 않는다.

④ 바이트는 되도록 짧게 나오도록 설치한다.

⑤ 일감 고정 작업 중에는 반드시 동력 스위치를 꺼 놓는다.

(나) 세이퍼작업

① 바이트는 잘 갈아서 사용할 것이며 가급적 짧게 물리는 것이 좋다.

② 보호안경을 착용

③ 무거운 일감은 타인의 협조를 받는다.

④ 램은 필요 이상 긴 행정으로 하지 않는다.

⑤ 작업 중에는 바이트의 운동방향에 서지 않도록 한다(측면에 선다).

⑥ 시동하기 전에 행정 조정용 핸들을 빼 놓는다(테이블 이송핸들).

⑦ 에이프런을 돌리기 위해 해머로 치는 것은 아주 위험하다.

[문 제]

다음 중 플레이너(planner) 작업 시의 안전 대책이 아닌 것은?

① 칩 브레이크 바이트를 가능한 칩이 짧게 되도록 한다.
② 프레임 내의 피트(pit)에는 뚜껑을 설치한다.
③ 바이트는 되도록 짧게 나오도록 설치한다.
④ 베드위에 다 쓴 물건을 올려 놓지 않는다.

해설 ① 플레이너 : 평삭기라고도 하며 큰 공작물의 평면 절약에 주로 사용한다. 테이블은 직선 왕복 운동을 하고 바이트는 이송운동을 한다(이송운동 : 테이블을 좌우 방향으로 이송).

② 플레이너 작업 시 안전대책
- 테이블의 행정에 따라서 미리 안전 방책을 배치한다.
- 테이블의 행정 내에 장해물이 없는가를 확인한 후 시동한다.
- 작업 중 테이블에 발을 올려놓지 않도록 한다.

⇒ 칩브레이크는 선반의 방호장치이다.

[문 제]

다음 중 플레이너(planner) 작업 시의 안전대책이 아닌 것은?

① 칩 브레이크 바이트를 가능한 칩이 짧게 되도록 한다.
② 프레임 내의 피트(pit)에는 뚜껑을 설치한다.
③ 바이트는 되도록 짧게 나오도록 설치한다.
④ 베드위에 다 쓴 물건을 올려놓지 않는다.

[문 제]

다음 중 세이퍼(shaper)에 관한 설명으로 옳지 않은 것은? (2013년 기출문제)

① 바이트는 짧게 물린다.
② 세이퍼의 크기는 램의 행정으로 표시한다.
③ 작업 중 바이트가 운동하는 방향에 서지 않도록 한다.
④ 각도 가공을 위해 헤드를 회전시킬 때는 최대행정으로 가동시킨다.

해설
- 공작기계의 안내면을 왕복운동하는 부분으로 절삭공구가 장착되고 급속귀환운동을 한다.
- 작업 중에는 바이트의 운동방향(정면)에 서지 않도록 해야 한다.
- 세이퍼는 왕복운동을 하여 평면 절삭작업을 한다.

4.2.5 연삭가공

(1) 개요

연삭숫돌을 고속으로 회전시켜 이것을 공구로 사용하고 절삭이 어려운 담금질강, 특수 합금강 등의 연삭이나 일감에 상대운동을 시켜 정밀하게 가공을 하는 작업을 말한다.

(2) 연삭기 종류

(가) 원통연삭기

① 개요

원통의 외경을 연삭하는 것으로 스윙과 양 센터 사이의 최대거리로 나타내며, 가공물을 센터에 의하여 지지하고, 베드, 작업대, 주축대, 및 심압대 등으로 되어 있으며 공작물 축선각도를 10° 정도 조정할 수 있도록 되어 있다.

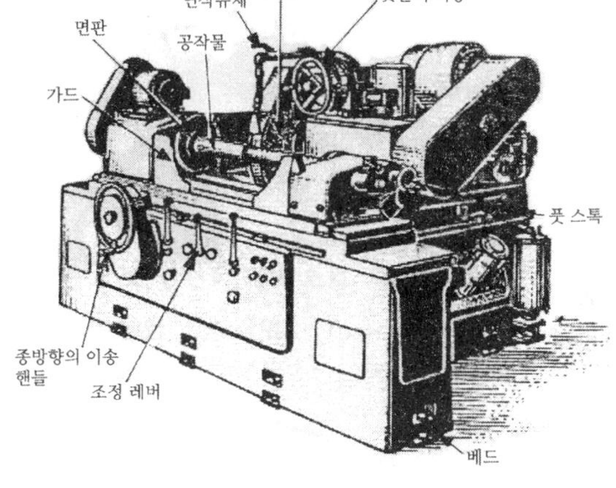

[그림 4.43] 원통연삭기

② 원통연삭 방식의 종류

3가지의 연삭방식이 있다. 다음 그림의 (a)는 테이블에 이송을 주고 숫돌차로 깊이를 주는 방식이다. 그림 (b)는 숫돌차로 이송과 깊이를 주는 방식이며, 그림 (c)는 숫돌차로 깊이만을 주는 플런지컷(plunge－cut) 연삭방식이 있다. 각종 축 및 원통단면을 갖는 부품의 외경부와 단면부를 연삭한다.

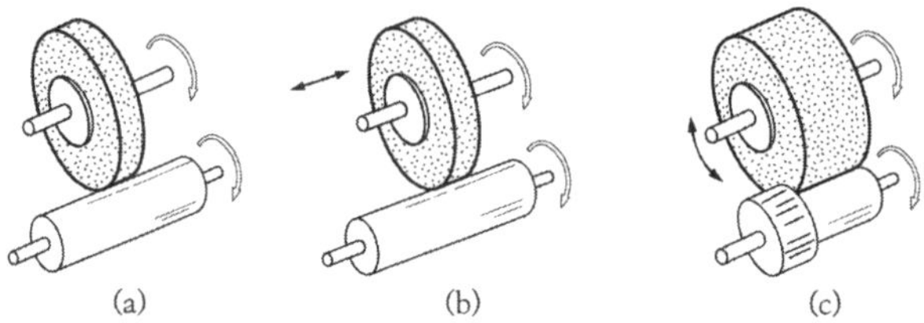

[그림 4.44] 원통연삭방식 종류

(나) 내면연삭기

내면연삭기는 공작물 구멍의 내면을 연삭하기 위한 연삭기로서, 숫돌이 작기 때문에 필요한 연삭속도를 얻기 위해서는 숫돌주축의 회전수가 커야 하고, 원통외면연삭(외주연삭)에 비하여 숫돌의 마모가 크다

(다) 평면연삭기

① 개요

평면을 연삭하기 위한 연삭기를 평면연삭기라 하며, 숫돌의 원주면으로 연삭하는 수평축 평면연삭기와 숫돌의 단면으로 연삭하는 수직축 평면연삭기가 있다. 테이블에 공작물을 고정할 때는 마그네틱 척 또는 바이스를 사용한다.

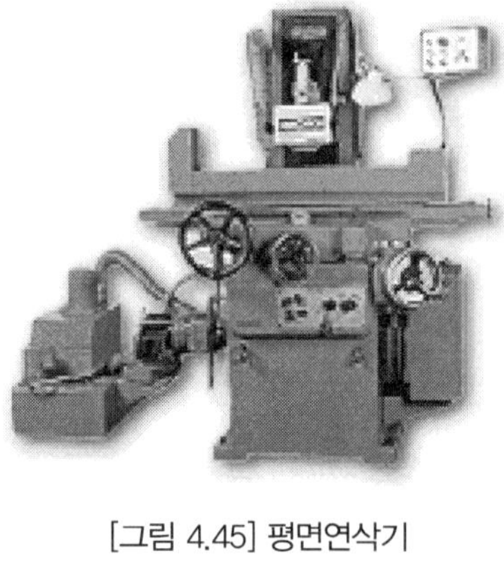

[그림 4.45] 평면연삭기

② 평면연삭방식

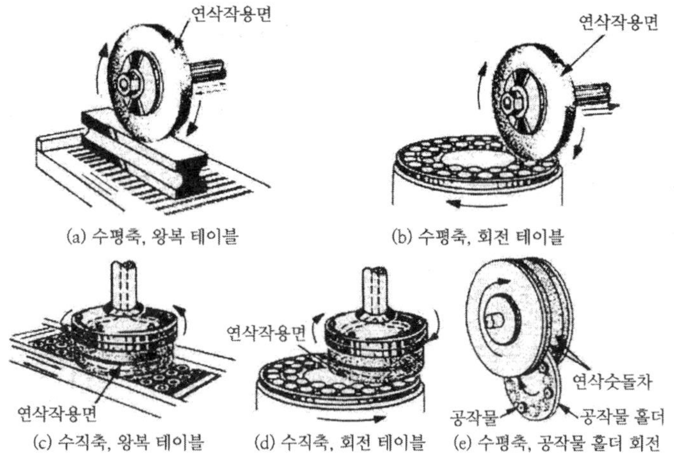

[그림 4.46] 평면연삭방식

(라) 센터리스연삭기

① 개요

센터리스연삭기는 공작물을 센터로 지지하지 않고 연삭 숫돌차와 조정차 사이에 공작물을 삽입하고 지지대로 지지하면서 연삭하는 연삭기이다. 고무결합제로 된 조정차와 공작물 간의 마찰에 의하여 공작물을 회전시키고, 조정차의 회전수와 공작물에 대한 압력을 조절하여 공작물의 회전수를 조정한다. 숫돌차와 조정차는 동일방향으로 회전하며, 회전차 사이의 거리 및 지지대 높이의 조정으로 가공물의 직경이 정해진다. 센터리스 연삭의 장단점을 열거하면 다음과 같다.

ⓐ 장점

- 연삭에 숙련을 요하지 않는다.
- 연속적인 연삭을 할 수 있다.
- 공작물의 굽힘이 없으므로 중연삭을 할 수 있다.
- 공작물 축방향의 추력에 의한 응력이 없으므로 지름이 작은 공작물의 연삭에 적합하다.

ⓑ 단점

- 가공물의 단면이 진원으로 되기 어렵다.

② 센터리스 연삭기 연삭작업

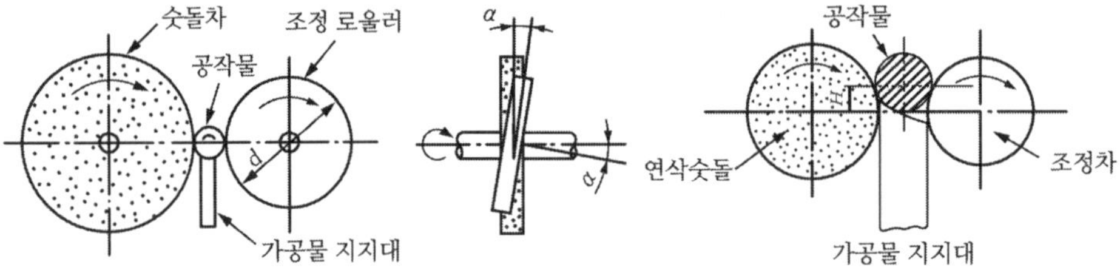

(a) 센터리스 연삭기의 원리 (b) 지지판의 위치

[그림 4.47] 센터리스 연삭작업

(마) 만능연삭기

회전하는 공작물을 테이블 위의 주축과 심압대 사이에서 지지하고 숫돌바퀴에 의해 연삭하는 기계이다. 환봉의 단면이나 내연 또는 구멍, 구배(勾配) 등도 연삭할 수 있어서 그 작업 범위가 매우 넓다. 원통외면연삭, 원통내면연삭, 테이퍼연삭, 평면연삭 등을 할 수 있으며, 소규모의 공장에서 다목적으로 사용한다. 원통연삭기와 다른 점은

① 주축대 및 숫돌대가 선회(旋回)할 수 있다.
② 내면연삭장치를 부착할 수 있다.
③ 숫돌을 숫돌대의 좌우에 장착할 수 있다.
④ 주축대에서 센터 및 척을 병용할 수 있다.

[그림 4.48] 만능연삭기

[문 제]

회전 중인 연삭숫돌이 근로자에게 위험을 미칠 우려가 있을 때는 덮개를 설치하고 연삭숫돌의 최고사용회전속도를 초과하여 사용하게 하여서는 아니 된다. 연삭숫돌에 덮개를 설치해야 할 대상은?

① 직경이 3[cm] 이상인 것 ② 직경이 4[cm] 이상인 것
③ 직경이 5[cm] 이상인 것 ④ 직경이 9[cm] 이상인 것

해설 산업안전보건법에 준하는 연삭숫돌은 숫돌의 직경이 50[mm] 이상인 것을 말한다.

(3) 연삭숫돌

(가) 연삭숫돌 재료

현재 널리 사용되고 있는 재료는 인조입자인 탄화규소(SiC), 산화알루미늄(Al_2O_3) 으로 제조된다.

표 4.1 숫돌성분과 그 용도

재료	성분	용도
A	산화알루미나 95%	H.S.S강, 인장강도가 큰 재질연삭
WA	산화알루미나	담금질강, 합금강, 탄소강연삭
C	탄화규소 97%	주철, 인장강도가 적은 재료연삭
GC	탄화규소 98%	초경공구강, 발열금지 재료연삭

(나) 연삭숫돌의 요소

① 3요소 : 연삭숫돌 입자(abrasive), 결합제(bond), 기공

② 5요소 : 연삭숫돌 3요소+입도, 조직

③ 입자

연삭입자는 연삭숫돌의 절삭날이 되므로 그 경도, 인성, 조성 및 형상 등이 연삭저항, 가공면의 조도와 기타 연삭가공에 영향을 주며, 절삭에서 절삭공구의 재질이 차지하는 비중과 같다. 연삭숫돌에 사용되는 입자에는 천연입자와 인조입자가 있으며, 천연입자에는 사암(sandstone), 에머리(emery)[50~60% 결정체 Al_2O_3+산화철], 코런덤(corundum)[75~90% 결정체 Al_2O_3+산화철], 다이아몬드 등이 있고, 인조입자에는 탄화규소(silicon carbide, SiC), 산화 알루미늄(Al_2O_3), 탄화붕소(boron carbide, B_4C), 지르코늄산(ZrO_2) 등이 있다. 인조입자가 출현하기 전에는 천연입자만을 사용하였으며, 입자가 균질하지 못하여 숫돌의 마모가 불균일하다. 다이아몬드 숫돌은 결합제로서 베이크라이트를 사용하며, 마모와 발열이 적어 초경합금공구의 연삭에 적합하다.

> **참고** 베이크라이트(bakelite)
>
> 석탄산, 포르말린을 원료로 하는 합성수지. 섬유질의 것을 혼합하기도 하고 종이 등을 넣기도 하며 가압, 가열하여 성형한다. 내열성, 절연성이 있다.

인조입자 중 탄화규소는 경도가 다이아몬드와 비슷하여 연삭 중 마멸이 되지 않고 부서져 예리한 새로운 입자가 출현하므로 경도가 높은 주철, 냉강주철, 초경합금 등의 연삭에 사용된다. 탄화규소입자는 SiO_2, 석유 코우크스, 톱밥, 염을 노에서 2,350℃ 정도로 가열하여 만들어진 결정체를 파쇄한 것이다.

④ 결합도

결합도란 연삭입자를 결합시키는 접착력의 정도를 의미하고, 이를 숫돌의 경도라고도 하며, 입자의 경도와는 무관하다. 숫돌의 입자가 숫돌에서 쉽게 탈락될 때 연하다고 하고, 탈락이 어려울 때 경하다고 한다. 공작물의 재질 및 연삭조건에 따라 적당한 결합도의 숫돌을 택하여야 한다.

⑤ 입도

입자의 크기는 메시(mesh)로 표시하며, 숫돌에는 입도가 같은 것만 있는 것이 아니라 입도가 다른 것들이 혼합되어 있다. 미세한 입자가 많으면 다공성(多孔性)이 감소되어 연삭능률이 떨어지고 숫돌의 강도와 내마모성은 증가된다.

참고 메시(mesh)

그물눈의 크기. 보통 1인치[2.54mm] 길이 사이에 있는 체눈의 수로 나타낸다. 숫돌입자나 주물사 등의 입도를 나타내는 데 사용

⑥ 조직

연삭숫돌의 단위체적 내에 들어 있는 입자의 수를 밀도라 하고, 입자의 수가 많으면 조밀하다. 연삭숫돌의 체적에 대한 입자체적의 비인 입자율로 조직을 표시하며, 숫자가 높을수록 조밀하다고 한다.

[문 제]

다음 중 연삭숫돌의 구성요소가 아닌 것은? (2012년 기출문제)

① 조직 ② 입자 ③ 기공 ④ 결합제

해설 연삭숫돌입자(abrasive), 결합제(bond), 기공이다.

(다) 연삭숫돌 작업의 특징

① <u>자생작용</u>

연삭숫돌이 연삭과정 중에 <u>입자의 마멸－파쇄－탈락－생성의 과정을 되풀이하여 새로운 날끝이 생성되는 작용</u>이다.

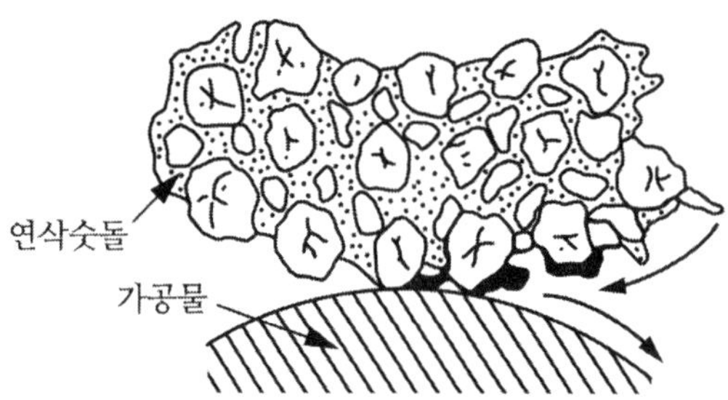

[그림 4.49] 숫돌의 자생작용

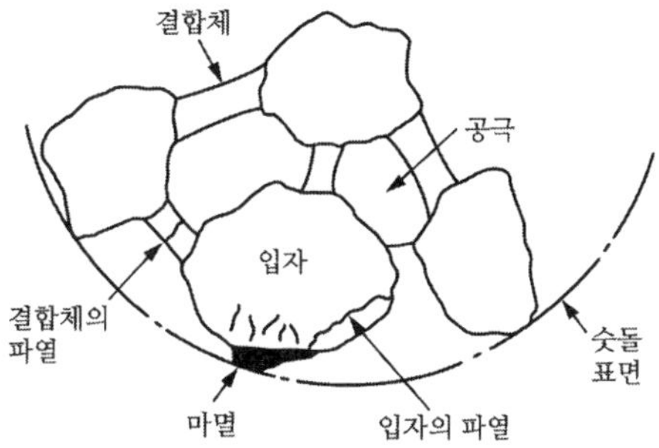

[그림 4.50] 연삭숫돌의 조직과 연삭작용

② 일감의 칩이 대단히 작다.

③ 일감의 치수정도가 대단히 높다.

④ 가공능률이 좋다.

⑤ 담금질 강과 초경합금도 가공할 수 있다.

(라) 연삭숫돌의 이상 현상

① 눈메움 현상(loading)

칩과 숫돌 부스러기가 기공을 막아버린 현상

- 현상
  - 연삭면이 거칠어짐
  - 열발생
- 원인
  - 숫돌의 결합도가 단단하다.
  - 조직이 치밀
  - 드레싱 불충분
- 대책
  - 무른 결합도 숫돌 사용
  - 입자가 큰 것 사용
  - 거친 조직 사용
  - 날카로운 드레싱(숫돌의 표면을 깎아내는 작업)
  - 원주속도 조정

참고

- 드레싱(dressing)
  연삭숫돌의 입자가 무디어지거나 눈메움이 생기면 연삭능력이 저하하고, 가공면에 결함을 유발하며, 가공물의 치수정밀도를 저하시키므로 예리한 날이 나타나도록 드레서(dresser) 공구로 숫돌표면을 가공하는 것을 말하며, 절삭유제의 공급 여부에 따라 건식과 습식 드레싱이 있다.
- 터닝(turning)
  총형연삭 등에서 연삭가공 중에 숫돌의 입자가 탈락되어 숫돌의 단면 형상이 변하면 이것을 정상적인 단면 형상으로 깎아 다듬는 작업을 터닝이라고 함

② 입자마모(glazing)

숫돌표면에 입자가 자생작용을 일으키지 않아 입자의 날 끝이 닳아서 매끈해진 상태이다.

ⓐ 현상
- 연삭이 되지 않음
- 눌음(grinding－burn)
- 휠 균열 발생

ⓑ 원인
- 결합도 과대현상
- 원주속도 과잉
- 폐쇄성이 나쁘다.
- 드레서 날이 없었다.

ⓒ 대책
- 결합도 연한 숫돌 사용
- 날카로운 드레싱
- 아송속도를 빠르게
- 숫돌의 원주속도 조정

③ 입자탈락(spilling)

합제의 힘이 약해서 작은 절삭력이나 충격에 쉽게 숫돌입자가 탈락되는 현상이다.

ⓐ 현상
- 숫돌마모가 빠르다.
- 연삭가공면이 나쁘다.

ⓑ 원인
- 결합도가 무르다.

ⓒ 결합도가 높은 숫돌 사용

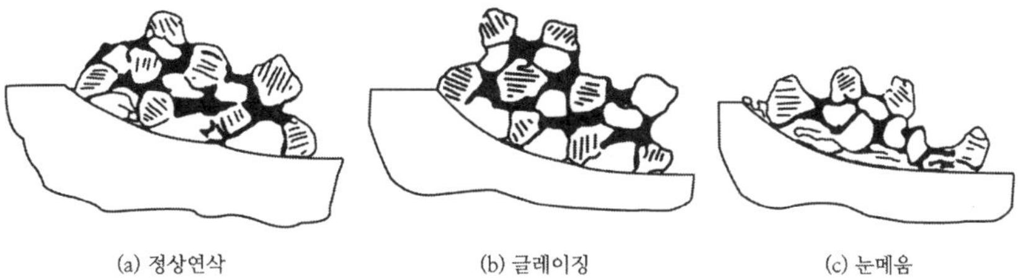

[그림 4.51] 숫돌의 이상현상

[문 제]

일반적인 연삭기로 작업 중 발생할 수 있는 재해가 아닌 것은? (2015 기출문제)

① 연삭분진이 눈에 튀어 들어가는 것
② 숫돌파괴로 인한 파편의 비래
③ 가공 중 공작물의 반발
④ 글레이징(glazing) 현상에 의한 입자의 탈락

해설 글레이징 현상은 숫돌표면에 입자가 자생작용을 일으키지 않아 입자의 날끝이 닳아서 매끈해진 상태로 연삭이 잘되지 않은 현상으로 연삭기 재해가 발생할 수 있는 요인은 아님

(마) 연삭숫돌의 표기

연삭숫돌은 숫돌입자의 재료 및 입도, 숫돌의 경도(결합도) 및 조직, 결합제, 숫돌 형상 및 치수의 순으로 다음과 같이 표시한다.

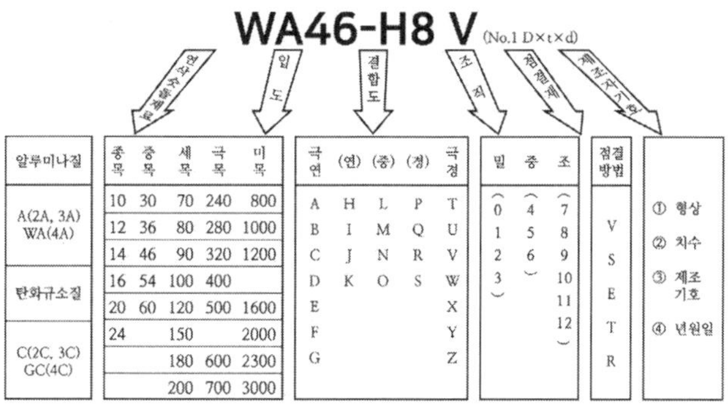

[그림 4.52] 연삭숫돌의 표시

(4) 연삭숫돌의 재해유형

① 연삭숫돌에 접촉되어 일어남(잘림, 문지름, 스침, 사이에 낌)
② 연삭분진이 눈에 튀어 들어가 일어남
③ 연삭숫돌이 파괴되어 파편이 작업자에 맞아서 일어남(파괴, 파편비래)
④ 일감을 떨어뜨리거나 연삭 중에 가공물의 비산

(5) 숫돌의 파괴 원인

① 숫돌의 회전속도가 너무 빠르다.

- 숫돌의 원주속도

$$V=\frac{\pi DN}{1,000}[\text{m/min}]$$

여기서, V : 회전속도[m/min]

D : 숫돌지름[mm]

N : 회전수[rpm]

[문 제]

연삭기에서 회전속도가 너무 빠르면 위험하다. 숫돌의 원주속도를 표시한 것은 어느 것인가?

① 원주속도 $=\pi\times$반지름$\times$매분 회전수
② 원주속도 $=1/2\pi\times$반지름$\times$매분회전수
③ 원주속도 $=\pi\times$지름$\times$매분회전수
④ 원주속도 $=1/2\pi\times$매분회전수

[문 제]

300[rpm]의 연삭 숫돌의 지름이 200[mm]라면 원주속도는 몇 [m/min]인가?

① 942[m/min] ② 188.4[m/min]
③ 94.2[m/min] ④ 18.84[m/min]

해설 $V=\frac{\pi DN}{1,000}=\frac{3.14\times200\times300}{1,000}=188.4[\text{m/min}]$

② 연삭숫돌 자체의 결함

- 가볍게 두들겨 균열검사를 하여 조사한다(균열이 있으면 탁음발생).

참고

- 연삭숫돌의 검사
  - 외관검사 : 균열, 플랜지접촉면, 변형, 습기, 접착부의 이상 유무 등 검사
  - 타음검사 : 목재망치를 사용하며 타음점은 숫돌의 수직으로부터 45° 위치로 함
- 회전시험

  숫돌을 사용속도의 1.5배로 3~5[min] 동안 회전시켜 원심력에 의한 파열여부를 시험한다.

③ 숫돌차의 고정 결합

숫돌을 연삭기의 주축에 고정할 때 다음 사항을 준수하는 것이 좋다.

ⓐ 숫돌은 취약하므로 중심축에서 직접 고정하는 것은 위험하며, 숫돌지름의 1/3의 플랜지(flange)로 [그림 4.53 (a)]와 같이 고정한다. 만약 플랜지의 직경이 숫돌직경의 1/3 이상이 되지 않을 때나 플랜지의 직경이 숫돌직경에 비하여 현저히 작을 때 응력집중 현상에 의하여 파괴가 쉽다.

ⓑ 숫돌과 플랜지 사이에는 두께 0.5[mm] 이하의 압지 또는 얇은 고무와샤를 끼운다. 축의 열팽창에 의한 숫돌의 파열을 피하기 위하여 숫돌구멍과 축과의 간격을 0.1~0.15[mm] 정도로 유지하는 것이 좋다.

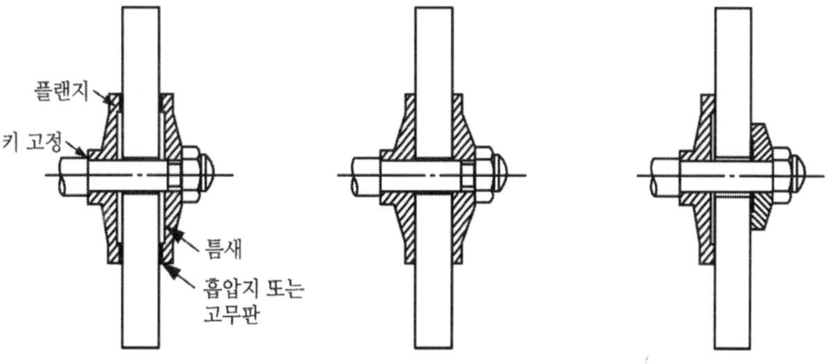

[그림 4.53] 숫돌고정

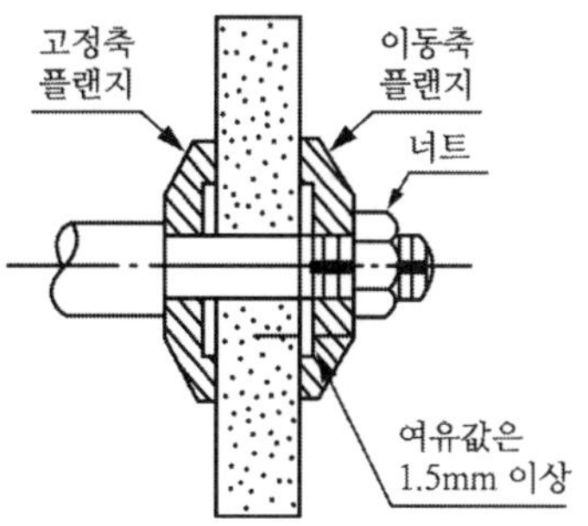

[그림 4.54] 플랜지

④ 숫돌의 내경 치수가 적당하지 않을 때

⑤ 숫돌에 과대한 충격을 줄 때

⑥ 숫돌의 회전 중심이 정하지 않았거나 숫돌에 큰 힘이 가해질 때

⑦ 숫돌의 측면을 사용할 때

[문 제]

다음 중 탁상용 연삭기에서 일반적으로 플랜지의 직경은 숫돌직경의 얼마 이상이 적정한가?

(2012년 기출문제)

① $\frac{1}{2}$ ② $\frac{1}{3}$ ③ $\frac{1}{5}$ ④ $\frac{1}{10}$

[문 제]

연삭기에서 숫돌의 바깥지름이 180[mm]라면 플랜지의 바깥지름은 몇 [mm] 이상이어야 하는가?

(2014년 기출문제)

① 30 ② 36 ③ 45 ④ 60

해설 플랜지 바깥지름 = 숫돌의 바깥지름 × $\frac{1}{3} = 180 \times \frac{1}{3} = 60$[mm]

[문 제]

연삭작업 중 숫돌차가 파괴되는 원인 중에서 거리가 먼 것은?

① 회전수가 규정 이상 초과할 때
② 내외면의 플랜지 직경이 같을 때
③ 충격을 받았을 때
④ 숫돌의 측면을 사용할 때

정답 ②

[문 제]

다음 연삭작업 중 숫돌의 파괴 원인과 가장 거리가 먼 것은? (2015년 기출문제)

① 숫돌의 회전속도가 너무 느릴 때
② 숫돌의 회전 중심이 잡히지 않았을 때
③ 숫돌에 과대한 충격을 가할 때
④ 플랜지의 직경이 현저히 작을 때

(6) 연삭기 방호장치

숫돌직경이 5[cm] 이상인 경우 충분한 강도의 안전덮개를 설치하고 절삭분에 의한 눈을 보호할 수 있도록 시일드(shield)를 설치함

(가) 안전덮개의 제작기준

① 덮개의 재료

ⓐ 덮개는 인장강도가 28[kg/mm^2] 이상이고 연신율이 14% 이상인 압연강판을 사용한다.

ⓑ 덮개는 인장강도[kg/mm^2]에 연신율(%)의 2배값을 합한 값이 76 이상의 압연강판이어야 한다.

ⓒ 절단숫돌(최고사용 원주속도가 4,800[m/min] 이하)에 사용되는 덮개의 재료는 인장강도가 18[kg/mm^2] 이하인 동시에 연신율이 2% 이상인 알루미늄의 재질도 사용할 수가 있다.

ⓓ 휴대용 연삭기의 덮개 및 밴드형 덮개 이외의 재료는 표 4.2와 같다.

표 4.2 덮개의 재질[m/min]

연삭숫돌의 최고 사용원주속도	2,000 이하	3,000 이하	3,000 초과
재질	주철, 주강, 가단주철	가단주철, 주강	주강

② 덮개의 두께

압연강판을 재료로 사용하는 덮개의 두께는 연삭숫돌의 최고사용속도, 연삭숫돌의 두께 및 연삭숫돌의 직경에 따라 달라진다.

(나) 덮개 설치방법

① 탁상용연삭기 덮개

ⓐ 덮개의 최대 노출각도 : 90° 이내(원주의 1/4 이내)

ⓑ 숫돌의 주축에서 수평면 위로 이루는 각 : 65° 이내

ⓒ 수평면 이하에서 연삭할 경우 노출각도(일반연삭작업) : 125° 이내

ⓓ 숫돌의 상부사용을 목적으로 할 경우 노출각도 : 180° 이내

② 원통연삭기, 만능연삭기의 덮개 노출각도 : 180° 이내

숫돌의 주축에서 수평면 위로 이루는 원주각도 : 65° 이내

③ 휴대용연삭기, 스윙(swing), 연삭기 덮개의 노출각도 : 180° 이내

④ 평면연삭기, 절단연삭기 덮개의 노출 각도 : 150° 이내

숫돌의 주축에서 수평면 밑으로 이루는 덮개의 각도 : 15° 이상

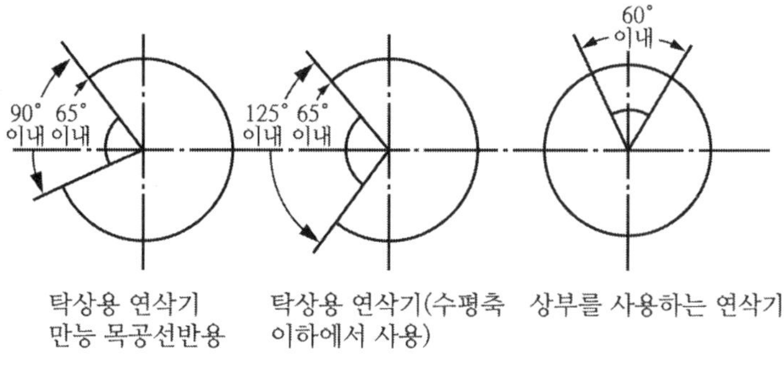

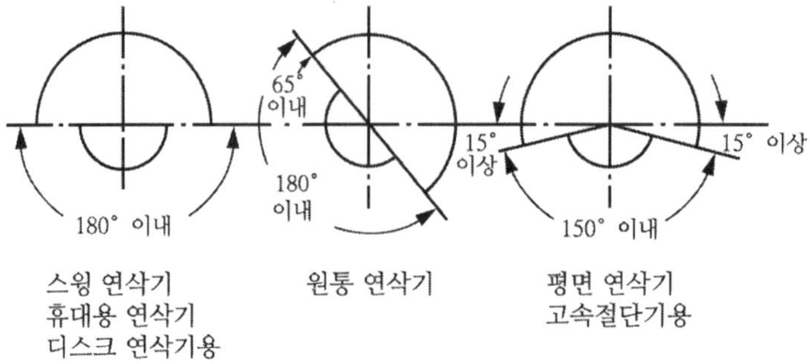

[그림 4.55] 탁상용연삭기 덮개각도

[문 제]

산업안전보건법 상 회전 중인 연삭숫돌의 직경이 최소 얼마 이상인 경우로서 근로자에게 위험을 미칠 우려가 있는 경우 해당 부위에 덮개를 설치하여야 하는가? (2012년 기출문제)

① 3[cm] 이상　② 5[cm] 이상　③ 10[cm] 이상　④ 20[cm] 이상

[문 제]

다음 중 고속 절단기의 연삭작업에서 덮개의 노출각도로 적합한 것은?

① 135°　② 140°　③ 145°　④ 150°

정답 ④

[문 제]

숫돌 상부를 사용하는 연삭기의 덮개의 노출각도는?

① 45°　② 60°　③ 90°　④ 120°

[문 제]

다음 중 연삭기 덮개의 각도에 관한 설명으로 틀린 것은? (2015년 기출문제)

① 평면연삭기, 절단연삭기 덮개의 최대노출각도는 150°이다.
② 스윙연삭기, 스리브연삭기 덮개의 최대노출각도는 180°이다.
③ 연삭숫돌의 상부를 사용하는 것을 목적으로 하는 탁상용연삭기 최대노출각도는 60°이다.
④ 일반 연삭작업 등에 사용하는 것을 목적으로 하는 탁상용연삭기 최대노출각도는 180°이다.

해설 일반 연삭작업 등에 사용하는 것을 목적으로 하는 탁상용연삭기 최대노출각도는 125°이다.

[문 제]

일반 연삭작업 등에 사용하는 것을 목적으로 하는 연삭기의 덮개각도에 있어 숫돌이 노출되는 전체 범위의 각도 기준으로 옳은 것은? (2012년, 2013년 기출문제)

① 65° 이상　② 75° 이상　③ 125° 이내　④ 150° 이내

(다) 연삭기 방호대책

① 구조면에서의 방호대책

ⓐ 구조 규격(재료, 칫수, 두께)에 알맞은 덮개설치

ⓑ 플랜지는 수평을 잡아서 설치(플랜지의 안쪽에 종이나 고무판을 부착하여 숫돌을 고정시킬 때, 종이나 고무판의 두께는 0.5~1[mm] 정도가 적합하며 숫돌의 종이 라벨은 제거하지 않고 고정)

ⓒ 숫돌의 치수나 형상은 구조규격에 적합하여야 하며 숫돌의 결합 시에는 축과 0.05~0.15[mm] 정도의 틈새를 두어야 함.

ⓓ 칩비산장치 투명판(shield), 국소배기장치를 설치할 것

ⓔ 탁상용 연삭기는 작업받침대(work rest)와 조정편을 설치. 연삭숫돌과 작업받침대와의 간격은 3[mm] 이내로 한다. 연삭숫돌과 조정편의 간격은 10[mm] 이내로 유지한다.

ⓕ 작업받침대(work rest)의 높이는 숫돌의 중심과 거의 같은 높이로 설치할 것

ⓖ 숫돌의 검사 방법은 외관검사, 타음검사, 시운전검사 방법이 있다.

ⓗ 최고 회전속도 이내에서 작업할 것

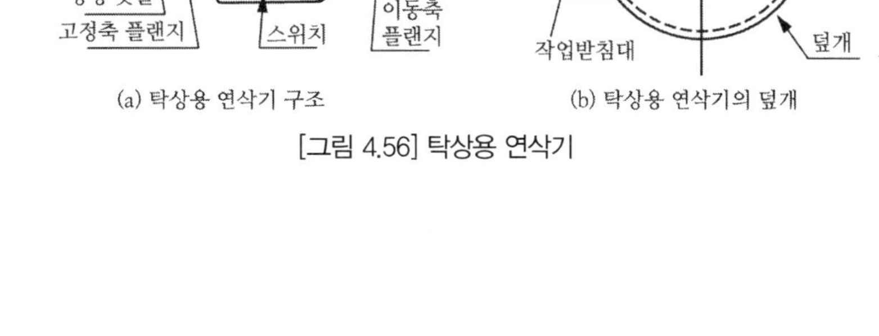

(a) 탁상용 연삭기 구조　(b) 탁상용 연삭기의 덮개

[그림 4.56] 탁상용 연삭기

[문 제]

다음 중 연삭기 및 덮개에 관한 설명으로 틀린 것은? (2015년 기출문제)

① "탁상용연삭기"란 가공물을 손에 들고 연삭숫돌에 접촉시켜 가공하는 연삭기를 말한다.
② "워크레스트(workrest)"란 탁상용연삭기에 사용하는 것으로서 공작물을 연삭할 때 가공물의 지지점이 되도록 받쳐주는 것을 말한다.
③ 워크레스트(workrest)는 연삭숫돌과의 간격을 5[mm] 이상 조정할 수 있는 구조이어야 한다.
④ 자율안전확인 연삭기 덮개에는 자율안전확인의 표시 외에 숫돌사용 주속도와 숫돌 회전방향을 추가로 표시하여야 한다.

해설 작업받침대의 높이
숫돌의 중심과 거의 같은 높이로 조장하고 숫돌과 워크레스트와의 간격은 3[mm]로 조정한다.

[문 제]

다음 중 탁상용연삭기에 사용하는 것으로서 공작물을 연삭할 때 가공물 지지점이 되도록 받쳐 주는 것을 무엇이라 하는가? (2014년 기출문제)

① 주판　② 측판　③ 심압대　④ 워크레스트

해설 탁상용연삭기 구조(그림 4.56 참조)
ⓐ 주판 : 연삭숫돌의 원주면을 덮어주는 덮개
ⓑ 측판 : 연삭숫돌의 측면을 덮어주는 덮개
ⓒ 심압대 : 원통연삭기에 설치된 것으로 가늘고 긴 공작물을 가공할 때 휨이나 떨림, 이탈되는 것을 방지
ⓓ 작업받침대(workrest) : 공작물을 연삭할 때 가공물 지지점이 되도록 받쳐 주는 받침대

[문 제]

다음 중 연삭기의 안전기준으로 틀린 것은? (2013년 기출문제)

① 회전 중인 연삭숫돌의 직경이 5[cm] 이상인 경우에는 덮개를 설치해야 한다.
② 새로운 연삭숫돌은 숫돌에 표시된 것보다 높은 회전속도[rpm]로 작동시키지 않는다.
③ 탁상용연삭기에서 워크레스트는 연삭숫돌과 간격을 5[mm] 이상으로 조정할 수 있는 구조이어야 한다.
④ 숫돌에 대해 최대 작동속도는 [m/s]로 표시되는 원주속도, [rpm]으로 표시되는 회전속도 두 가지 방식으로 표시된다.

해설 탁상용연삭기는 작업받침대(work rest)와 조정편을 설치하고 연삭숫돌과 작업받침대의 간격은 3[mm] 이내로 한다.

② 작업면에서 방호대책

ⓐ 연삭숫돌에 충격을 가하지 않음

ⓑ <u>작업시작 전 시운전 : 1분 이상</u>

<u>숫돌교체 시 시운전 : 3분 이상</u>

연삭숫돌 제조 후 시운전 : 규정속도의 1.5배

ⓒ 연삭숫돌의 최고 사용속도 초과 사용금지

ⓓ 숫돌의 측면 사용 금지

ⓔ 작업 시에는 적절한 드레싱 실시

ⓕ 폭발성 가스가 있는 곳에서는 연삭기 사용금지

ⓖ 칩비산방지장치가 없는 곳에서는 보안경 사용

ⓗ 연삭 시 생기는 분진흡입을 방지하기 위하여 방진마스크 사용

ⓘ 연삭기 덮개를 벗긴 채 사용하지 않음

ⓙ 시운전에 사용하는 연삭숫돌은 작업시작 전 결함 유무 확인 후 사용

[문 제]

연삭기의 받침대와 숫돌차의 중심과의 높이는?

① 상관없다. ② 받침대를 높게 한다.
③ 서로 같게 한다. ④ 받침대를 낮게 한다.

해설 작업받침대의 조정
- 작업받침대와 숫돌과의 간격 : 3[mm] 이내
- 덮개 조정편과 숫돌과의 간격 : 5~10[mm] 이내
- 작업받침대의 높이 : 숫돌의 중심과 거의 같은 높이로 조정

[문 제]

다음 중 연삭작업에 관한 설명으로 옳은 것은? (2014년 기출문제)

① 일반적으로 연삭숫돌은 정면, 측면 모두를 사용할 수 있다.
② 평형 플랜지의 직경은 설치하는 숫돌직경의 20[%] 이상의 것으로 숫돌바퀴에 균일하게 밀착시킨다.
③ 연삭숫돌을 사용하는 작업의 경우 작업시작전과 연삭숫돌을 교체한 후에는 1분 이상 시험운전을 실시한다.
④ 탁상용연삭기 덮개에는 워크레스트 및 조정편을 구비하여야 하며, 워크레스트는 연삭숫돌과의 간격을 3[mm] 이하로 조정할 수 있는 구조이어야 한다.

해설 연삭기 구조면에 있어서 안전대책

ⓐ 구조규격에 적당한 덮개를 설치할 것(숫돌지름 5[cm] 이상)

ⓑ 플랜지의 직경은 숫돌직경의 1/3 이상인 것을 사용하여야 하며 양쪽을 모두 같은 크기로 할 것(플랜지 안쪽에 종이나 고무판을 부착하여 고정 시 종이나 고무판의 두께는 0.5~1[mm] 정도가 적합하며, 숫돌의 종이 라벨은 제거하지 않고 고정한다.

ⓒ 작업시작전 시운전 : 1분 이상 시운전
숫돌교체 시 시운전 : 3분 이상 시운전
(숫돌파열이 가장 많이 발생하는 경우는 스위치를 넣는 순간이다)

ⓓ 연삭숫돌은 원주면을 사용한다.

[문 제]

다음 중 연삭기를 이용한 작업을 할 경우 연삭숫돌을 교체한 후에는 얼마 동안 시험 운전을 하여야 하는가? (2014년 기출문제)

① 1[분] 이상 ② 3[분] 이상
③ 5[분] 이상 ④ 10[분] 이상

[문 제]

다음 중 연삭숫돌의 이상 유 · 무를 확인하기 위한 시운전 시간으로 가장 적절한 것은? (2013년 기출문제)

① 작업시작 전 3[분] 이상, 연삭숫돌 교체 후 1[분] 이상
② 작업시작 전 30[초] 이상, 연삭숫돌 교체 후 1[분] 이상
③ 작업시작 전 1[분] 이상, 연삭숫돌 교체 후 3[분] 이상
④ 작업시작 전 1[분] 이상, 연삭숫돌 교체 후 1[분] 이상

[문 제]

다음 연삭기의 사용상 안전대책으로 적절하지 않은 것은? (2013년 산업기사)

① 방호장치로 덮개를 사용한다.
② 숫돌 교체 후 1[분] 정도 시운전을 실시한다.
③ 숫돌의 최고 사용 회전속도를 초과하여 사용하지 않는다.
④ 축 회전속도[rpm]는 영구히 지워지지 않도록 표시한다.

참고 방진마스크

분진 등으로부터 호흡을 보호하기 위한 보호구로 격리식과 직결식이 있으며 분진포집효율이 99.5% 이상인 특급, 95% 이상인 1급, 85% 이상인 2급으로 구분된다.

(1) 방진마스크 선정기준
① 분진포집효율이 좋을 것
② 흡기, 배기저항이 낮을 것
③ 사용면적(유효면적)이 적을 것(180[cm^2] 이하)
④ 중량이 가벼울 것
⑤ 시야가 넓을 것(하방시야 60° 이상)
⑥ 안면밀착성이 좋을 것
⑦ 피부접촉 부위의 고무질이 좋을 것

(2) 방진마스크 특급을 사용하여야 할 장소
납, 수은, 비소, 망간, 아연 등 중독을 일으킬 위험이 높은 분진이나 흄을 발산하는 작업과 방사선 물질이 비산하는 장소

Chapter 05

산업기계

5.1 목공기계

5.1.1 목공기계의 개요

(1) 목공기계 재해 발생 요인

① 재료가 길고 이송에 힘이 많이 가해짐
② 기계의 고속회전 및 가공재의 옹이, 나무결 등 재질의 불균일
③ 작업자가 기계에 무관심
④ 다른 기계에 비하여 타력회전이 길고 다량의 목분 발생
⑤ 하나의 기계에서 다목적 작업을 한다.

위의 요인에 의해 목재가공용 기계는 대부분 가공재를 송급하고 있을 때 발생하므로 수동가공을 자동송급방식으로 전환해야 하나 목재공업의 다품종 소량생산 등의 문제로 완전한 실시는 곤란하다. 따라서 적절한 방호장치가 요구된 기계이다.

(2) 목공용기계 종류

둥근톱기계, 띠톱기계, 동력식 수동대패, 모떼기기계, 루터 등

5.1.2 둥근톱기계

강철원판의 주위에 만든 톱날을 작업공구로 사용하며, 고속으로 회전시켜 절단작업을 하는 목공기계로 목공기계 중 둥근톱기계가 가장 위험성이 높다. 둥근톱기계에 의한 재해는 크게 톱날과 신체접촉, 가공목재의 반발에 의하여 일어난다.

[그림 5.1] 둥근톱기계

(1) 재해 종류 및 요인

(가) 톱날 전면부와의 접촉

① 목재절단 종료 시 작업자의 손이 톱날에 접촉

② 작업 중 목재를 밀던 손이 미끄러질 때
③ 테이블 위의 톱밥, 나무조각 제거할 때

(나) 톱날 후면부와의 접촉

① 작업자가 제재된 목재를 끌어당기려 할 때
② 테이블 위의 톱밥, 나무조각 제거할 때
③ 목재의 반발에 의한 몸의 균형을 잃었을 때

(다) 톱날 하면부와의 접촉

① 테이블 아래의 톱밥, 나무조각 제거할 때
② 동력전달부를 점검할 때

(라) 동력전달부와의 접촉

① 벨트에 말림
② 벨트와 풀리 접속부의 끼임
③ 동력전달축에 말림

(마) 목재의 반발

① 목재의 압축으로 톱날이 물려 절단이 불가능할 때
② 옹이 등의 영향으로 목재의 반발
③ 톱날과 안내판 사이에 목재의 물림
④ 톱날의 상면, 후면부의 물림

(2) 방호장치

(가) 톱날접촉예방장치

반발예방장치에 대면하고 있는 부분과 가공재를 절단하는 부분 이외의 톱날을 덮을 수 있는 구조

① 고정식 접촉예방장치

고정식 접촉예방장치는 최대 가공재 두께 25[mm] 이하인 작업에 사용할 수 있고 본체 덮개는 테이블 위의 일정한 위치에 고정시켜 사용하는 것이다. 일정한 두께 이하의 재료를 켤 경우에는 가공재의 상면에서 덮게 하단까지의 간격이 8[mm] 이하가 되게 덮개 위치를 조절해 두면 근로자의 손이 재료와 함께 톱날에 접근했다 해도 먼저 덮개에 닿아 톱날의 접촉에 의한 위험성은 없어지게 된다.

고정식 접촉예방장치는 덮개 하단이 테이블 면 위 25[mm] 이상 높이로 올릴 수 없게 스토퍼를 설치해야 한다. 고정식 접촉예방장치의 경우 가공재를 송급하고 있지 않을 때는 덮개하단과 테이블 면 사이의 톱날이 노출해 있고 이 부분이 너무 크면 위험성이 있다.

이 때문에 덮개와 테이블 사이의 간격의 최대치를 25[mm]로 제한하고 또 당해 장치의 구조가 이 제한치를 넘지 않게 되어 있어야 한다. 고정식 접촉예방장치는 가공재의 두께에 따라서 덮개와 가공재 상면과의 간격이 8[mm] 이내로 조절되도록 덮개와 지지봉의 설치부에는 조절나사가 설치되어 있어야 한다. 고정식 접촉예방장치는 가공재를 송급하는 자가 톱날의 절단을 쉽게 볼 수 있게 덮개의 선단부에 홈을 설치하는 등의 조치를 강구 하여야 하며 지지부의 구조를 견고한 구조로 한다.

② 가동식 날접촉예방장치

가동식 접촉예방장치는 그 덮개의 하단이 송급되는 가공재의 상면에 항상 접하는 방식의 것이고 가공재를 절단하고 있지 않을 때는 덮개가 테이블 면까지 내려가 어떠한 여우에도 근로자의 손등이 톱날에 접촉되는 것을 방지하도록 한 것이다.

가동식 접촉예방장치는 가공재의 절단에 필요한 날 부분 이외의 날을 항상 자동적으로 덮을 수 있는 구조여야 한다. 이를 위해 당해 장치는 상하로 조절되는 본체 덮개와 그 전후로 움직이는 보조덮개(스윙카바)를 설치하고 이 보조덮개는 근로자의 손이 가공재의 송급에 의해서 톱날에 근접할 때 우선 이것에 닿아서 위험을 예고시키는 것이므로 가공재 상면에 있는 손이 보조덮개에 닿기 전에 날에 접촉하는 일이 있어서는 아니 된다. 보조덮개는 톱날이 전부를 덮는다고 하는 안전상의 견지에서 설치한다면 톱의 후방에도 가능한 설치하도록 하여야 한다. 가동식 접촉예방장치는 가공재를 송급하는 자가 톱날의 절단부를 볼 수 있는 구조로 하지 않으면 작업상 대단한 지장을 초래하고 나아가서는 안전장치를 사용치 않는 문제로 이어지므로 앞부분의 보조덮개 에 좁은 홈을 만들도록 해서 톱날을 볼 수 있도록 해야 한다. 후판의 목재로 다품종 소량 생산용에 적합하다.

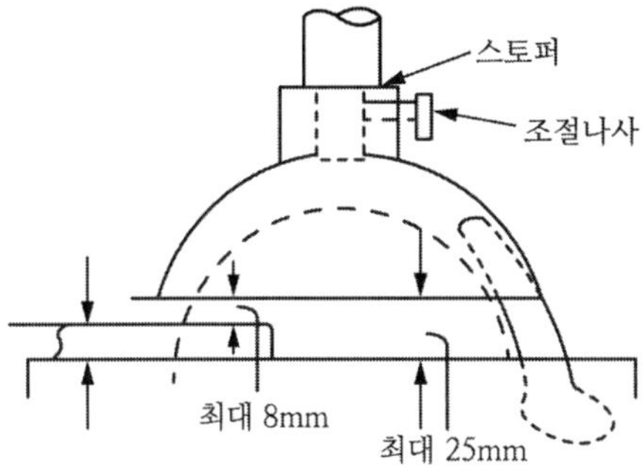

[그림 5.2] 고정식 접촉예방장치

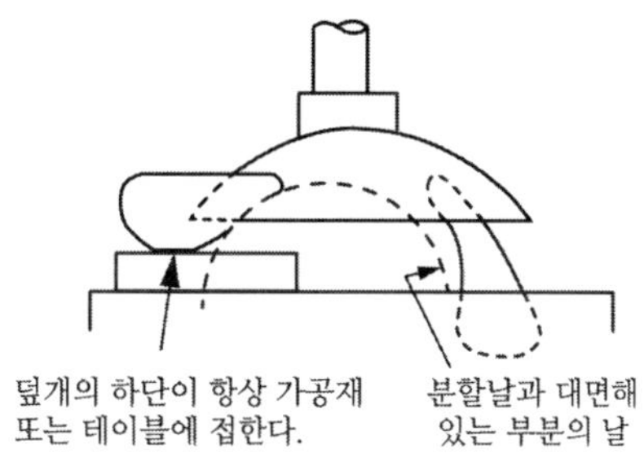

[그림 5.3] 가동식 접촉예방장치

(나) <u>반발예방장치</u>

가공재가 톱날 후면 날을 통과할 때 회전하는 톱날에 걸려서 고속으로 위로 튀어오르므로 목재의 반발을 방지하기 위한 기구이다.

① 분할날

분할날은 톱의 뒷날 바로 가까이에 설치되고 절삭된 가공재의 틈 사이로 들어가면서 가공재의 모든 두께에 걸쳐 쐐기 작용을 하여 가공재가 톱 자체를 조이지 않게 하는 것이다. 따라서 그 높이와 두께는 충분하여야 한다. 분할날의 재료는 탄성이 큰 탄소공구강으로 한다. 분할날은 가공재가 반발할 때 충격적으로 큰 힘을 받음으로 이것에 대해서도 쉽게 변형되지 않는 강도를 지녀야 한다. 분할날은 표준테이블 위의 톱뒷날의 2/3 이상을 덮고도 톱날과의 간격이 12[mm] 이내가 되도록 한다. 이를 위해 분할날의 설치부는 조절가능한 구조로 한다. 분할날의 톱의 뒷날 전부를 덮는 것이 바람직하지만, 대체로 2/3를 덮으면 반발방지에는 유효하다. 또한 톱날과 너무 떨어져 있으면 그 효력이 감소되므로 그 간격을 제한한다.

분할날의 두께는 톱 두께의 1.1배 이상이며 톱의 치진폭 이하로 한다. 분할날은 가공재의 홈에 쐐기처럼 들어가고 가공재가 톱을 꼭 조이는 것을 방지하는 것이므로 그 두께가 클수록 효과적이다. 그러나 사용되는 톱의 폭보다 클 때는 가공재의 송급에 큰 저항이 가해져 사용불능이 되므로 그 상한, 하한의 값을 표시한 것이다. 분할날은 가공재의 나무에 나쁜 마디 등이 있으면 이것에 의해 튕기는 힘이 가해진다. 이 때문에 설치부의 폭을 어느 정도 크게 해서 강도를 만족시킬 필요가 있다.

분할날은 겸형식과 현수식이 있으며 톱의 직경이 610[mm]를 넘는 둥근톱기계에 사용하는 분할날은 현수식으로 한다. 한쪽 끝 고정에는 강도상의 제약이 있으므로 대형 둥근톱 기계용의 분할날은 양단 고정 형식의 현수식의 것으로 할 필요가 있다.

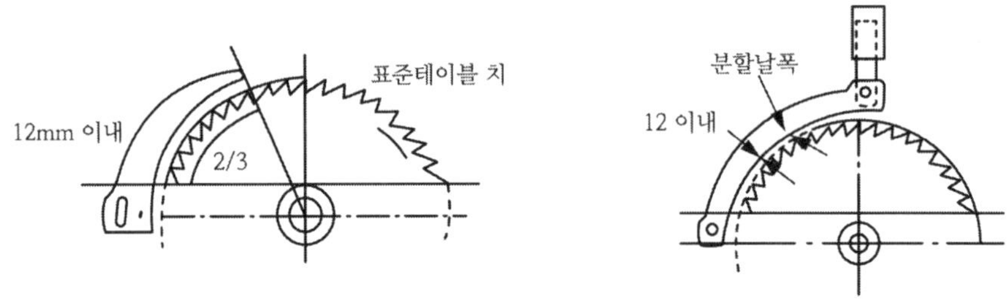

(a) 겸형식 분할날 (b) 현수식 분할날

[그림 5.4] 분할날(겸형식, 현수식)

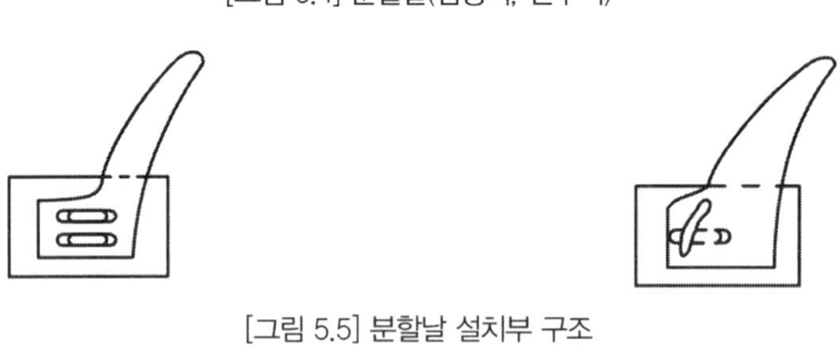

[그림 5.5] 분할날 설치부 구조

[그림 5.6] 톱 두께 및 폭과 분할날 두께와의 관계

$$1.1t_1 \leq t_2 \leq b$$

여기서, t_1 : 톱의 두께, t_2 : 분할날의 두께, b : 치진 폭

표 5.1 분할날의 폭

톱의직경(mm)	150 이하	203	255	305	355	405	455	510	560	610
분할날 폭(mm)	30	35	45	50	55	60	70	75	80	75

② 반발방지발톱(반발방지기구, finger)

반발방지발톱은 가공재가 후면날 측에 대해서 조금 들뜨고 역행하려고 할 때, 발톱이 가공재에 물려 들어가 반발을 방지하는 것이다. 따라서 반발방지가 실제로 작동할 때 발톱에는 상당한 충격하중이 걸리므로 사용재료는 이것을 고려해서 일반 구조용 압연 강재 이상으로 해야 한다. 또 발톱의 형상은 가공재가 반발할 때에 물려 들어가기 쉽게 해야 한다. 더욱이 반발방지장치는 보통 접촉예방장치의 본체에 설치되어 있으므로 이러한 것도 포함해서 가공재의 반발에 견디는 강도를 보유할 필요가 있다.

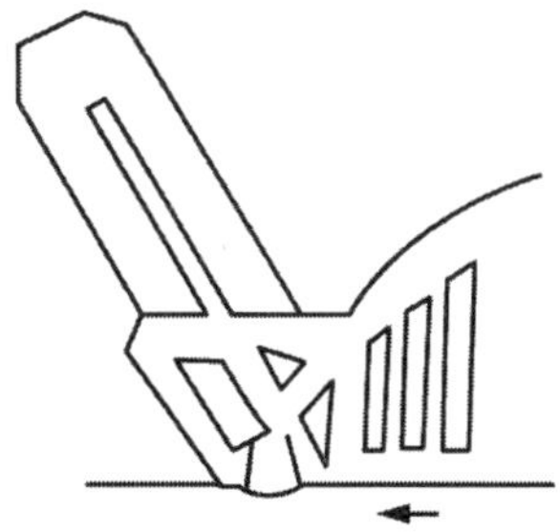

[그림 5.7] 반발방지 발톱(finger)

③ 반발방지롤

반발방지롤은 가공재가 톱 후면에서 들뜨는 것을 누르고 반발을 방지하는 것이므로 가공재의 상면을 항상 일정한 힘으로 누르고 있어야 한다. 이 때문에 가공재의 두께에 따라서 자동적으로 높이를 조절할 수 있는 구조로 할 필요가 있다. 반발방지롤은 보통 날접촉 예방장치의 본체에 설치되므로 이러한 것도 포함해서 가공재를 충분히 누르는 강도를 보유할 필요가 있다.

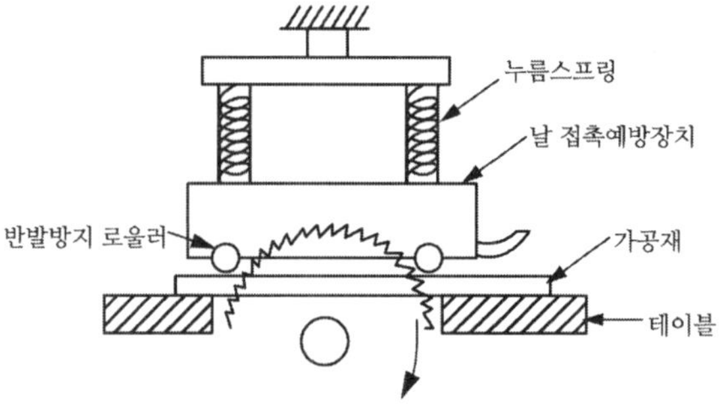

[그림 5.8] 반발방지 로울러

[문 제]

다음 중 톱의 후면날 가까이에 설치되어 목재의 켜진 틈 사이에 끼어서 쐐기작용을 하여 목재가 압박을 가하지 않도록 하는 장치를 무엇이라 하는가? (2014년 기출문제)

① 분할날 ② 반발방지장치
③ 날접촉예방장치 ④ 가동식 접촉예방장치

해설 ⓐ 분할날은 톱의 후면날에 설치되어 목재의 켜진 틈 사이 쐐기작용을 한다.
ⓑ 발반방지발톱(finger)은 톱날 후면에서 가공재의 반발을 방지하기 위해 설치한다.
ⓒ 가동식 접촉예방장치는 가공재 송급 시 두께에 따라 덮개 또는 보조 덮개가 움직이는 형식을 말한다.

[문 제]

다음 중 목재 가공용 둥근톱의 송급 쪽에 설치하는 목재 반발예방장치는?

① 분할날 ② 덮개
③ 방호판 ④ finger

해설 목재가공용 둥근톱 기계 반발예방장치는 목재 송급 쪽에 톱날방지발톱(finger)을 설치하고 분할날은 후면부에서 가공재가 들뜨지 않도록 쐐기작용을 하도록 설치한다.

[문 제]

다음 중 목재가공용기계 둥근톱 기계의 방호장치인 반발예방장치가 아닌 것은? (2015년 기출문제)

① 반발방지발톱(finger) ② 분할날(spreader)
③ 반발방지롤(roll) ④ 가동식 접촉예방장치

해설 반발예방장치 종류
ⓐ 분할날(spreader) ⓑ 반발방지기구 ⓒ 보조안내판 ⓓ 반발장지롤

[문 제]

재가공용 기계의 방호장치가 아닌 것은? (2015년 기출문제)

① 덮개 ② 반발예방장치 ③ 톱날접촉예방장치 ④ 과부하방지장치

해설 목재가공용 기계방호장치

ⓐ 띠톱기계

㉠ 덮개, 울 ㉡ 날접촉예방장치

ⓑ 둥근톱기계

㉠ 반발예방장치 ㉡ 날접촉예방장치

ⓒ 기계대패 : 날접촉예방장치

ⓓ 모떼기기계 : 날접촉예방장치

[문 제]

산업안전보건법령에 따라 목재가공용 기계에 설치하여야 하는 방호장치의 내용으로 틀린 것은? (2014년 기출문제)

① 목재가공용 둥근톱기계에는 분할날 등 반발예방장치를 설치하여야한다.

② 목재가공용 둥근톱기계에는 톱날접촉예방장치를 설치하여야 한다.

③ 모때기기계에는 가공 중 목재의 회전을 방지하는 회전방지장치를 설치하여야 한다.

④ 작업대상물이 수동으로 공급되는 동력식 수동대패기계에 날접촉예방장치를 설치하여야 한다.

해설 모떼기기계 방호장치 : 날접촉예방장치

[문 제]

산업안전보건법령에 따라 다음 중 목재가공용으로 사용되는 모떼기 기계의 방호장치는?(단, 자동이송장치를 부착하는 것은 제외한다) (2014년 기출문제)

① 분할날 ② 날접촉예방장치 ③ 급정지장치 ④ 이탈방지장치

해설 사업주는 모떼기 기계(자동이송장치를 부착하는 것은 제외한다)에 날접촉예방장치를 설치하여야 한다. 다만, 작업의 성질상 날접촉예방장치를 설치하는 것이 곤란하여 해당 근로자에게 적절한 작업공구 등을 사용하도록 한 경우에는 그러하지 아니하다.

[문 제]

다음은 목재가공용 둥근톱에서 분할날에 관한 설명이다. ( ) 안의 내용을 올바르게 나타낸 것은? (2013년 기출문제)

분할날의 두께는 둥근톱 기계의 (㉠)이상일 것 경고히 고정할 수 있으며 분할날과 톱날 원주면과의 거리는 ( ) 이내로 조정, 유지할 수 있어야 한다.

① ㉠ : 1.5배, ㉡ : 10[mm] ② ㉠ : 1.1배, ㉡ : 12[mm]

③ ㉠ : 1.1배, ㉡ : 15[mm] ④ ㉠ : 2배, ㉡ : 20[mm]

[문 제]

다음 중 목재가공용 둥근톱기계에서 분할날의 설치에 관한 사항으로 옳지 않은 것은? (2013년 기출문제)

① 분할날 조임볼트는 이완방지조치가 되어 있어야 한다.
② 분할날과 톱날 원주면과의 거리는 12[mm] 이내로 조정, 유지할 수 있어야 한다.
③ 둥근톱의 두께가 1.20[mm]이라면 분할날의 두께는 1.32[mm] 이상이어야 한다.
④ 분할날은 표준 테이블면(승간반에 있어서도 테이블을 최하로 내릴 때의 면)상의 톱뒷날의 1/3 이상을 덮도록 하여야 한다.

해설 ⓐ 분할날 두께는 $1.1t_1 \le t_2 \le b$이므로 $1.1 \times 1.2 = 1.32$[mm]
ⓑ 분할날은 표준테이블면 위의 톱뒷날의 3분의 2이상을 덮고 톱날과의 간격이 12[mm] 이내가 되도록 한다.

[문 제]

직경 510mm의 목재가공용 둥근톱에서 반발을 일으키는 부분과 반발방지방호장치 종류 및 설치조건이 바르게 연결된 것은?

① 뒷날 - 낫형분할날 - 톱날과의 간격 12[mm] 이내
② 뒷날 - 현수형분할날 - 톱날후면부 2/3 이상 방호
③ 앞날 - 낫형분할날 - 분할날 두께는 톱날두께 1.1배 이상
④ 앞날 - 반발방지발톱 - 가공면과 간격 8[mm] 이내

해설 ②는 후면날의 톱니형(낫형)으로, ③은 후면날로, ④는 날접촉예방장치의 기준임

정답 ①

[문 제]

다음 중 목재가공용 둥근톱에 설치해야 하는 분할날의 두께에 관한 설명으로 옳은 것은? (2013년 기출문제)

① 톱날두께의 1.1배 이상이고 톱날의 치진폭보다 커야 한다.
② 톱날두께의 1.1배 이상이고 톱날의 치진폭보다 작아야 한다.
③ 톱날두께의 1.1배 이내이고 톱날의 치진폭보다 커야 한다.
④ 톱날두께의 1.1배 이내이고 톱날의 치진폭보다 작아야 한다.

[문 제]

목재가공용 둥근톱의 두께가 3[mm]일 때 분할날의 두께는? (2012년 기출문제)

① 3.3[mm] ② 3.6[mm] ③ 4.5[mm] ④ 4.8[mm]

해설 분할날의 두께 = 둥근톱 두께 × 1.1 = 3.3[mm]

[문 제]

목재가공용 기계별 방호장치가 틀린 것은? (2012년 기출문제)

① 목재가공용 둥근톱기계－반발예방장치
② 동력식 수동대패기구－날접촉예방장치
③ 목재가공용 띠톱기계－날접촉예방장치
④ 모떼기 기계－반발예방장치

해설 모떼기기계의 방호장치는 날접촉예방장치이다.

(3) 둥근톱기계 작업 전 점검

① 둥근톱은 진동이 생기지 않게 확실히 설치한다.
② 톱니와 정규판은 직각인가를 확인한다.
③ 안전장치에서 분할날과 톱니와의 간격이 12[mm] 이내가 되고 있는가, 가동식의 접촉 예방장치의 덮개 하단의 높이는 테이블 면에서 25[mm] 이하가 되어 있는가 등을 확 인한다.
④ 누름 봉에 대해서 길이는 적당한가, 부러질 염려는 없는가 선단은 빠질 염려가 없는 가를 확인한다.
⑤ 재료에서 떨어질 염려가 있는 나무껍질을 미리 제거한다.

(4) 작업안전수칙

① 공회전을 시켜 이상 유무 확인
② 작업대는 작업에 적당한 높이로 조정
③ 톱날이 재료보다 너무 높게 솟아나지 않도록 조정
④ 두께가 얇은 목재의 가공에는 압목이나 기타 도구 사용
⑤ 보안경, 안전화, 안전모 착용
⑥ 장갑을 끼지 않고 작업
⑦ 작업자는 작업 중에 톱날 회전 방향의 정면에 서지 않음

(5) 작업시 주의사항

① 둥근톱은 가능한 한 고속도(주속도 매초 45[mm]가 표준)로 회전시킨다. 회전이 늦으면 재료가 톱니에 걸리기도 하고 누를 때 힘이 지나치게 들어가 손이 미끄러질 위험이 있다.
② 재료를 보낼 때는 톱니의 정면을 피한 위치에서 행한다.
③ 둥근톱으로 구부러진 목재를 켜지 않는다.
④ 나무껍질 부분을 들고 켜지 않는다.
⑤ 톱이 삐걱거려서 들어가지 않을 때는 일단 뒤로 조름 빼고 나서 다시 켠다.
⑥ 큰 절단은 갈라져 비래되므로 서서히 켠다.

⑦ 재료를 송급할 때는 톱니에서 15[cm] 이내의 장소에 손을 들이밀지 않도록 한다. 작은 물건을 절단할 때나 재료의 켜기가 끝난 때에는 누름 봉이나 누름목 등을 사용 한다.
⑧ 재료의 나무껍질 부분을 누름 봉으로 누르지 않는다.
⑨ 누름봉이 회전중인 톱니에 닿지 않도록 한다.
⑩ 둥근톱을 교환할 때, 톱니나 테이블 아래의 나무 부스러기가 톱 부스러기를 뗄 때, 안내롤을 조정할 때 등은 운전을 정지하고 나서 행한다. 이 경우 관성회전 중에 손을 대지 않는다.

[문 제]

목재가공용 기계를 취급하는 안전담당자의 이행사항이 아닌 것은?

① 기계 및 그 방호장치를 점검 ② 방호장치에 이상이 있을 시 그 기능을 정지
③ 기계를 취급하는 작업을 지휘 ④ 작업 중 지그 및 공구 등의 사용상황을 감독

해설 안전담당자의 경우 즉시 보고 및 필요한 조치를 취해야 되는 것이며 그 기능을 정지하는 것은 아니다. 여기서 지그(jig)는 공작물의 위치 결정 또는 고정하고 절삭공구를 안내하여 가공정도를 높임과 동시에 작업능률을 향상시키기 위한 보조공구를 말한다.

정답 ②

[문 제]

목공작업시 목공날은 어느 방향으로 해야 안전한가?

① 작업자 방향 ② 작업자와 45° 방향
③ 작업자와 90° 방향 ④ 작업자와 반대방향

해설 목공날은 작업자와 반대방향으로 되어 있을 때 가장 안전하다.

5.1.3 기계띠톱

톱날의 회전에 의하여 목재를 제재하는 목공기계이다. 띠톱은 얇은 띠의 강철 양끝을 결합시켜 윤상으로 만들어 한쪽 측면에 톱니를 새긴 것이며, 이 톱을 상·하 2개의 톱바퀴에 걸고 상부 톱바퀴를 지렛대의 원리를 응용하여 띠톱에 일정한 장력을 주면서 회전시켜 목재를 절단하는 설비를 띠톱제재기라고 한다.

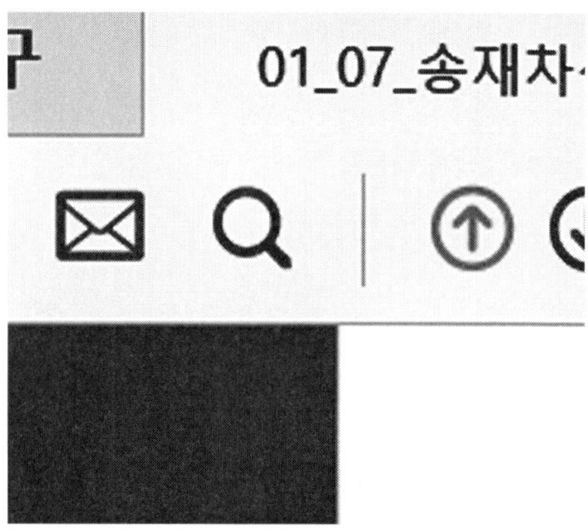

[그림 5.9] 띠톱기계

(1) 띠톱기계에서 발생되는 재해

① 가공재의 송급시 톱날에 접촉

② 송급용 로울러에 옷소매나 작업복이 감기는 재해

③ 작업 중 띠톱 톱날부에 협착

④ 톱 덮개 미설치 또는 송재차 운전 중 넘어지거나 원목에 충돌함으로서 회전하고 있는 톱날부에 접촉하여 절상의 위험

⑤ 원목의 옹이 부분 등에 의한 목재 반발로 톱날 절단 비래 위험

⑥제재작업 시 발생하는 고소음 및 목분진에 의한 건강장해 위험

⑦ 설비 접지 미실시로 누전에 의한 감전 위험

(2) 방호장치

(가) 톱날접촉예방장치

목재를 톱날에 송급할 때 신체의 일부가 톱날에 접촉할 때와 목재 송급장치의 이동용 로울러에 장갑, 옷, 소배등이 감겨 신체가 톱날에 접촉하는 등의 재해를 예방하기 위하여 위험한 톱날 부위에 덮개나 울을 설치하는 방호장치를 날접촉예발장치라고 한다.

① 톱날의 덮개

- 상부 고정덮개와 하부 이동덮개를 이동시켜 절단에 필요한 부분만 노출시키고 톱날을 덮개를 설치
- 상부고정덮개는 두께 1[mm] 이상의 강판
- 하부 이동덮개는 두께 5[mm] 이상의 투명 플라스틱 사용

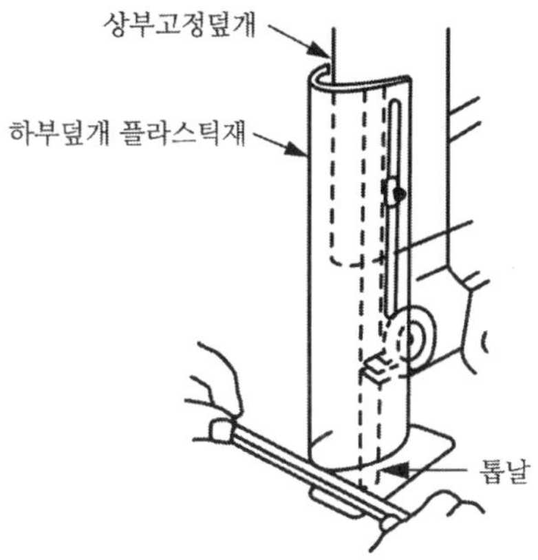

[그림 5.10] 톱날의 덮개

② 톱차의 덮개

두께 1[mm] 이상의 강판으로 톱차의 양측면과 톱날을 사용하지 않은 부분을 덮음

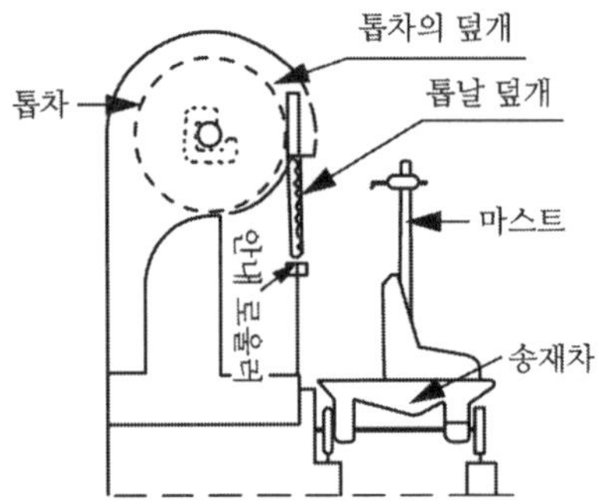

[그림 5.11] 톱차의 덮개

③ 이송 로울러의 덮개

스파이크가 부착되어 있는 이송 로울러기, 요철용 송급 로울러기에 목재의 송급자 실수에 의하여 로울러에 휘말려 들지 않게 송급자 쪽에 설치한다.

(3) 작업안전수칙

① 작업전 띠톱의 균열, 구부러짐, 장력 및 접합부를 점검한다.
② 띠톱하단에 톱밥이 쌓였는지 확인한다.
③ 재료의 켠 폭의 대소에 따라 아암의 상하조정을 실시한다.
④ 톱차의 회전이 정상속도가 된 후 작업을 실시한다.
⑤ 재료의 옹이 부분은 서서히 켤 것
⑥ 끝마무리 작업 시 밀기 막대나 치구 등을 사용한다.
⑦ 운전 중 톱니 근처의 톱밥을 털어낼 때는 브러시를 이용한다.
⑧ 띠톱교환, 톱밥제거, 이송 로울러 조정, 급유 시에는 정지 후 작업한다.

5.1.4 동력식 수동대패기계

회전축에 나비가 넓은 날을 2~4장 고정시켜 고속으로 회전시키면서 목재를 손으로 밀어 송급하여 측면, 평면, 경사면, 홈 등을 가공하는 기계이다.

[그림 5.12] 수동식 기계대패

(1) 기계대패에 의한 재해

① 가공재의 튀어 오름

② 회전하는 대패날에 손 접촉

(2) 방호장치

(가) 날접촉예방장치

① 가동식 날접촉예방장치

가공재가 절삭에 필요하지 않은 부분은 항상 자동적으로 덮고 있는 구조

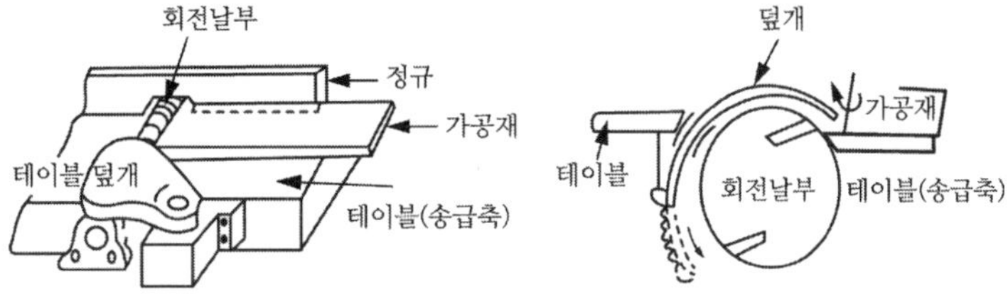

[그림 5.13] 가동식 날접촉예방장치

② 고정식 날접촉 예방장치

- 가공재의 폭에 따라서 그때마다 덮개의 위치를 조절하여 필요한 대패날만 남기고 덮는 구조
- 덮개와 가공재 송급 쪽 테이블 면과의 사이에 손이 들어가지 않도록 8[mm] 이하의 틈새 부착

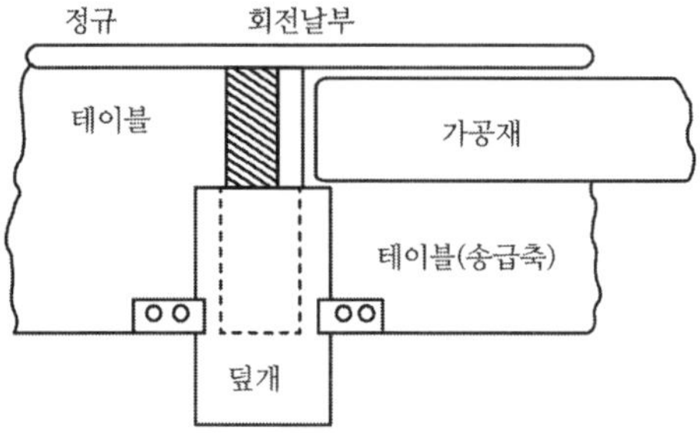

[그림 5.14] 고정식 날접촉예방장치

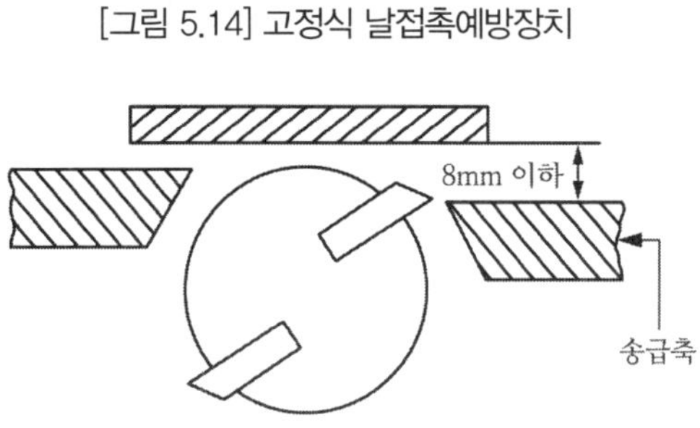

[그림 5.15] 고정식 날접촉예방장치의 덮개와 테이블 간격

(3) 작업안전수칙

① 날이 지나치게 돌출되지 않도록 할 것(1[mm] 이하로 조절)
② 대패 동체의 회전수가 지나치게 빠르지 않도록 할 것
③ 날접촉예방장치의 기능에 이상이 없을 것
④ 얇거나 짧은 일감을 가공할 때는 밀기막대를 사용
⑤ 반대방향으로 대패질하지 않을 것
⑥ 재료의 이송속도는 적정속도로 할 것
⑦ 나무마디, 옹이 부분은 천천히 가공할 것
⑧ 장갑착용을 금할 것
⑨ 작업이 끝날 무렵 재료에서 빠질 우려가 있으므로 단단히 누를 것

5.2 보일러(Boiler)

밀폐된 용기 내에 물 또는 열매를 연료의 연소열 또는 그밖의 고온가스 전열 등에 의해 가열하여 대기압보다 높은 압력의 증기 또는 온수를 발생시켜 이것을 다른 곳에 공급하는 장치

(1) 보일러 종류

(가) 원통보일러

지름이 큰 드럼을 주체로 하여 그 내부에 설치된 원통이나 연관으로 구성된다. 보유 수량이 크므로 보일러를 운전하여 소요압력의 증기가 발생할 때까지 장시간을 요하지만 사용증기의 변동에 따라 생기는 압력변동이 적어서 운전 취급이 용이하다.

① 노통보일러

큰 지름의 원통 내에 이 통을 관통하는 1본(코르니쉬 보일러) 또는 2본(랭카샤 보일러)의 노통을 설치한 것으로 노통 내에 연소실이 설치되어 있다. 최근에는 설치되는 사례가 적은 편이다

② 연관보일러

연관보일러는 큰지름의 원통 내에 연소가스 통로가 되는 다수의 연관을 설치하여 전열면을 증가시킨 보일러로, 폐열 보일러 등 몸체 외부에서 열이 공급되는 것이 주류를 이루고 있다. 특징으로는 노통 보일러에 비해 ⓐ 전열면적이 크므로 열효율이 좋고, ⓑ 보유수량이 적어 기동 후 증기발생까지의 시간이 적게 걸리며, ⓒ 내부가 복잡하여 소제가 곤란하고, 연결부위 고장의 우려가 크나, ⓓ 외부에서 열이 공급되는 외연식의 경우, 연료의 선택범위가 넓다는 것이다.

③ 노통연관보일러

노통연관보일러는 큰지름의 원통 내에 1본의 노통과 다수의 연관을 설치한 보일러로써,

사용되는 등근 보일러의 대부분을 차지하고 있다. 노통보일러와 연관보일러를 복합하여 놓은 것이라고 생각하면 이해가 쉽다

④ 입형보일러

입형보일러는 몸체를 수직으로 세우고, 연소실을 그 바닥에 두어 설치면적이 적다. 특징으로는 ⓐ 좁은 장소에 설치가 가능하고, 설치가 간단하며, 쉽게 이설할 수 있으며, ⓑ 효율이 낮기 때문에 극히 소용량의 것이 대부분이고, ⓒ 구조상 수실이 좁기 때문에 발생증기 중에 수분이 많이 포함될 수 있다는 것이다.

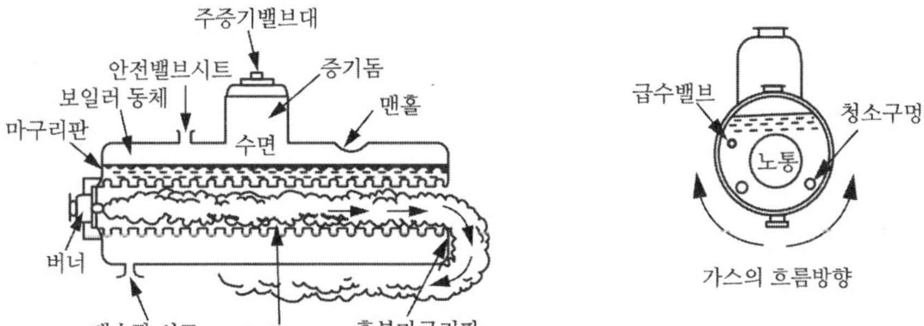

(a) 노통(코 닛쉬) 보일러

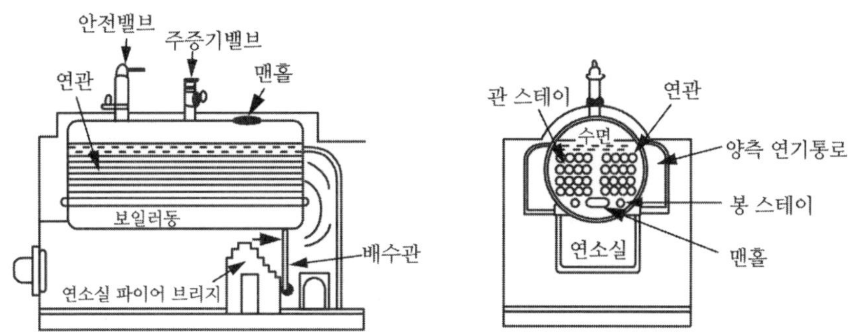

(b) 노통연관 보일러

[그림 5.16] 원통보일러

[그림 5.17] 노통연관보일러

(나) 수관보일러

수관보일러는 일반적으로 비교적 소경의 드럼과 다수의 관으로 구성되어 있고 물이 수관 내에서 증발을 일으키도록 되어있다. 고압에 맞으며 대용량의 것도 많이 있다. 보일러 내부에서 물의 유동 방식에 따라 자연순환식, 강제순환식, 관류식으로 나뉘어지며 다음과 같은 특징을 가지고 있다.

- 구조상 고압 · 대용량에 적합하다.
- 연소실 크기를 임의대로 만들 수 있으며, 여러 종류의 연료 및 연소방식이 적용된다.
- 전열면적을 크게 만들 수 있으므로, 일반적으로 효율이 높다.
- 기동에서 증기 발생까지의 시간이 짧은 반면, 부하 변동에 따라 압력 · 수위 변동의 우려가 있어 정밀제어가 필요하다.
- 보일러 수처리에 각별한 주의를 요한다.

① 자연순환보일러 : 자연순환식 수관보일러는 드럼과 다수의 수관으로 물의 순환회로를 만들고 가열에 의한 물의 비중량 차이를 이용하여 보일러 물이 자연순환되도록 한 것이다. 수관보일러로서 가장 보편적으로 사용되고 있다.

② 강제순환보일러 : 자연순환보일러의 경우는 고압이 될수록 순환력이 약해지는데, 이를 보완하기 위해 순환 펌프를 이용하여 보일러 수를 강제로 순환시키는 수관식 보일러를 말한다.

③ 관류보일러 : 관류보일러는 긴 관으로 구성되어 급수펌프에 의해 수관에 일단에서 밀어 넣은 물을 상부에서 증기로 나오는 구조를 가지고 있다. 이 보일러의 특징은 ⓐ 가동 후 증기를 발생시키는 데 소요되는 시간이 가장 빠르다. ⓑ 부하변동에 민감하므로 정밀제어가 필요하고, ⓒ 충분한 수처리를 필요로 한다는 것이다.

[그림 5.18] 수관보일러

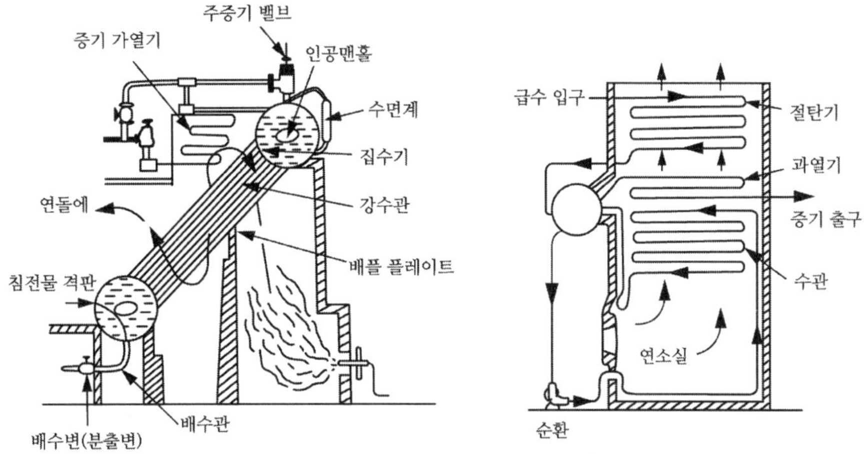

(a) 다꾸마 보일러 (b) 라몬트 보일러

[그림 5.19] 수관식 보일러의 구조

(다) 특수보일러

특수보일러는 폐열이나 특수한 연료를 이용하는 보일러, 특수한 가열 방식의 보일러를 말하며, 형태나 구조는 위에 언급된 둥근보일러, 수관보일러와 동일하다. 다만 난방용의 저압증기발생용, 또는 온수보일러로 사용되고 있는 주철제 보일러(별도의 보일러 종류로 구분하기도 함)는 주철제의 섹션을 조합한 구조를 가지고 있다.

(2) 보일러 구조(수관보일러인 경우)

① 보일러 본체 : 용기 내에 물을 넣어 두고 외부에서 연소열을 이용하여 가열, 소정압력의 증기를 발생시키는 몸체

② 연소장치와 연소실 : 연료를 연소시켜 열을 발생시키는 장치. 석탄 등 고체연소에는 화격자(fire grate) 연소장치를 사용하며, 미분탄 및 액체, 기체연료의 연소에는 버너연소장치를 사용함

③ 과열기(superheater) : 보일러 본체에서 발생한 증기는 수분을 포함한 습증기이며 이 수분의 양은 보일러 형식과 부하에 따라 달라진다. 이 수분을 증발시키고 온도를 상승시켜서 과열증기를 만들기 위한 장치

참고

- 포화증기(saturated steam) : 포화온도에서 발생하는 증기
- 포화온도(saturation temperature) : 액체를 가열하면 온도는 차차 상승하고 액체의 종류와 액체에 가해지는 압력에 의해 결정되는 어떤 온도에 달하면 증기를 발생시키고 비등이 시작되는 온도
- 과열증기(superheated steam) : 건포화증기를 포화압력 그대로 더욱더 가열해 포화온도 이상으로 한 증기

④ 절탄기(economizer)

연도가스의 여열을 이용하여 급수를 가열하는 장치이다. 보일러 효율을 높이고 차가운 물을 직접 보일러 드럼에 유입할 경우, 드럼에 대한 열응력의 악영향을 제거할 수 있다.

> **참고** 보일러 효율
>
> 소비된 연료의 증발량에 대하여 실제로 보일러에서 증기에 흡수한 열량의 비

⑤ 공기예열기

연도에서 버려지는 배기연소가스의 여열을 이용하여 연소실로 보내지는 연소용 공기를 예열하는 장치로 강관식과 핀식이 있다. 절탄기의 전열면은 황에 의한 부식이 일어나기 쉬우므로 연소가스 온도는 170℃ 이상 유지해야 한다.

⑥ 급수장치

보일러에 물을 공급하는 급수관, 급수펌프 및 급수밸브 등을 포함하는 장치

⑦ 통풍장치

보일러의 연소에 필요한 공기를 연소실에 공급하고 연소가스는 보일러 전열면을 통과하여 대기 중에 방출하기 위한 장치

⑧ 자동제어장치

보일러 내의 압력을 일정하게 유지하거나 보일러 부하에 따라 연료량 및 통풍량 등을 자동적으로 가감하기 위한 장치로 on－off 식 압력조절기, 비례식 압력조절기, 자동점화장치, 수위제어장치, 연료차단장치 등이 있음

⑨ 부속장치 및 부속품

(압력계, 수위계, 유량계, 안전밸브, 고저수위경보기, 각종 밸브 및 콕)

[문 제]

보일러 버너에 방열판을 설치하는 이유는 다음 중 어느 것인가 ?

① 화염의 검출　　② 열화로 인한 폭발의 방지

③ 연소의 촉진　　④ 연료 절약

정답 ②

(3) 보일러의 장애 및 사고 요인

(가) 수위의 이상

보일러의 운전 중에 수위가 저하하는 데도 불구하고 연소를 계속하면 저수위로 인하여 가스폭발 등의 재해로 이어짐

참고

- 수면계(water gauge)
  - 보일러 내의 수면을 지시하는 계기로 보일러수의 증감을 안전한 범위로 유지함
  - 물 연락관의 막힘 방지를 위하여 동체에 직접 부착하지 않고 수주의 수면계 최하단부는 보일러 안전 수면에 일치시켜 부착
- 상용수위(ordinary water level)
  보일러에 있어서 수위는 부하변동에 따라서 변화하며 수위의 저하는 보일러 파열의 원인이 되므로 어떤 표준적인 수위를 유지하는 것이 필요하며 이 수위를 상용수위라고 한다. 수관식 보일러에서는 기수드럼의 중심면이고 원통형 보일러에서는 안전 저수위보다 상방향으로 80~150mm 정도 높은 것을 말함
- 안전저수위
  보일러 운전 중에 그 수위 이상을 절대로 유지하지 않으면 안 되는 수위

[문 제]

보일러에서 수면계로 수면을 확인할 때 사용 중에 유지해야 할 안전수위 체크 항목은?

① 안전수위 ② 상용수위 ③ 사용수위 ④ 중심수위

해설 보일러 사용 중에 상용수위를 항상 체크해야 한다.

(나) 발생증기의 이상

① 프라이밍(priming)

보일러 부하의 급변 수위의 급한 상승으로 의해서 수분이 증기와 분리되지 않아 보일러 수면이 심하게 솟아올라 격심한 물방울이 비산하고 증기부가 물방울로 충만하여 수위가 불안정하게 되는 현상

② 포밍(forming)

보일러수에 불순물이 많이 포함되었을 경우 보일러수의 비등과 함께 수면 부위에 거품층을 형성하여 수위가 불안정하게 되는 현상

③ 캐리오버(carry over)

보일러에서 증기관 쪽에 보내는 증기에 대량의 물방울이 포함되는 현상으로 워터해머(수격작용)의 원인이 되며 증기의 순도나 과열온도를 저하시키고 과열기 또는 터빈날개에 불순물을 퇴적시켜 부식, 과열의 원인이 된다. 프라이밍이나 포밍이 발생하면 필연적으로 발생하며 과열기 또는 터빈 날개에 불순물을 퇴적시켜 부식 또는 과열의 원인이 된다.

ⓐ 캐리오버의 원인(운전관리에 의한 것)

- 증기부하의 과대, 급박한 증가
- 고수위 운전(수면과 증기 취출구의 거리가 근접하고 수면이 좁게 된다).
- 증기역류방지밸브를 급하게 여는 경우

ⓑ 수질관리에 의한 것

- 보일러수가 과도하게 농축된 것
- 보일러수에 부유물, 유지, 불순물을 많이 포함하고 있는 것

ⓒ 기계구조에 의한 것

- 기수분리기의 부조화

ⓑ 캐리오버 방지대책

- 보일러 수위를 너무 높게 하지 않는다.
- 보일러수의 농축을 방지하기 위해 적절한 블로우다운을 행한다.
- 유지분이나 불순물이 많은 물을 사용하지 않는다.
- 무리한 연소를 하지 않는다.
- 증기밸브를 급격하게 열지 않는다.
- 심한 부하변동 발생요인을 제거한다.
- 기수분리기(스팀 세퍼레이터)를 이용한다.

참고

- 보일러 블로우다운(Blow down)
  일정한 용기에 물을 넣고 높은 온도의 열을 가하여 증기발생 시에 물속에 존재하는 고형물이나 협잡물이 보일러 안에 누적하여서 보일러의 열효율을 저하시키고 더 나아가서는 보일러의 수명을 단축시키는 결과를 초래하게 되는 것
- 블로우다운 필요성
  ① 급수 중의 불순물과 처리제 중의 고형성분은 대부분 보일러 수중에 농축되기 때문에 운전시간이 길어짐에 따라 보일러 수의 농도가 높게 되고 보일러 하부에 쌓이는 슬러지 양이 증가
  ② 보일러수의 농도가 상승하면 캐리오버에 의한 장해 및 슬러지와 함께 보일러 내부의 부식, 스케일 생성의 원인이 된다.
  ③ 보일러에 유입된 고형물에 의한 보일러수의 농축과 슬러지의 퇴적을 방지하기 위해서는 보일러수를 반드시 블로우다운시켜야 한다.
  ④ 블로우다운에 의해서 배출되는 성분은 보일러수 중의 불순물과 슬러지뿐만 아니라 내 처리제의 성분도 배출되기 때문에 내 처리제의 주입량은 불순물과 반응해서 소비되는 양과 블로우다운에 의해 배출되는 양을 함께 계산하여야 한다.

(다) 워터해머(water hammer)

캐리오버에 의하여 발생하며 증기관 내에서 증기를 보내기 시작할 때 탕탕 또는 통통하는 소리를 내며 관이 진동하는 현상

[문 제]

다음 중 워터해머(수격작용)와 관련이 없는 것은?

① 관 내의 유동
② 밸브의 개폐
③ 압력파
④ 과열

해설 수격작용과 관련이 없는 것은 과열이며 과열은 물이 부족하여 보일러용 강재가 급격한 온도상승으로 과열되어 원래의 성질을 회복하지 못하고 그 기능을 하지 못하는 현상으로 이 현상이 발생하면 연료공급을 중단하고 스스로 식을 때까지 기다렸다가 식고나면 급수한 후 보일러를 가동하여야 한다.

[문 제]

보일러수 중에 용해고형분이나 수분이 발생증기에 다량 함유되어 증기의 순도를 저하시킴으로써 관 내 증기에 다량 응축수가 생겨 수격작용(워터해머)의 원인이 되는 현상은? (2015 기출문제)

① 프라이밍(priming)
② 캐리오버(carriover)
③ 포밍(forming)
④ 서징(surging)

[문 제]

보일러수에 유지(油脂)류, 용해고형물, 부유물 등의 농도가 높아지면 드럼 수면에 안전한 거품이 발생하고 또한 거품이 증가하여 드럼의 기실(氣室)에 전체로 확대되는 현상을 무엇이라고 하는가?

(2013년 기출문제)

① 포밍(forming)
② 프라이밍(priming)
③ 수격작용(water hammer)
④ 공동화현상(cavitation)

해설 • 포밍(forming)

ⓐ 보일러수에 불순물이 많이 포함되었을 경우 보일러수의 비등과 함께 수면 부위에 거품층을 형성
ⓑ 수위가 불안정하게 되는 현상

• 공동화 현상(cavitation) : 배관에 물이 흐를 때 어느 부분의 정압이 물의 온도에 해당하는 증기압 이하로 되어 물이 증발하고 수중에 포함되어 있던 공기가 낮은 압력으로 인하여 기포가 발생하는 현상이다. 소음과 진동이 발생하고 깃에 대한 침식이 발생한다.

(라) 이상연소

① 불완전연소

공기부족, 연료 분무상태 불량, 연료에 수분 함유, 연료의 밸브가 너무 조여 있음, 버너 팁이 더러워짐 등이 원인이다.

② 이상소화

버너 연소 중 갑자기 불이 꺼지는 현상이다.

③ 2차연소

불안전연소에 의해 발생한 미연소가스가 연소실 내에서 다시 연소하는 현상이다.

④ 역화(back fire)

화구에서 화염이 갑자기 노(furnace) 밖으로 나오는 현상으로 주로 점화 시에 발생한다.

- 역화의 발생원인

ⓐ 점화 시 착화가 늦은 경우
ⓑ 댐퍼를 지나치게 조인 경우
ⓒ 연료밸브를 과대하게 급히 열었을 경우
ⓓ 압입통풍이 지나치게 강할 경우
ⓔ 흡입통풍이 부족한 경우
ⓕ 연도 내에 미연가스가 다량 있는 경우
ⓖ 연소 중 갑자기 소화한 후 노 내의 여열로 점화했을 경우

[문제]

다음 중 보일러의 역화(Back Fire) 발생 원인이 아닌 것은? (2012년 기출문제)

① 압입통풍이 너무 강할 경우
② 댐퍼를 너무 조여 흡입통풍이 부족할 경우
③ 연료밸브를 급히 열었을 경우
④ 연료에 수분이 함유된 경우

해설 연료에 수분이 함유된 경우와 역화와는 관계가 없다.

⑤ 이상연소 발생원인

ⓐ 수분이 많이 함유된 연료를 사용할 때
ⓑ 연료와 공기의 혼합비가 부적합할 때
ⓒ 연도에 굴곡부가 있을 때
ⓓ 통풍량이 불량할 때

⑥ 이상연소 시 조치사항

ⓐ 수분이 적은 연료사용
ⓑ 2차공기량 및 통풍량 조절
ⓒ 연소실과 연도의 개조
ⓓ 연소실내의 급격한 연소방지

(마) 과열 및 소손

보일러용 강재가 급격한 온도상승으로 과열되어 원래의 성질을 회복하지 못하고 그 기능을 하지 못하는 현상이다. 이의 대책으로는 다음과 같다.

① 보일러수의 순환을 좋게 할 것
② 화력을 국부적으로 집중시키지 말 것
③ 열이 축적되는 곳에 내화재 피복에 의하여 방호할 것

④ 보일러 수위를 너무 낮게 유지하지 말 것
⑤ 고열부분의 내면에 스케일, 슬러지를 부착시키지 말 것

> **참고**
> • 스케일 : 보일러수 중에 함유된 염류가 보일러 내에 석출하여 보일러 본체(드럼)나 내면에 붙은 딱딱한 부착물
> • 슬러지 : 보일러 관벽, 드럼, 기타 전열면에 고착하지 않고 드럼의 저부 등에 침적되어 있는 연질의 침전물

⑥ 보일러수 중에 유지를 혼입시키거나 또는 보일러수를 과도하게 농축시키지 말 것

(바) 압괴 · 팽출 및 균열과 파열

압괴는 노통과 같이 원통부분이 외측으로부터 압력에 견디지 못하고 급격히 눌려 터지는 현상이고 팽출은 화염이 닿는 부분이 과열된 결과, 내부의 압력에 견디지 못하고 외부루 부풀어 오른 현상이다. 균열 및 파열은 본체의 일부에 강도가 약한 부분이 생겨 그 결과 내부의 압력에 견디지 못하여 갈라지고 찢어져 대량의 증기를 분출하는 현상이다.

① 압괴 · 팽출이 발생하기 쉬운 부분
ⓐ 횡형노통의 상반면
ⓑ 화염이 닿는 부분 아랫부분
ⓒ 수직노통, 기관차형 보일러 화실
ⓓ 수관

② 균열이 발생하기 수운 부분
ⓐ 스테이 자체 및 스테이 부착부의 판
ⓑ 외연식 보일러 동저부 리벳이음매
ⓒ 주철제 보일러의 섹센 및 보일러 부속품 주조 부분
ⓓ 구멍 주위

③ 파열의 발생원인
ⓐ 구조상결함 : 설계착오 및 가공불량
ⓑ 취급결함 : 부식, 균열 등에 의한 열화, 과열에 의한 강도 저하
ⓒ 압력초과 : 안전장치 기능상실, 안전장치 부작동

(사) 물에 기인하는 장애

① 스케일의 장애 : 급수 중에 용해되어 있는 칼슘염과 마그네슘염 등이 다른 물질과 결합하여 보일러의 관벽과 드럼 내면에 스케일을 형성한다. 스케일은 보일러 효율저하, 물의 순환저하로 인하여 과열, 산화, 파열의 원인이 됨
② 부식(corrosion) : 물에 포함된 산소와 탄산가스 등에 의하여 부식

③ 캐리오버

ⓐ 압력상승

ⓑ 보일러 부식

ⓒ 보일러 과열

- 수관 및 본체의 청소불량
- 관수부족 시 보일러 운전
- 수면계의 보장(드럼 내의 물의 감소)

④ 보일러 파열

- 방호장치 미부착
- 방호장치 작동불량
- 구조상의 결함
- 보일러 부품의 부식

(4) 보일러 안전장치

(가) 고저수위조절장치

운전 중인 보일러는 연속적으로 급수와 증기송출이 이루어지므로 이들의 균형은 절대적으로 필요하며 통상 드럼수위의 신호에 따라 급수펌프에 의해 수량이 조절되어 일정한 수위를 유지한다. 그러나 이상현상으로 인하여 수위가 고저위험 수위로 변하면 작업자가 쉽게 감지할 수 있도록 경보등, 경보음을 발하고 자동적으로 급수 또는 단수됨으로써 수위가 조절되고 특히 위험수위보다 낮아져 전열면이 화염 또는 고온가스에 노출되어 파열에 의해 일어나는 사고를 방지하기 위한 저수위용 방호장치가 있다.

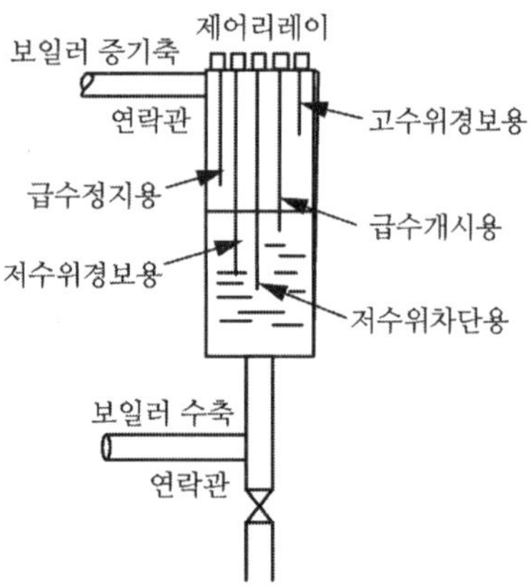

[그림 5.20] 고저수위조절장치

(나) 압력제한스위치

상용 운전압력 이상으로 압력이 상승할 경우 보일러의 파열을 방지하기 위하여 버너 연료를 차단하는 등 열원을 제거하여 정상압력으로 유도하는 장치로 1일 1회 이상의 작동시험을 하는 등 성능 유지관리가 필요하다. 고압용은 부르돈관식, 저압용으로는 벨로우즈식이 사용된다.

참고

- 부르돈관식 압력계 : 브르돈관 자유단의 압력이 변화함에 따라 반경이 변화하고 그 변위로부터 압력을 측정하는 대표적인 탄성압력계
- 벨로우즈 압력계 : 벨로우즈의 신축에 의해 압력을 측정하며 직접적인 압력의 측정보다 공기압 전달방식의 수신계기용이 많다.

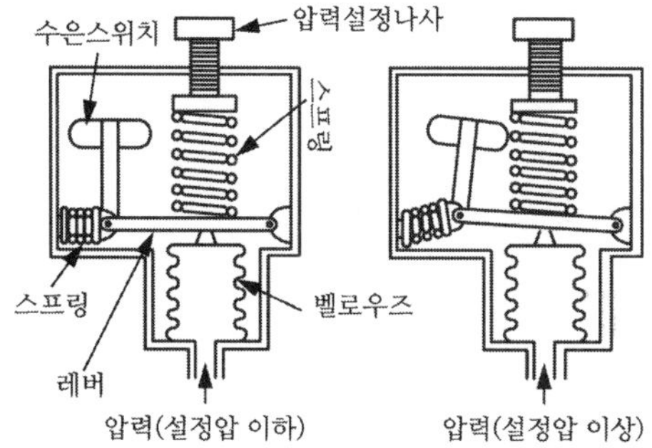

[그림 5.21] 압력제한 스위치

(다) 압력방출장치

보일러 내의 과다한 압력 상승을 막아 보일러의 파열을 방지하기 위해 설치한다.

① 규정에 적합한 압력방출장치 1개 또는 2개 이상 설치한다.

② 2개 이상 설치 시 한 개는 최고사용압력 이하에서 작동, 다른 하나는 최고사용압력 1.05배 이하에서 작동해야 하고, 1일 1회 이상 작동상태를 점검한다.

③ 압력방출장치는 국가교정업무 전담기관에서 교정을 받은 압력계를 이용하여 설정 압력에서 압력방출장치가 적정하게 작동되는지를 검사한 후 납으로 봉인하여 사용하여야 한다.

④ 종류 : 스프링식, 중추식, 지렛대식

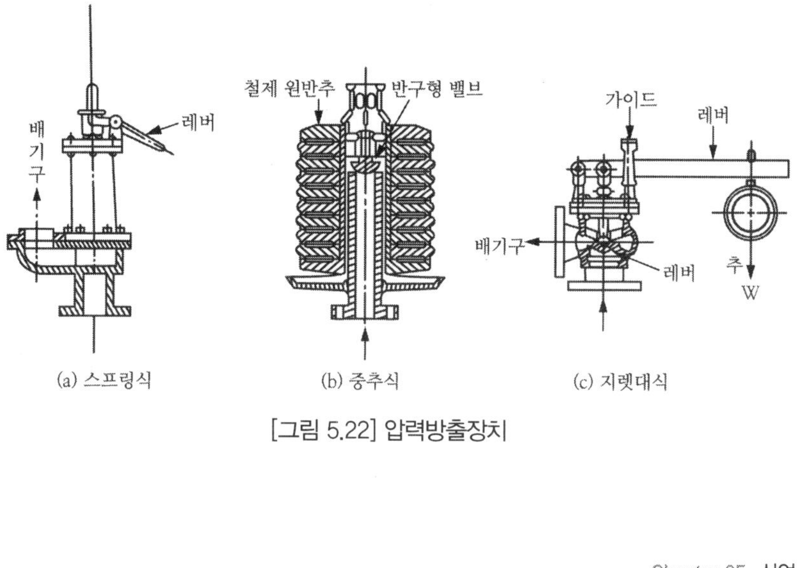

[그림 5.22] 압력방출장치

[문 제]

다음 중 보일러에 주로 사용되는 안전장치는?

① 중추식　② 스프링식
③ 지렛대식　④ 기타

해설 보일러 안전밸브 : 보일러의 증기압력이 규정압력 이상 높아질 때 자동적으로 열려 압력을 방출하는 부속장치

㉮ 중추식 : 걸리지 않은 하중을 측정하는 다수의 주철제 원판이며 고압에 대해서는 적당하지 않음
㉯ 스프링안전밸브 : 코일스프링으로서 내압이 높아지면 스프링작용에 의해 밸브가 올라가 유체가 밖으로 흐르게 하며, 스프링의 높이를 바꾸어 밸브에 가하는 힘을 바꾸게 하는 밸브
㉰ 지렛대식 : 내압이 높게 되면 레버의 추로 체결되어 있는 밸브가 작동하여 내부의 유체가 밖으로 흐르게 하는 안전밸브이다. 구조가 간단하다.

정답 ②

[문 제]

다음 중 보일러의 폭발사고 예방을 위한 안전장치에 속하지 않은 것은? (2015년 기출문제)

① 압력방출장치　② 압력발생기
③ 압력제한스위치　④ 고 · 저수위조절장치

해설 보일러의 폭발위험 방지 장치

ⓐ 압력방출장치　ⓑ 압력제한스위치　ⓒ 고 · 저수위조절장치　ⓓ 화염검출기

[문 제]

보일러의 안전한 기동을 위하여 압력방출장치를 2개 설치한 경우에 올바른 작동방법은? (2015년 기출문제)

① 최고사용압력 이상에서 2개 동시 작동
② 최고사용압력 이하에서 2개 동시 작동
③ 최고사용압력 이하에서 1개 작동, 다른 것은 최고사용압력 1.03배 이하에서 작동
④ 최고사용압력 이하에서 1개 작동, 다른 것은 최고사용압력 1.05배 이하에서 작동

정답 ④

[문 제]

산업안전보건법에 따라 보일러에서 압력방출장치를 2개 설치한 경우, 최고사용압력 이하에서 1개 작동하고, 다른 압력방출장치는 얼마 이하에서 작동되도록 부착하여야 하는가? (2013년 기출문제)

① 1.03배　② 1.05배
③ 1.3배　④ 1.5배

[문 제]

산업안전보건법령에 따라 보일러의 과열을 방지하기 위하여 최고사용압력과 사용압력 사이에서 보일러의 버너연소를 차단할 수 있도록 부착하여 사용하여야 하는 장치는? (2014년 기출문제)

① 경보음장치　　② 압력제한스위치
③ 압력제한스위치　　④ 고 · 저수위조절장치

해설 사업주는 보일러의 과열을 방지하기 위하여 최고사용압력과 상용압력 사이에서 보일러의 버너연소를 차단할 수 있도록 압력제한스위치를 부착하여 사용하여야 한다.

(5) 보일러 일반점검사항

표 5.2 보일러 일반점검 내용

기기명	점검요점	비고
보일러드럼	• 정상수위의 확인　• 수면계의 누설 • 압력 온도　• 수질	
수관	• 각부 누설　• 각부의 온도	이음주의
노	• 연소상태　• 내화물탈락 • 멘홀폐쇄확인　• 케이싱과열 및 누설	
버너 및 연료유, 펌프	• 이음진동　• 여과기차압 • 화염상태 • 버너노즐 주위청소 및 점검	화염색 및 착화점
동력기기 및 펌프, 팬	• 이음, 진동　• 윤활유 유면, 누설, 누유 • 동력전달부 방호장치　• 전류치	기동시 주의
각종 밸브 및 파이프	• 누설　• 밸브개폐 상태 • 행거장치	이음주의

(6) 보일러 안전관리

(가) 보일러의 운전 준비사항

① 보일러 내부점검
본체 점검, 물 채워넣기, 개방부의 밀폐, 수압시험

② 노와 연도 내의 점검

③ 부속품점검
압력계, 수면계, 안전밸브, 분출장치 등 점검

(나) 보일러 점화전 점검사항

① 수면계 수위조정

② 분출장치의 점검 및 방출

③ 연소장치와 통풍장치 점검
④ 자동제어장치 점검
⑤ 급수장치와 계통의 점검
⑥ 노와 연도 내의 환기 점검
⑦ 압력계 점검

(다) 보일러 운전정지 순서

① 연료공급 중단
② 공기공급 중단
③ 버어너와 송풍기 운전모터 정지
④ 상용수위보다 약간 높게 급수하여 압력을 내리고 급수밸브 차단
⑤ 주 증기밸브를 닫고 드레인 밸브를 연다
⑥ 댐퍼를 닫는다.

> **참고** 드레인 밸브
>
> 증기를 사용하는 기계나 장치 내에서 증기가 응결하여 생긴 물을 배출하는 밸브

(라) 보일러 자체검사

① 보일러 본체 손상 유무
② 연소장치의 이상 유무
③ 자동제어장치 기능 이상 유무
ⓐ 압력방출장치 토출 상태
ⓑ 압력제한 스위치 표준압력에 의한 작동 시험
ⓒ 고저수위조절장치와 급수펌프와의 연동작동 상태
ⓓ 기타 제어장치 기능
④ 각종밸브의 정상작동상태

(7) 보일러 작업안전수칙

① 가동 중인 보일러에는 작업자가 항상 정위치할 것
② 압력방출장치, 압력제한 스위치를 매일 작동시험할 것
③ 압력방출장치는 봉인된 상태에서 항상 작동되도록 하고 1일 1회 이상 점검
④ 고저수위조절장치와 상호기능상태 점검
⑤ 보일러의 각종 부속장치의 기능상태 점검
⑥ 노 내의 환기 및 통풍장치 점검

5.3 압력용기 및 공기압축기

5.3.1 압력용기

(1) 정의

용기의 내 · 외부에 일정한 유체(액체, 기체)압력을 받는 용기

(2) 종류

(가) 제1종 압력용기

최고사용압력[kg/cm^2]과 내용적[m^3]을 곱한 수치가 0.04를 초과하는 용기

① 증발기 : 용기 내의 액체를 가열하여 그 증기를 발생하는 것

② 증류기 : 다성분계의 원료를 가열해서 증류, 또는 정류를 행하는 것

③ 증자기 : 용기 내의 원료를 투입하고 약액이나 물을 넣어 증기 또는 열매체를 받아들여 끓이는 용기

④ 압력용기 : 용기 내에서 2개 이상의 유체 간에 열교환을 행하는 것으로 그 중 1개 이상의 유체가 대기압에서 비점 이상인 온도의 액체용기

(나) 제2종 압력용기

최고사용압력이 2[kg/cm^2]를 초과하는 기체를 내부에 보유하고 있는 것으로 내용적이 0.04[m^3] 이상인 용기

① 건조용 로울러 : 동체 내부에 증기 또는 다른 열매체를 받아 들여 외부에 접촉하는 물질을 가열시키는 용기

② 취사용 이중밥솥

③ 증기헤더

(3) 압력용기 사고원인

① 작업방법의 불량에 따른 가연물의 폭발

② 압력과다에 따른 용기의 파열

③ 용기 내의 보수 작업 시 부주의에 따른 가스중독

④ 용기의 구조불량 및 안전밸브 불량

(4) 압력용기 방호장치

① 안전밸브

② 파열판

③ 긴급방출 밸브

④ 자동적으로 압력상승 정지장치

⑤ 압력용기 주위의 온도, 압력 경보장치

(5) 압력용기 안전밸브 기능

① 사업주는 다음 각 호의 어느 하나에 해당하는 설비에 대해서는 과압에 따른 폭발을 방지하기 위하여 폭발방지 성능과 규격을 갖춘 안전밸브 또는 파열판(이하 "안전밸브 등"이라 한다)을 설치하여야 한다. 다만, 안전밸브 등에 상응하는 방호장치를 설치한 경우에는 그러하지 아니하다.

ⓐ 압력용기(안지름이 150[mm] 이하인 압력용기는 제외하며, 압력용기 중 관형 열교환기의 경우에는 관의 파열로 인하여 상승한 압력이 압력용기의 최고사용압력을 초과할 우려가 있는 경우만 해당한다)

ⓑ 정변위 압축기

ⓒ 정변위 펌프(토출축에 차단밸브가 설치된 것만 해당한다)

ⓓ 배관(2개 이상의 밸브에 의하여 차단되어 대기온도에서 액체의 열팽창에 의하여 파열될 우려가 있는 것으로 한정한다)

ⓔ 그 밖의 화학설비 및 그 부속설비로서 해당 설비의 최고사용압력을 초과할 우려가 있는 것

② 제1항에 따라 안전밸브 등을 설치하는 경우에는 다단형 압축기 또는 직렬로 접속된 공기압축기에 대해서는 각 단 또는 각 공기압축기별로 안전밸브 등을 설치하여야 한다.

③ 제1항에 따라 설치된 안전밸브에 대해서는 다음 각 호의 구분에 따른 검사주기마다 국가교정기관에서 교정을 받은 압력계를 이용하여 설정압력에서 안전밸브가 적정하게 작동하는지를 검사한 후 납으로 봉인하여 사용하여야 한다. 다만, 공기나 질소취급용기 등에 설치된 안전밸브 중 안전밸브 자체에 부착된 레버 또는 고리를 통하여 수시로 안전밸브가 적정하게 작동하는지를 확인할 수 있는 경우에는 검사하지 아니 할 수 있고 납으로 봉인하지 아니할 수 있다.

ⓐ 화학공정 유체와 안전밸브의 디스크 또는 시트가 직접 접촉될 수 있도록 설치된 경우 : 매년 1회 이상

ⓑ 안전밸브 전단에 파열판이 설치된 경우 : 2년마다 1회 이상

ⓒ 공정안전보고서 제출 대상으로서 고용노동부장관이 실시하는 공정안전보고서 이행 상태 평가결과가 우수한 사업장의 안전밸브의 경우 : 4년마다 1회 이상

④ 제3항 각 호에 따른 검사주기에도 불구하고 안전밸브가 설치된 압력용기에 대하여 「고압가스 안전관리법」 제17조제2항에 따라 시장 · 군수 또는 구청장의 재검사를 받는 경우로서 압력용기의 재검사주기에 대하여 같은 법 시행규칙 별표 22 제2호에 따라 산업통상자원부장관이 정하여 고시하는 기법에 따라 산정하여 그 적합성을 인정 받은 경우에는 해당 안전밸브의 검사주기는 그 압력용기의 재검사 주기에 따른다.

⑤ 사업주는 제3항에 따라 납으로 봉인된 안전밸브를 해체하거나 조정할 수 없도록 조치하여야 한다.

[문 제]

다음 중 산업안전보건법령에 따른 압력용기에 설치하는 안전밸브의 설치 및 작동에 관한 설명으로 틀린 것은? (2014년 기출문제)

① 다단형 압축기에는 각 단 또는 각 공기압축기별로 안전밸브 등을 설치하여야 한다.
② 안전밸브는 이를 통하여 보호하려는 설비의 최저사용압력 이하에서 작동되도록 설정하여야 한다.
③ 화학공정 유체와 안전밸브의 디스크 또는 시트가 직접 접촉될 수 있도록 설치된 경우는 매년 1회 이상 국가교정기관에서 검사한 후 납으로 봉인하여 사용한다.
④ 공정안전보고서 이행상태 평가결과가 우수한 사업장의 안전밸브의 경우 검사주기는 4[년]마다 1회 이상이다.

정답 ②

[문 제]

다음 중 압력용기에서 과압으로 인한 폭발을 방지하기 위해 설치하는 압력방출장치는? (2012년 기출문제)

① 체크밸브 ② 스톱밸브 ③ 안전밸브 ④ 비상밸브

(6) 압력용기 내압시험 기준

① 수압시험에 사용하는 물의 온도는 압력용기가 취성파괴를 일으킬 우려가 없는 온도로 해야 한다.
② 수압시험에 있어서 물을 충전한 다음 잔류공기를 제거하고 가압으로 승압시킨 다음 압력을 유지하면서 용접부분을 비롯한 각 연결부분을 점검해서 누설, 변형 등 기타의 이상이 없을 때에 합격으로 해야 한다.
③ 기압시험은 공기, 질소 등 위험성이 없는 기체를 사용해야 한다.
④ 기압시험에 사용하는 기체의 온도는 압력용기가 취성파괴를 일으킬 염려가 없는 온도로 해야 한다.

참고

- 취성파괴(brittle fracture) : 균열이 발생하면 거시적인 소성변형이 없어지고 빠른 속도로 전파하여 일어나는 파괴로 기계 및 구조물 설계에 있어서 대단히 위험하다.
- 취성파괴 경향
  ① 온도가 저하할수록 쉽게 발생
  ② 변형율이 증가할수록 용이
  ③ 기계적, 금속적 노치가 있을 때 발생

⑤ 기압시험은 시험압력의 50%까지 서서히 승압시키고 이상이 없는 것을 확인한 이후에는 내압시험 압력의 10%씩 서서히 승압시키고, 그때마다 안전한 위치로부터 이상 유무를 감시하면서 내압시험 압력에 도달할 때까지 승압시킨다.

⑥ 압력유지 시간은 내압시험 압력까지 상승시킨 후 압력이 안정된 후에 최저 10분간 유지하고, 그 후에 부분적으로 팽창, 연신 등의 이상 유무를 확인하여야 하며, 이 경우 이상유무 확인은 안전한 방법에 따른다.

⑦ 내압시험 중에 이상 징후가 확인된 경우는 즉시 강압시키고 이상을 수정한 후에 시험을 다시 하여야 한다.

⑧ 내압시험 종료 후 수압시험인 경우에 배수는 부압이 발생하지 않도록 하여야 하며 기압시험인 경우의 가압은 현저하게 음이 발생하지 않도록 서서히 하여야 한다. 또한 시험기체를 대기에 방출한 경우에는 밸브, 배관 등에 과냉각이 발생하지 않는 강압속도를 제어하여야 한다.

⑨ 압력계는 최대 눈금이 내압시험 압력의 1.5배 이상 3배 이하의 것을 2개 사용하여야 한다.

(6) 압력용기 수압시험

① 강제 또는 비철금속제 압력용기는 최고허용압력(또는 설계압력)의 1.5배의 압력에 온도보정을 한 압력

② 최고허용압력(또는 설계압력)이 1[kg/cm^2] 이하인 주철제 압력용기는 2[kg/cm^2] 압력

③ 최고허용압력(또는 설계압력)이 1[kg/cm^2]을 초과하는 주철제 압력용기는 최고사용압력의 2배의 압력

5.3.2 공기압축기

(1) 정의

임펠러나 회전자의 회전운동 및 피스톤의 압축운동 등으로 기체압송의 압력비가 입구측의 압력 이상이거나 토출 공기압력 1[kg/cm^2] 이상인 기계를 말한다.

(2) 공기압축기의 종류

(가) 터어보형

① 원심식 : 임펠러의 회전에 의해 생기는 원심력 이용

② 축류식 : 케이싱 속에 있는 임펠러의 회전에 따라 기체압축

(나) 용적형

① 왕복식 : 실린더 내에 있는 피스톤의 왕복운동에 의하여 가스 압축

② 회전식 : 회전자를 회전시켜 용적의 기체 압축

표 5.3 압력에 따른 공기압축기 분류

구분 \ 압력	압력		표준기압(atm)
	mAg(수주)	kg/cm²	
팬(Fan)	1 이하	0.1 이하	0.1
송풍기(Blower)	1~10	0.1~1.0	0.1~1.0
압축기(Compressor)	10 이상	1.0 이상	1.0 이상

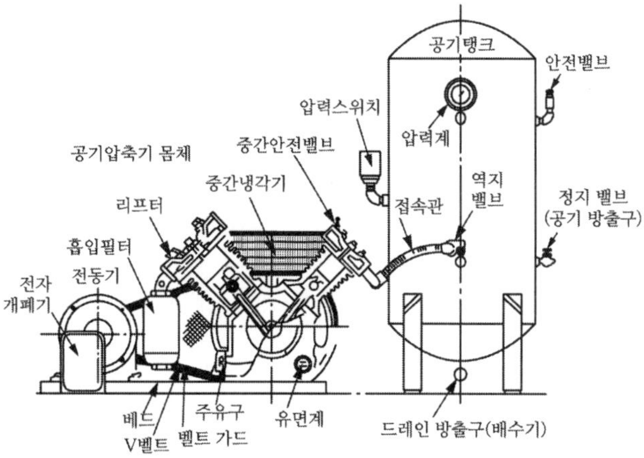

[그림 5.23] 단동 공냉 2단 왕복 공기압축기

(3) 공기압축기 안전관리

(가) 공기압축기 선정 시 고려할 사항

① 취급가스의 성질 및 프로세스의 사용조건

② 각 형식의 특성

③ 연속운전시간 및 기기수명

④ 보존의 난이성

⑤ 구입가격, 설치비

⑥ 운전동력비 및 윤활유 등의 소모품비

(나) 압력용기 및 공기압축기 재해유형

① 작업방법의 불량에 의한 용기 내의 가연물 폭발
수리작업 시 용접불꽃 등에 의한 가연성물질 폭발

② 내부압력의 과다로 인한 용기 파열

ⓐ 내부압력과 용기에 발생하는 응력과의 관계

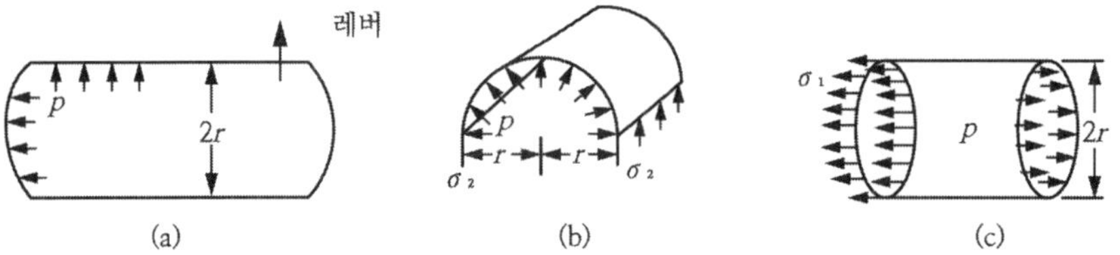

[그림 5.24] 압력용기와 내압

③ 내압을 받는 얇은 원통의 내압 계산

ⓐ 원주방향의 응력(hoop stress)

$$\sigma_h = \frac{pr}{t} = \frac{Dp}{2t}$$

ⓑ 축방향의 응력(axial stress)

$$\sigma_a = \frac{pr}{2t} = \frac{Dp}{4t}$$

여기서, p : 내압, D : 내경, t : 두께

ⓒ 원주방향과 축방향 응력의 비

$$\sigma_h = 2\sigma_a$$

ⓓ 원통형 압력용기 등의 리벳이음, 용접이음에 의해 용기제작 시 세로이음은 가로이음의 2배의 강도가 되도록 설계

[문 제]

다음과 같은 조건에서 원통용기를 제작했을 때 안전성(안전도)이 높은 것부터 순서대로 나열된 것은?

번호	내압	인장강도
1	50	40
2	60	50
3	70	55

① 1-2-3　② 2-3-1　③ 3-1-2　④ 2-1-3

해설 압력용기는 내부압력의 과다로 인하여 용기가 파열될 수 있다. 이때 내부압력과 응력과의 관계식을 이용하여 용기의 두께를 계산하여 판정할 수 있다.

관계식인 $t = \frac{pr}{\sigma_h}$을 이용하여 용기의 두께를 계산하면

③의 경우 $t = \frac{pr}{\sigma_h} = \frac{70r}{55} = 1.27r$[cm]

②의 경우 $t = \frac{pr}{\sigma_h} = \frac{60r}{50} = 1.2r$[cm]

①의 경우 $t = \frac{pr}{\sigma_h} = \frac{50r}{40} = 1.25r$[cm]

(다) 용기내부의 작업 시 가스중독

용기내부의 작업 시 유해가스 제거 후 작업한다.

(라) 작업안전수칙

① 압력용기

ⓐ 부식성 유체를 저장 시 내부를 내부식(耐腐蝕) 재료로 코팅하고, 고온반응의 경우는 내면을 단열재로 보호

ⓑ 압력용기를 방호벽으로 둘러싸서 관계자 이외에는 출입할 수 없도록 한다.

ⓒ 액체의 누설은 착화, 폭발 및 중독의 위험성을 가지므로 환기를 충분히 하고 소화설비를 비치한다.

ⓓ 압력용기에 압력계, 온도계 설치하고 운전자에게 알릴 경보장치 설치

② 공기압축기

ⓐ 공기압축기의 점검 및 청소는 반드시 전원을 차단한 후에 실시

ⓑ 운전 중에는 어떠한 부품도 건드려서는 아니 된다.

ⓒ 공기압축기의 분해는 모든 압축기를 완전히 배출한 뒤에 해야 한다.

ⓓ 최대공기압력을 초과한 공기압력으로 절대로 운전해서는 아니 된다.

ⓔ <u>정지할 때는 언로드 밸브를 무부하 상태로 한 후 정지시킨다.</u>

(마) <u>공기압축기 작업시작 전 점검사항</u>

① 공기저장 압력용기의 외관상태

② 드레인 밸브의 조작 및 배수

③ 압력방출장치의 기능

④ 언로드 밸브의 기능

⑤ 윤활유의 상태

⑥ 회전부의 덮개 또는 울

⑦ 기타 연결부위의 이상 유무

(바) <u>압력용기의 자체검사</u>

사업주는 압력용기 등에 대하여 6월마다 1회 이상 정기적으로 자체검사를 하여야 한다.

① 압력용기 등의 본체의 상태

② 표준압력계에 의한 압력방출장치를 토출시험 후 납으로 봉인되었는지 여부

③ 언로드 밸브의 작동시험(공기압축기에 한함)

④ 드레인 밸브의 조작과 배수 상태

⑤ 기타 부속장치의 부식 및 균열 등 이상 유무

(4) 압력용기 및 공기압축기 방호장치

(가) 압력용기

① 회전부의 덮개

압력용기의 원동기, 축이음쇠, 벨트풀리의 회전부위

② 압력방출장치

ⓐ 안전밸브, 파열판, 릴리이프 밸브 등 이상 유무 확인

ⓑ 압력용기의 최고사용압력 이전에 작동여부 확인

ⓒ 압력방출장치 설치한 후에는 1년에 1회 이상 토출압력 시험 후 납봉인

ⓓ 1일 1회 이상 작동시험

[문 제]

압력용기의 압력방출장치의 봉인에 사용된 재료는?

① 동　② 주석　③ 납　④ 알루미늄

해설 압력방출장치 설치한 후에는 1년에 1회이상 토출압력 시험 후 납봉인

참고

- 파열판 : 취급하는 물질이 응고하기 쉽거나 현저한 부식성에 의해서 안전밸브의 사용이 곤란할 경우와 큰 방출량이 필요하거나 순간 방출을 요구할 때 사용되며 평판형과 돔형이 있음
- 릴리이프 밸브 : 회로의 압력이 밸브의 설정치를 초과하였을 때 유체의 일부 또는 전량을 배기측으로 돌려서 회로 내의 압력을 설정치로 유지하는 압력제어밸브

③ 언로드 밸브(unolad valve)

ⓐ 공기압축기에 설치

ⓑ 공기탱크 내의 압력이 최고사용압력에 달하면 공기탱크 내로의 압송정지

ⓒ 소정의 압력까지 강하하면 다시 압송을 하도록 하는 밸브

ⓓ 공기탱크의 적합한 위치에 수직이 되게 설치

(나) 공기압축기 안전장치

① 안전밸브

안전밸브는 공기탱크의 파손, 전동기의 과부하 방지를 위하여 부착이 되는 안전장치로 임의로 설정압력을 변경하거나 손상이 없도록 철저한 관리가 필요하다.

② 역지밸브

역지밸브는 공기탱크 내의 압축공기의 역류를 방지하는 안전장치이다.

(다) 압력용기 최고사용압력 표시

① 사업주는 공기압축기의 공기저장 압력용기의 식별이 가능하도록 공기저항압력용기의 최고사용압력, 제조연월일, 제조회사명 등이 지워지지 않도록 표시하여야 한다.

[문제]

사업주는 공기압축기의 공기저장 압력용기의 식별이 가능하도록 하기 위하여 표시를 하여야 한다. 표시를 해야 할 사항으로 맞는 것은?

① 최고사용압력, 제조연월일, 내용물 명칭
② 최고사용압력, 제조연월일, 제조회사명
③ 최고사용압력, 제조연월일, 사용 방법
④ 사용온도, 내용물 명칭, 제조회사명

해설 최고사용압력, 제조연월일, 제조회사명 등이 지워지지 않도록 표시하여야 한다.

[문제]

압력용기에 설치하는 압력방출장치의 작동 설정점은?

① 상용압력 초과 시
② 최고사용압력 이전
③ 최고사용압력 초과 시
④ 최고사용압력 110%

해설 압력방출장치는 최고사용압력 이전에서 작동되도록 설정해야 하며 1일 1회 이상 작동시험을 해야 한다.

[문제]

공기압축기에 대한 설명 중 잘못된 것은?

① 밸브에는 급유하지 말 것
② 실린더에는 급유할 것
③ 시동 시에는 공기가 통할 수 있도록 콕을 열어 놓을 것
④ 에어탱크 최저부에서 배유장치를 할 것

해설 공기압축기의 실린더에 급유를 할 때 폭발할 우려가 있다.

5.4 섬유기계

5.4.1 방적기 및 제면기

(1) 개요

① 방적기

천연섬유를 가공하여 실을 뽑는 기계이다.

② 제면기

원면에서 목화씨를 제거하고 솜을 만드는 기계이다.

(2) 특성

① 대부분 회전체가 많아 말려드는 재해의 위험이 많다.

② 관성이 큰 비터(솜을 두드리는 장치)나 실린더를 갖추고 있다.

③ 비터, 실린더의 원통형 주위 돌출된 막대를 가지고 있어 시건장치나 덮개를 설치한다.

(3) 방호장치

① 덮개

위험부위를 차단하거나 밀폐형으로 하여 안전을 도모한다.

• 개구부의 크기

$$Y = 6 + \frac{X}{10}$$

여기서, Y : 개구부의 크기

X : 위험점에서 덮개까지의 거리[mm]

② 시건장치

위험부분을 밀폐하고 감독자 또는 책임자 없이는 함부로 열 수 없도록 하고 열쇠는 감독자가 보관한다.

③ 연동장치(interlocking)

기계적, 전기적 방법으로 운전을 정지하지 않으면 열 수 없고 연동장치를 움직이면 기계의 운전은 급정지된다 .

④ 북(shuttles)보호장치

셔틀이 부착된 섬유기계의 북이 좌우측으로 튕겨 나갈 수 있도록 하는 장치이다.

[문 제]

셔틀이 부착되어 있는 섬유기계의 위험방지장치로 알맞은 것은?

① 덮개의 설치 ② 울의 설치

③ 북보호장치 ④ 가이드롤 설치

정답 ③

5.5 기타 기계

5.5.1 원심기

(1) 개요

고속으로 회전하는 드럼, 바스켓을 세워 축에 부착된 기계로, 액체 · 고체 사이에서의 분리 또는 이 물질들 중 최소 2개를 분리하기 위한 것으로서 동력에 의해 작동되는 산업용 원심기를 말한다. 공정재료의 혼합물과 관련된 회전가능한 챔버를 장착하고 원심력을 이용하여 액체를 분리하거나, 탈수 등을 하는 기계로 원심분리기, 원심탈수기, 원심주조기가 있다. 회전 운동에너지 750[J] 이하, 최고원주속도 300[m/s]를 초과한 기계를 말한다.

[그림 5.25] 원심기

(2) 용어정리

① 드럼(drum) : 공정재료를 붙잡고 있으며, 좌우 대칭축의 둘레를 회전할 수 있도록 배열되어 있는 챔버

② 바스켓(basket) : 여과를 목적으로 사용되는 드럼

③ 보울(bowl) : 혼합성 액체, 고체의 침전물 분리를 위해 사용되는 드럼

④ 로터(rotor) : 회전하는 원심기의 결합된 부분, 구성하는 드럼과 그 부속품을 동반한 축

⑤ 케이싱(casing) 및 하우징(housing) : 드럼이 회전하는 것을 둘러싸는 것 또는 드럼에서 공정재료를 특정한 경로로 통과시키는 것을 둘러싸는 것

⑥ 분쇄기 : 동력에 의한 회전 · 왕복 · 선회운동 등으로 원재료에 압축 · 충격 · 마찰 등을 주어 고형재료를 원하는 크기로 잘게 부수는 기계

(3) 고속회전체 위험방지

① 고속회전체(원심분리기 등의 회전체로 원주속도가 매 초당 25[m] 초과)의 회전시험 시 파괴로 인한 위험방지

⇒ 전용의 견고한 시설물 내부 또는 견고한 장벽 등으로 격리된 장소에서 실시

② 고속회전체의 회전시험 시 미리 비파괴검사를 실시하는 대상

⇒ 회전체의 중량이 1[ton]을 초과하고 원주속도가 매 초당 120[m] 이상인 것

(4) 원심력(F)

원심력은 중량[W]에 비례하고 원주속도[v]의 2승에 비례하여 증가

$$F = \frac{Wv^2}{gr}$$

(5) 원심기의 방호장치

① 덮개
② 회전체 접촉예방장치
③ 조속기 : 최고사용회전수 제한

(6) 원심기 자체검사(1년 1회 이상)

① 회전체 이상 유무
② 주축의 축수부 이상 유무
③ 브레이크 이상 유무
④ 외곽의 이상 유무
④ 볼트의 풀림 유무

(7) 운전의 정지

원심기 또는 분쇄기 등으로부터 내용물을 꺼내거나 원심기 또는 분쇄기 등의 정비 · 청소 · 검사 · 수리 또는 그밖의 이와 유사한 작업을 하는 경우에 그 기계의 운전을 정지한다.

(8) 원심기 최고사용회전수의 초과 사용금지

(9) 폭발성 물질 등의 취급 시 조치

분쇄기 등으로 폭발성 물질, 유기과산화물을 취급하거나 분진이 발생할 우려가 있는 작업을 하는 경우 폭발 등에 의한 재해를 예방하기 위하여 다음의 행위를 제한하는 등 필요한 조치를 실시한다.

[문 제]

동력에 의하여 작동되는 원심기계에 대한 자체검사의 점검사항이 아닌 것은?
① 회전체의 이상 유뮤
② 자동릴레이 전자계통의 이상 유무
③ 브레이크의 이상 유무
④ 외곽의 이상 유무

정답 ②

[문 제]

다음 중 원심기의 방호장치로 가장 적합한 것은? (2014년 기출문제)

① 덮개 ② 반발방지장치
③ 릴리이프 밸브 ④ 수인식 가드

[문 제]

산업안전보건법령상 고속회전체의 회전시험을 하는 경우 미리 회전체의 재질 및 형상 등에 상응하는 종류의 비파괴검사를 해서 결함유무를 확인하여야 하는 고속회전체 대상은? (2012년 기출문제)

① 회전체의 중량이 500[kg]을 초과하고, 원주속도가 12[m/s] 이상인 것
② 회전체의 중량이 1[ton]을 초과하고, 원주속도가 30[m/s] 이상인 것
③ 회전체의 중량이 500[kg]을 초과하고, 원주속도가 60[m/s] 이상인 것
④ 회전체의 중량이 1[ton]을 초과하고, 원주속도가 120[m/s] 이상인 것

해설 고속회전체의 회전시험 시 미리 비파괴검사를 실시하는 대상
⇒ 회전체의 중량이 1[ton]을 초과하고 원주속도가 매 초당 120[m] 이상인 것

5.5.2 파쇄 · 분쇄기 및 혼합기

(1) 개요

(가) 파쇄 · 분쇄기

고형건조재료 또는 습한 재료를 압력, 충격 또는 마찰에 의하여 일정한 크기로 분쇄하고 분쇄된 재료를 체에 통과시켜 가루로 만드는 기계(주로 골재를 생산하는 기계)

① 파쇄기(Crusher)
직경 1.5m 이하의 원석을 압력, 충격 또는 마찰에 의하여 5~15[cm]의 크기로 파쇄 · 분쇄하기 위하여 사용되는 기계

② 분쇄기(mill)
직경 15[cm] 이하의 재료를 약 90%가 4[mesh/cm]의 체를 통과할 수 있는 가루로 만들기 위해서 재료를 세분화하기 위해 사용되는 기계

(나) 혼합기

① 회전축에 고정한 날개를 가지고 내용물을 휘젓거나 혼합하는 기계로, 분진, 흄, 미스트, 증기를 발산하는 환경보건상의 문제가 발생하므로 가급적 밀폐장치 속에서 작업하여야 하며
② 위험성 : 내용물질의 변경이나 내부 청소 중에 발생하므로 뚜껑에는 인터록 장치를 하여 뚜껑이 열리면 전동기가 급정지 되도록 해야 함

(2) 파쇄 · 분쇄기 재해유형

(가) 협착

① 호퍼에 끼여 있는 원석 제거작업 중 추락 또는 협착
② 정비, 시운전 작업 중 동력전달부에 협착

(나) 추락

① 보수작업 중 추락
② 원석공급 상태 확인 및 조작실로 이동 중 추락

(다) 충돌

① 설비 점검 중 설비에 충돌
② 청소작업 중 원석에 충돌

(라) 비래

원석 투입 작업 중 원석 비래

(3) 방호장치

① 덮개(인터록 시스템으로 설치) : 가동 또는 원료의 비산 등으로 근로자에게 위험을 미칠 우려가 있을 때
② 울 : 개구부로부터 근로자가 전락할 우려가 있을 때
③ 방책 : 분쇄기의 가동부분에 덮개로 덮을 수 없을 경우에 상면에서 150[cm] 미만의 높이에 설치

5.5.3 사출성형기

(1) 개요

열가소성의 플라스틱 연료를 가열 용융하여 높은 압력(1,000~2,000[kg/cm^2])으로 노즐에서 금형 안으로 사출하여 성형하는 기계

(2) 재해유형

① 금형의 개폐 중 손의 협착
② 신체의 일부가 말려 들어감

(3) 방호장치

① <u>게이트가드식</u>
② <u>양수조작식</u>

Chapter 06

용접장치

6.1 용접 개요

기계 및 여타 물건들은 개별적으로 만들어진 부품이 조립되고 체결되어 있다. 체결에는 볼트와 너트 및 리벳에 의한 기계적인 것과 용접이 있으며, 용접(welding)이란 2개의 금속을 용융 상태 혹은 반용융 상태에서 접합하는 것을 말한다. 따라서 선박 건조에서는 공정이 간소화되어 주로 용접법을 쓰고 있으며 이 밖에도 교량, 차량, 일반 기계 구조물의 대부분에서 널리 이용되고 있다.

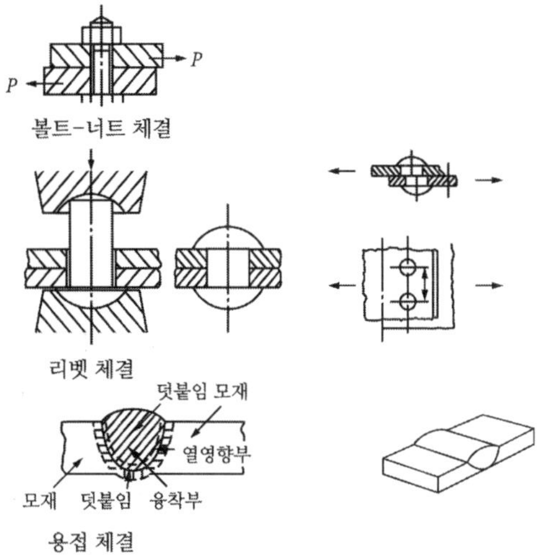

[그림 6.1] 체결 종류

용접은 리벳이나 볼트 등의 기계적 접합에 비해 다음과 같은 장점이 있다.

(1) 장점

① 재료가 절약된다.
② 공정수가 절약된다.
③ 접합효율이 좋다.
④ 중량을 가볍게 할 수 있다.
⑤ 보수하기 쉽다.
⑥ 설비비가 싸다.

(2) 단점

① 열영향으로 재질이 변하기 쉽다.
② 용접균열이 생기기 쉽다.
③ 잔류응력이 생기기 쉽다.
④ 영구적 체결로서 임의 분해 및 조립이 어렵다.

참고

- 리벳(rivet) : 금속판이나 형재 등을 겹쳐 맞추어 리벳구멍에 끼워 넣어 이것들을 체결하는 기계요소. 머리 모양에 따라 둥근머리리벳, 접시머리리벳, 둥근접시머리리벳, 납작머리리벳, 납작접시머리리벳이 있다.
- 리벳이음 : 리벳을 사용하여 금속의 판이나 형강을 체결하는 이음으로 보일러, 탱크, 구조물의 이음으로 많이 사용한다. 작은 리벳은 가열하지 않고 냉간에서 가공한다. 또 지름이 작은 것은 손작업으로 리벳이음하는 것도 있지만 보통 기계를 이용하여 리벳이음한다.

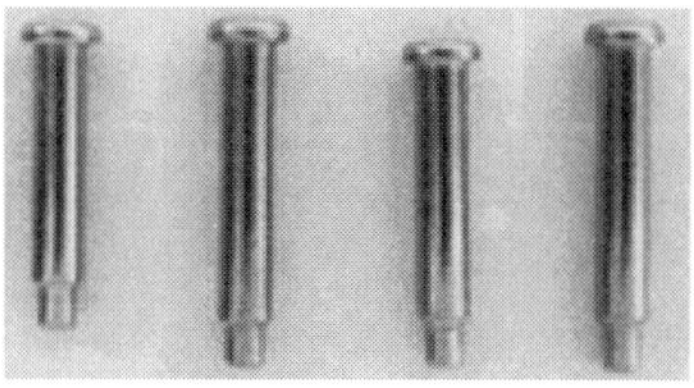

[그림 6.2] 리벳

(1) 용접의 종류

용접의 종류를 가열온도와 가열방식에 따라 분류하면 융접, 압접 및 납접의 3가지로 분류된다. 융접은 접합부를 용융, 응고시켜 일체로 만드는 방법이고, 압접은 모재를 가열하고 압력을 가해 접합시키는 방법이며 납접은 용가제를 녹여 접합부 틈 사이로 들여보내 접합시키는 방법이다.

- 용 접 (가열온도 및 가열방식에 따른 분류)
  - 융접
    - 아크 용접
      - 소모전극 아크 용접
        - 비피복 아크 용접
          - 금속 아크 용접
          - 자동 아크 용접
        - 피복 아크 용접
          - 피복 아크 용접
          - 서브머지드(잠호) 아크
          - 불활성 가스 금속 아크
          - CO_2 가스 아크 용접
      - 비소모전극 아크 용접
        - 탄소 아크 용접
        - 불활성 가스 텅스텐 아크 용접
        - 원자수소 아크 용접
    - 가스 용접
      - 산소-아세틸렌 가스 용접
      - 산소-수소 용접
      - 공기-아세틸렌 가스 용접
    - 테르밋 용접
    - 전자 빔 용접
    - 일렉트로 슬래그 용접
    - 플라즈마 용접
  - 압접
    - 가열식 압접
      - 가스 압접
      - 단 접
      - 전기저항용접
        - 점 용접
        - 시임 용접
        - 프로젝션 용접
        - 맞대기 용접
    - 비가열식 압접
      - 냉간압접
      - 폭발압접
      - 초음파압접
  - 납땜
    - 경납땜
      - 가스경납땜
      - 침적경납땜
      - 전기경납땜
      - 노중경납땜
    - 연납땜

[그림 6.3] 용접의 종류

(2) 용접자세에 의한 종류

① 아래보기용접(flat welding, F) : 모재를 수평으로 놓고 용접봉을 아래로 향한 용접
② 수평용접(horizontal welding, H) : 모재의 용접면이 수직 또는 수직면에 대하여 45° 이내이고 용접선이 수평인 용접
③ 수직용접(vertical welding, V) : 용접면이 수직 또는 수직면과 45° 이내의 각을 이룬 면상에서 용접선이 상하로 위치하는 용접
④ 위보기용접(overhead welding, OH) : 용접면이 수평인 면에서 용접선이 수평이며 용접봉을 모재의 하방향에 대고 위를 향한 용접

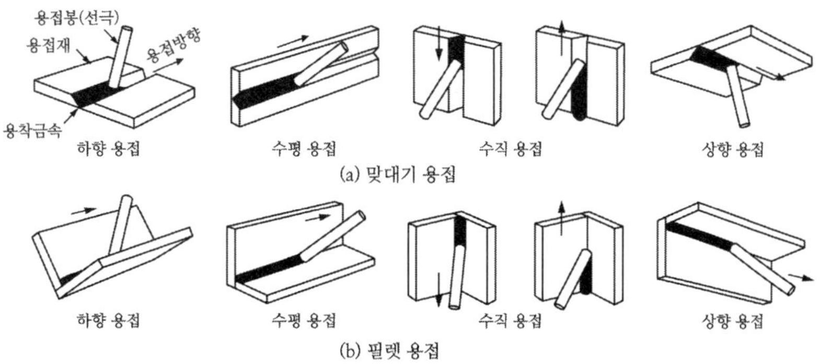

[그림 6.4] 용접자세에 따른 분류

6.2 아크용접기 안전

(1) 개요

아크(arc)란 용접봉과 모재 사이에 전압을 걸고 용접봉의 선단을 모재에 가볍게 접촉시켰다 떼는 순간에 방전으로 강한 빛과 고열을 내는 원호 모양의 불꽃이며, 아크를 통하여 계속 큰 전류가 흐른다. 아크 용접은 용접봉과 모재 사이에 발생하는 아크열에 의하여 모재의 용접부를 용융시키고 용가재(filler metal)의 용적이 용접부에 첨가되어 부품이 결합되는 융접이다.
아크 용접에는 전극이 용가제의 역할을 겸하는 용극식 아크 용접(소모식 아크 용접)과 전극은 탄소봉이고 용제가 별도로 있는 비용극식 아크 용접(비소모식 아크 용접)이 있으며, 전원이 직류인 직류 아크 용접과 교류인 교류 아크 용접 등, 다양한 용접법이 있다.
아크 용접의 전류는 50~300[A]이며, 보통 10kW 이하가 사용된다. 탄소 아크에서는 4,000℃ 정도, 금속 아크에서는 3,000℃ 정도에 달하는 열을 낸다.

(2) 아크용접기 종류

아크 용접기란 교류 또는 직류전원을 사용하여 아크를 발생시켜 금속의 용접, 용단, 또는 가열작업을 하는 장치를 말하며 교류전원을 사용하는 교류아크 용접기와 직류전원을 사용하는 직

류 아크용접기로 분류한다.

- 아크용접기
  - 직류아크용접기
    - 발전기형 직류아크용접기
      - 전동발전형
      - 엔진구동형
    - 정류기형 직류아크용접기
      - 가동철심형
      - 가동코일형
      - 가포화리액터형
  - 교류아크용접기
    - 가동철심형
    - 가동코일형
    - 탭전환형
    - 가포화리액터형

(가) 직류 아크용접기

직류용접에서는 모재를 '+'로하는 정극성과 모재를 '−'로 하는 역극성이 있으며, 전체 발열량의 60~75%가 양극측에서 발생한다. 따라서 정극에 두꺼운 모재를 연결하고, 얇은 모재나 녹기 쉬운 비철금속의 경우는 역극성으로 하는 것이 유리하다. 전류가 '+'극에서 '−'극으로 일정 방향으로 흐르기 때문에 아크가 안정되어 나선봉으로도 용접할 수 있다. 그러나 아크가 너무 안정되면 아크가 길기 때문에 용입불량이 생길 염려가 있다.

직류 아크 용접기에는 발전기식과 정류기식이 있으며, [그림 6.6]은 발전기식 직류용접기로서 교류전동기에 직류발전기를 직결하여 용접전류를 얻는 용접기이다. 그 밖에도 많이 사용되는 가솔린 기관이나 디젤 기관 등으로 직류발전기를 구동시켜 직류를 얻는 엔진구동형 용접기가 있으며, 전원이 없는 곳에서 이용하기에 편리하다.

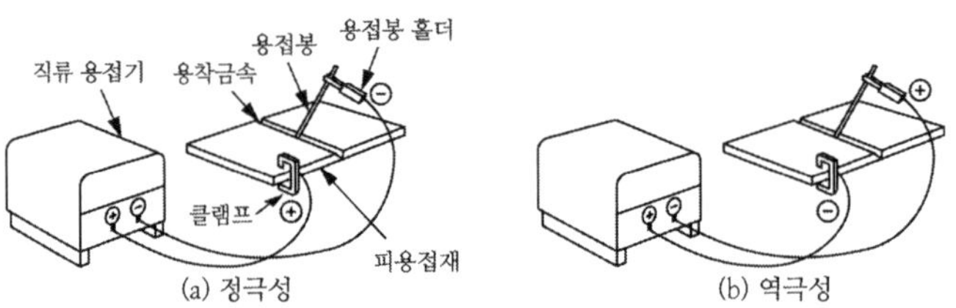

[그림 6.5] 직류 용접기의 극성

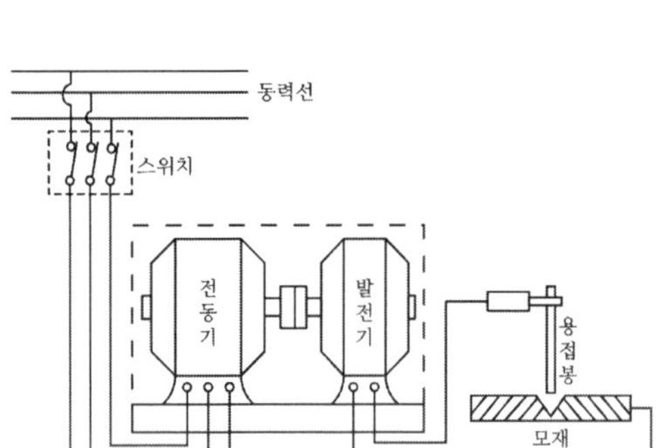

[그림 6.6] 발전기식 직류 용접기

(나) 교류 아크용접기

교류용접기는 일종의 변압기로서 보통 1차측은 220[V]의 동력전원에 접속하고 2차측은 무부하 전압이 65~90[V]가 되도록 만들어져 있다. 구조에 의하여 분류하면 ⓐ 가동철심형, ⓑ 가동코일형, ⓒ 가포화 리액터형 등이 있다.

가동철심형 교류용접기는 용접에 적합한 낮은 전압, 큰 전류를 공급하도록 설계되어 있다. 가동철심형은 코일 전환탭이 움직여 큰 범위의 전류를 조정할 수 있고, 가동철심으로 미세 조정을 한다. 구조가 간단하고 가격이 싸며 보수도 용이하므로 널리 사용되고 있다.

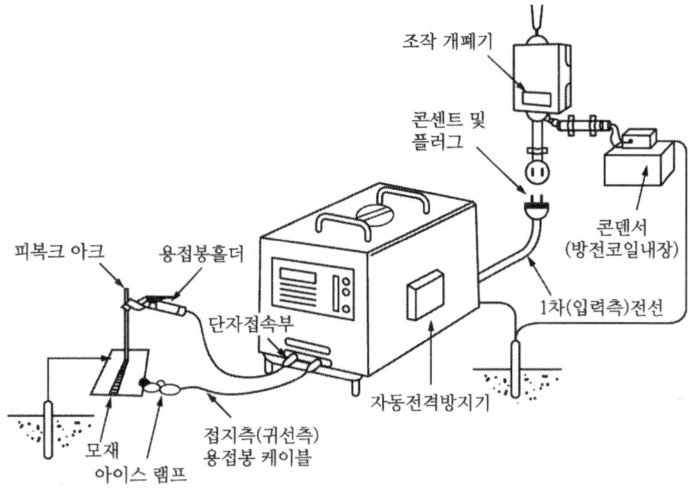

[그림 6.7] 교류 아크용접기의 개요

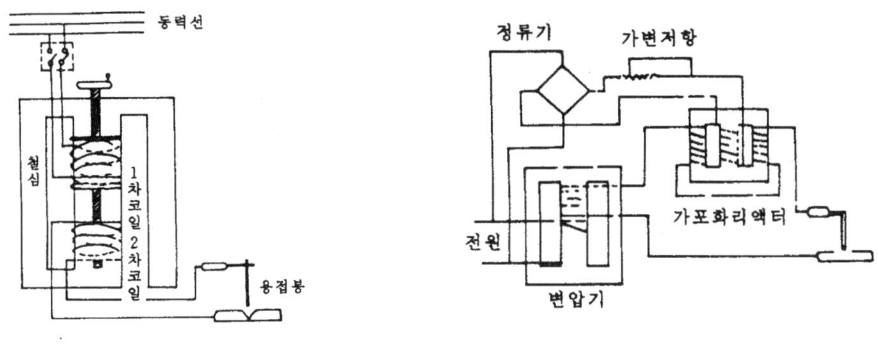

(a) 가동코일형 (b) 가포화리액터형

[그림 6.8] 교류 아크용접기의 종류

(3) 아크용접봉

(가) 심선

연강용 피복 아크 용접봉의 심선의 지름은 1.0, 1.4, 2.0, 2.6, 3.2, 4.0, 5.0, 6.0, 7.0, 8.0[mm] 등이 있으나 3~6[mm]의 범위가 많이 사용된다.

심선의 재질은 모재가 주철, 특수강, 비철합금일 때에는 모재와 동일 재질의 심선이 많이 사용되나, 모재가 연강일 때에는 탄소가 비교적 적은 연강봉이 사용된다. 탄소를 적게 하여 용접온도를 높여 용입을 양호하게 하고, 연성을 준다. 망간(Mn)은 탈산의 역할을 하나, 많으면 재질이 경화된다. 인(P)은 상온취성을 일으키고, 황(S)은 고온취성을 일으킨다.

> **참고** 피복용접봉과 비피복용접봉
>
> (1) 피복용접봉 : 대기 중에서 용착금속의 산화나 질화를 방지하기 위하여 또는 아크 안정화를 목적으로 용제를 심선에 발라 사용하는 용접봉
>
> (2) 비피복용접봉 : 심선그대로 사용하는 용접봉(나봉)

(나) 피복제

아크 용접봉에는 용접조건에 따라 여러 가지 피복제가 사용되며, 피복제에는 가스 발생식, 슬래그 생성식, 반가스 발생식 등이 있으며, 이들을 용도에 맞게 잘 혼합하여 물을 가하고 심선에 도포한다. 대체로 피복제의 역할은 다음과 같다.

① 아크열에 의하여 피복제가 연소되면서 가스를 발생하여 용접부에 공기 중의 산소와 질소의 침입을 방지한다.
② 피복제 연소가스의 이온화에 의하여 교류용접기에서 순간적으로 전류가 끊어졌을 때에도 아크를 계속 발생시켜 안정된 아크를 얻을 수 있다.
③ 슬래그(slag)를 형성하여 용접부의 급랭을 방지한다.
④ 불순물과 친화력이 큰 성분을 사용하여 용착금속을 정련한다.
⑤ 붕사, 산화티탄 등을 사용하여 용융금속의 유동성을 좋게 한다.
⑥ 발생가스의 유속에 의한 저압으로 용적의 이동을 가속시킨다.
⑦ 좁은 틈에서 작업할 때 절연작용(絶緣作用)을 한다.

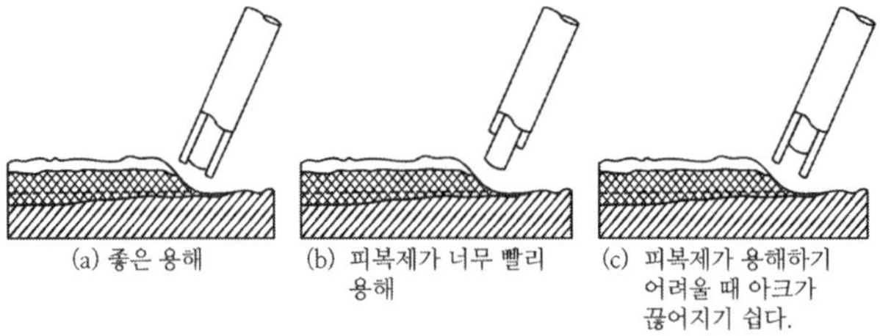

[그림 6.9] 아크 용접봉의 피복

(다) 용접봉의 표시법

용접봉의 종류는 KSD 7004의 규정에 따라 표시한다.

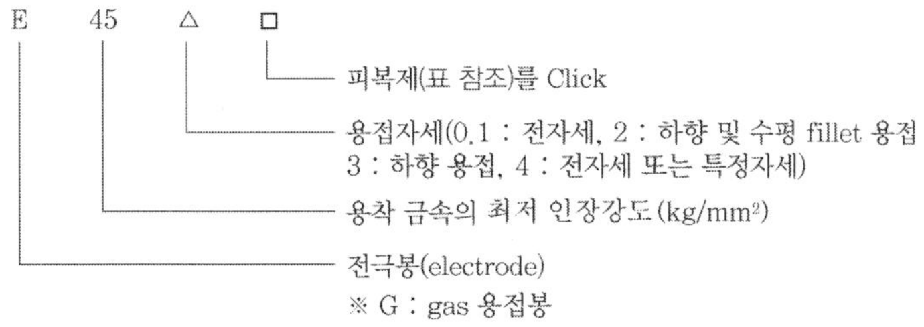

[그림 6.10] 가스피복제의 표시법

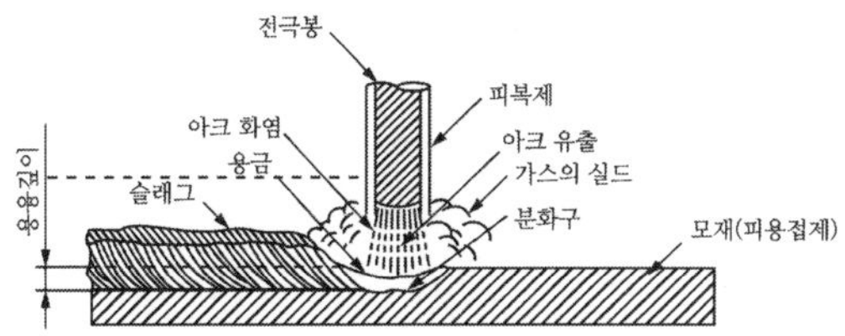

[그림 6.11] 아크 용접의 화염

참고 슬래그(slag)

피복제에 의해 용착부분에 생기는 비금속 물질이나 용해된 금속의 표면에 뜨는 산화물

참고 용접장비 및 용구

① 홀더 : 용접봉의 피복이 없는 부분을 물고 용접을 진행하는 데 사용되며, 전류를 케이블에서 용접봉으로 전하므로 감전사나 전격의 위험이 없도록 용접봉을 무는 부분을 제외한 다른 부분은 철저히 절연되어야 한다.
② 누름판 : 용접 중 모재의 움직임을 방지하기 위하여 무거운 중추를 모재 위에 올려 놓는다.
③ 클램프 : 용접 중 모재의 움직임을 보다 확실하게 방지하기 위하여 클램프로 고정한다.
④ 스페이서 : 용접이 진행되면서 용접부의 간격이 좁아지는 것을 감안하여 벌려놓기 위해 스페이서를 사용하며, 용접을 진행하면서 중간 중간에 밀어 옮긴다.
⑤ 환기장치 : 아크 발생 부근에 후드를 설치하여 용접 시 발생하는 가스를 빨아내야 한다. 특히 황동, 청동, 납합금 및 아연 도금판 등을 용접할 때에는 유해가스에 유의해야 한다.
⑥ 헬멧과 핸드실드 : 용접 아크에서 강열하게 나오는 유해 광선인 자외선, 적외선 및 스패터로 부터 눈, 얼 굴, 머리 등을 보호하기 위하여 사용하는 차광렌즈(차광도 6~10)가 있는 가리개이다.
⑦ 귀마개 및 방진마스크 : 귀마개로서 소음을 차단하고, 마스크를 사용하여 호흡기에 먼지가 들어가는 것을 막는다.
⑧ 보호의 : 용접 중에 스패터로부터 몸을 보호하기 위하여 착용하는 것으로서, 가죽 또는 석면 등으로 만든 앞치마, 팔 카버, 장갑, 발카버 등이 있다.
⑨ 치핑해머(chipping hammer) : 용접 후 슬래그를 쪼아내는 데 사용된다.
⑩ 기타 : 측정자, 각도기 및 용접부의 slag을 털어내기 위한 와이어 브러시 등

(4) 아크 용접 재해유형과 방호대책

(가) 감전재해

① 교류아크 용접기의 방호장치

교류아크 용접기에 부착해야할 방호장치는 자동전격방지장치를 말하며 이것은 교류아크 용접기의 주회로를 제어하는 장치를 가지고 있어서 용접봉의 조작에 따라 원칙적으로 용접할 때에만 용접의 주회로를 형성하고, 그 외에는 용접기 출력측의 무부하 전압을 저하시켜 안전전압을 유지하도록 동작하는 방호장치이다.

자동전격방지장치 제어장치의 제어방식은 마그네틱에 의한 접점방식과 반도체 소자(SCR, TRLAC 등)에 의한 무접점방식으로 구분한다.

② 자동전격방지기의 성능

자동전격방지기는 아크 발생이 중단된 후 1초 이내에 교류아크 용접기의 출력측 무부하 전압을 자동적으로 25[V] 이하(전원전압이 변동이 있을 경우 30[V] 이하)로 강하시켜야 한다.

③ 자동전격방지기의 설치 요령

자동전격방지기를 교류아크 용접기에 연결할 때는 전기적 특성에 적합하여야 하며 견고하게 설치하여야 한다.

④ 자동전격방지기의 동작원리

자동전격방지기란 교류아크 용접기의 무부하 시 2차측 홀더와 어스에 약 65~90[V]의 높은 전압이 걸려 작업자가 감전될 위험이 높으므로 용접기의 아크 발생을 중지시킬 때, 1 차측 전압(220V)회로에 설치된 스위치 S1이 떨어지고 대신 보조변압기 2차측 회로 스위치 S2가 연결되어 홀더에 가해지는 2차측 무부하전압은 안전전압(25V) 이하로 내려주는 전기적 방호장치이다. 그러므로 자동전격방지기는 부착한 용접기의 주회로를 제어하는 장치를 가지고 있어 용접봉의 조작에 따라 용접할 때에만 용접기의 주회로를 형성하고, 그 외에는 용접기 출력측의 무부하 전압을 저하시키도록 동작하는 장치로 그 동작 설명도와 구조는 다음 그림과 같다.

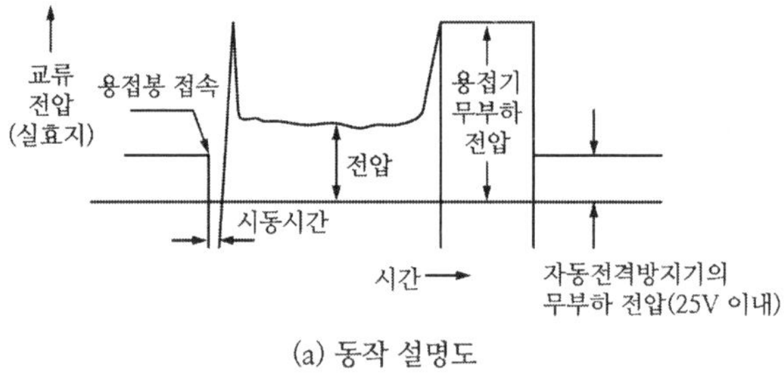

(a) 동작 설명도

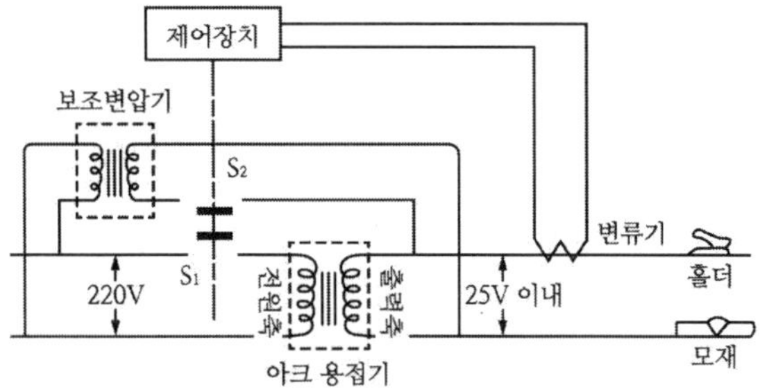

(b) 자동전격방지장치 구조

[그림 6.12] 자동전격방지기의 동작설명도 및 구조

[문 제]

다음 중 자동전격방지장치의 2차 무부하 전압은?

① 25[V] 이내 ② 40[V] 이내 ③ 45[V] 이내 ④ 50[V] 이내

해설 자동전격방지기의 설치

교류아크 용접기는 용접 시에 아크를 발생하기 위해서는 2차측 홀더와 어스 사이에 약 65~90[V]의 전압이 부과되어야 하므로 작업자에 대한 감전의 위험도가 높다. 그러므로 용접기에 자동전격방지기를 부착하여 아크 발생을 중지할 때 1초 이내에 당해 용접기의 2차 무부하 전압을 안전전압인 25[V] 이하로 유지하여 작업자의 안전을 도모해 준다.

④ 자동전격방지기의 정기점검

자동전격방지기는 1년에 1회 이상 다음 사항을 점검하고 그 결과를 기록하여야 하며 점검결과 이상이 발견될 때에는 즉시 보수 및 기타 필요한 조치를 하여야 한다.

ⓐ 전격방지기의 용접기외함 부착 상태
ⓑ 전격방지기와 용접기의 배선 상태
ⓒ 표시 등의 파손 유무
ⓓ 퓨즈의 이상 유무
ⓔ 전자접촉기의 주접점 및 보조 접점의 마모 상태
ⓕ 테스터 스위치의 작동 및 파손 유무

⑤ 자동전격방지장치 설치 의무화 장소

ⓐ 보일러, 압력용기, 탱크 등의 내부용접 시
ⓑ 협소한 장소 용접시
ⓒ 추락의 위험성이 있는 2[m] 이상에서 용접 시

[문 제]

다음 중 전기용접기의 감전방지를 위하여 부착하는 안전장치는 무엇인가?

① 리미트 스위치 ② 2차 접선접지
③ 자동전격방지장치 ④ 중성점 접지

해설 • 자동전격방지기의 동작원리
자동전격방지기는 부착한 용접기의 주회로를 제어하는 장치를 가지고 있어 용접봉의 조작에 따라 용접할 때에만 용접기의 주회로를 형성하고 그 외에는 용접기의 출력측의 무부하 전압을 저하시키도록 동작하는 장치이다.

• 리미트 스위치
– 용도 : 접근 동체의 물리적 접촉에 의하여 물체 존재여부, 통과, 연속흐름의 감지
– 종류
① 외장에 따른 구분 : 플라스틱, 금속, 아연합금형
② 결선 방식에 따른 구분 : 표준형, 커넥터형, 나사단자형
③ 용도에 따른 구분 : 일반형, 안전강화용(공작기계 전용), 크레인 전용형

• 중성점 접지
– 고압전로와 저압전로를 결합하는 변압기의 저압측의 중성점 또는 1단자(사용전압이 300[V] 이하의 경우이고 당해 접지공사를 변압기의 중성점에 시설하기 어려울 때)
– 고압전로와 저압전로를 결합하는 변압기로 고압권선과 저압권선과의 사이에 설치하는 금속제의 누설방지판
– 다심형 전선을 사용하는 경우의 중성선 또는 접지측 전선용으로서, 절연물로 피복하지 아니한 도체

[문 제]

작업장에서 교류아크 용접기로 용접작업을 하고 있다. 용접기에 사용하고 있는 용품 중 잘못 사용되고 있는 것은?

① 습윤장소와 2m 이상 고소작업 시에 자동전격방지기를 부착한 후 작업에 임하고 있다.
② 교류아크 용접기의 홀더는 절연이 잘되어 있으며 2차측 전선은 적정한 1종 캡타이어 케이블을 사용하고 있다.
③ 터미널은 케이블 커넥터로 접속한 후 충전부는 절연테이프로 테이핑 처리를 하였다.
④ 홀더는 KS 규정의 것만 사용하고 있지만 자동전격방지기는 한국산업안전공단 검정필을 사용한다.

해설 교류아크 용접기 홀더는 절연되어 있지 않다.

정답 ②

(나) 눈의 손상

유해광선을 차단하기 위한 차광보호구를 사용하는데 차광보호구에는 보호안경과 보안면의 두 종류가 있다.

① 보호안경

보호안경의 차광도는 아크의 전류크기에 따라 다르며 통상 6~10 정도가 사용된다.

표 6.1 필터 유리의 번호와 용도

차광도번호	용도
6~7	가스용접 및 절단, 30A 미만의 아크용접 및 아크절단 또는 금속 용해작업에 사용
8~9	높은 온도의 가스용접 및 절단, 30A 이상, 100A 미만의 아크용접 및 아크절단에 사용
10~12	100A 이상, 300A 미만의 아크용접 및 아크절단에 사용
13~14	300A 이상의 아크용접 및 아크절단에 사용

② 보안면의 사용

유해광선, 용접광, 화상 등으로부터 보호함(헬멧과 핸드쉴드형이 있음)

(다) 피부손상

아크광선의 피부접촉 방지, 스패터, 슬래그의 피부접촉 방지 ⇒ 개인보호구 착용

① 보호장갑착용 : 화상, 감전방지 ⇒ 피혁제품

② 앞치마, 각반 : 가죽제품

③ 안전화 ⇒ 공구, 재료 등의 낙하에 의한 위험방지 및 감전방지

(라) 흄, 가스에 의한 재해

흄, 가스 중독의 방지를 위해 작업장의 환기, 통풍시설의 설치, 개인마스크 착용

① 방진마스크 착용 : 통풍, 환기불량 장소에서 용접작업

② 방독마스크 착용 : 유해가스 제거

③ 송기마스크 착용 : 옥내작업, 선박, 탱크, 차량, 터널 등, 산소부족으로 인한 질식우려 장소

(마) 화재, 폭발

주위 가연성 및 폭발성 물질, 가연성 증기 및 가스 등에 피용접물이나 과열, 아크 불꽃 등에 의하여 화재나 폭발 발생 우려 ⇒ 위험물질 제거, 가연물 격리

(5) 아크 용접기의 구비조건

아크 용접기는 다음의 구비조건을 갖추어야 한다.

① 구조 및 취급 방법이 간단해야 한다.

② 전류조정이 용이하고 일정하게 전류가 흘러야 한다.

③ 아크 발생이 용이할 정도의 무부하 전압이 유지되어야 한다.

④ 필요 이상으로 무부하 전압이 높지 않아야 하고 위험성이 적어야 한다.

⑤ 아크 발생 유지가 용이하고 아크가 안정되어야 한다.

⑥ 사용도중에 온도상승이 작아야 한다.

⑦ 가격이 저렴하고 사용유지비가 적게 들어야 한다.

⑧ 역률 및 효율이 좋아야 한다.

(6) 아크 용접기 취급 시 안전조치

(가) 감전에 대한 대책

① 케이블의 파손여부, 용접기의 절연상태, 접지상태 등을 작업 전에 반드시 점검 확인할 것
② 의복, 신체 등이 땀이나 습기에 젖지 않아야 하며 보호구를 착용할 것
③ 좁은 장소에서의 작업에서는 신체를 노출시키지 않도록 할 것
④ 개로전압이 필요 이상 높지 않게 해야 하며 전격방지기를 부착할 것
⑤ 작업중지의 경우에는 반드시 홀더를 OFF시킬 것
⑥ 절연이 완전한 홀더를 사용할 것

(나) 유해광선에 대한 대책

① 용접아크의 유해광선으로부터 눈을 보호하기 위해서는 좁은 장소에서 여러 사람이 용접할 경우, 작업 중에 다른 사람에게 나쁜 영향을 끼치게 되므로 차광막을 사용할 것
② 탱크 속에서 작업을 할 때는 반드시 차광보호구를 설치하고 환기를 시킨 다음에 작업할 것

[문제]

다음은 전기용접의 안전수칙에 대한 설명이다. 옳지 않은 것은?

① 1차 및 2차 코오드가 벗겨진 것은 사용하지 않는다.
② 우천 시에는 옥외작업을 삼가한다.
③ 작업전에 ABC급 소화기를 준비한다.
④ 전극 클램프 부분의 접촉저항을 크게 해야 한다.

해설 아크 용접의 안전 및 감전방지 사항

① 용접기의 내부에 손을 대지 않는다.
② 용접기의 리드단자와 케이블의 접속은 반드시 절연부로 보호한다.
③ 홀더는 절연성이어야 하고 규격품이나 그 이상의 좋은 것을 사용한다.
④ 작업을 일시 중지할 때에는 반드시 전원스위치를 절단하든가, 커넥트를 떼어 놓아야 하며 전압이 걸린 홀더를 방치해서는 안 된다.
⑤ 용접 중에 용접봉이 홀더 클램프에서 벗겨지지 않도록 확실하게 고정한다.
⑥ 용접봉을 바꿀 때에는 홀더가 몸에 닿지 않도록 한다.
⑦ 작업에 적당한 적정 전류로 작업을 한다.
⑧ 캡타이어를 점검하고 피복 부분에 상처가 있는가를 확인한다.
⑨ 전극 클램프 부분의 접촉저항을 최소화해야 한다.

※ 캡타이어 케이블
캡타이어 케이블은 이름 그대로 강한 시이스를 가진 케이블의 총칭이다. 이 케이블은 광산, 농장, 건설공장 현장 등에서 교류 600[V], 직류 750[V] 이하의 이동용 전기기기의 배선에 사용되는 전선으로서, 탄력성이 양호한 천연고무 또는 클로로프렌 고무로 피복되어 충격, 마찰, 굴곡 등의 기계적 내성이 높고 내수, 내열, 내산 및 내알카리성 등의 화학적 내성이 강하므로 이 분야의 용도에 널리 사용된다.

(7) 용접결함 검사

용접부의 검사에는 비파괴검사와 파괴검사가 있으며, 비파괴검사는 제품 전체를 대상으로 검사할 수 있으나, 파괴검사는 샘플검사를 한다.

(가) 비파괴검사

결함을 검사할 때 방사선검사, 초음파검사, 자기탐상검사 및 형광탐상검사 등 비파괴검사법을 이용할 수 있다.

> **참고**
>
> - 방사선검사 : X선 등의 촬영에 의하여 결함 여부 검사
> - 초음파검사 : 초음파진동자를 대고 충격적인 진동을 주면 주물 내부를 통하여 타단까지 전파된 후 반사하여 돌아온다. 이때 중간에 결함이 있으면 그 곳에서 반사하여 온다. 이들의 돌아오는 시간차에 의하여 결함 여부, 결함 위치 및 결함 크기를 추정할 수 있음
> - 자기탐상검사 : 용접물을 전류로 자화(磁化)하여 주위에 철분(鐵分)과 표면장력이 작은 액을 혼합하여 바르면 결함 부위에 철분이 모이게 되어, 그 위치와 양으로써 결함의 위치 및 크기를 추정할 수 있음

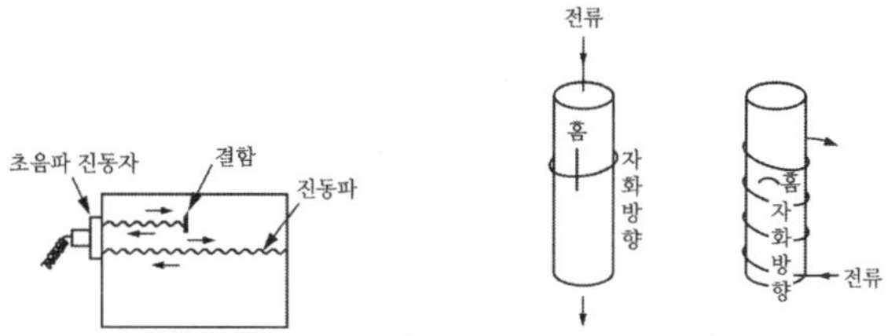

(a) 초음파탐상 (b) 자기탐상

[그림 6.13] 비파괴검사

(나) 파괴검사

① 인장강도 시험 : 용착금속의 인장강도를 시험

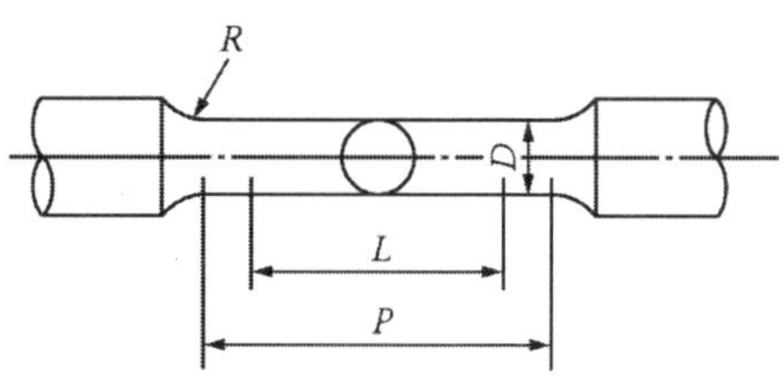

용착금속의 인장강도
시험편 규격

[그림 6.14] 인장강도 시편

② 굽힘시험 : 굽힘시험에는 표면굽힘, 후면굽힘, 측면굽힘 등이 있으며, 합격기준에 따라 정해진 굽힘 각도의 크기, 균열의 크기 및 균열의 수로써 용접 결과를 판정

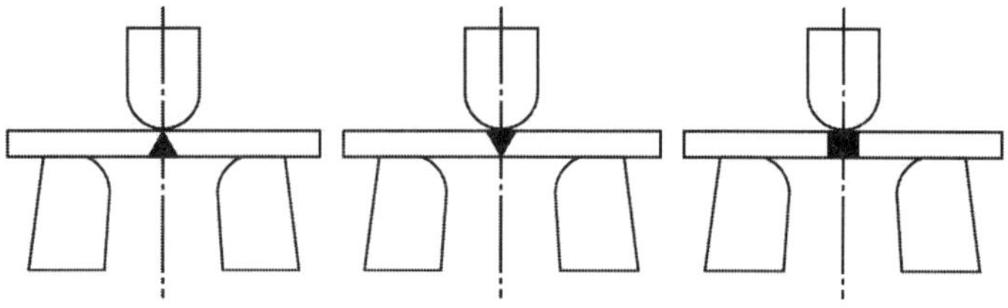

(a) 표면굽힘 (b) 후면굽힘 (c) 측면굽힘

[그림 6.15] 굽힘시험

[문 제]

용접부를 검사하는 방법 중 비파괴 시험이 아닌 것은?

① 외관시험 ② X－선시험 ③ 압력시험 ④ 인장시험

해설 용접부위 검사방법

① 파괴시험 : 인장시험, 압축시험, 굽힘시험, 비틀림시험, 충격시험, 피로시험, 경도 시험

② 비파괴 시험 : 외관시험, 자분시험, 전기적시험, X－선 투과시험, r선 투과시험, 초음파 탐상시험, 음향시험, 압력시험

③ 기타 시험 : 화학적 시험, 육안 조직시험, 현미경 조직시험, 비중시험, 압력시험, 낙하시험

6.3 가스용접 안전

(1) 개요

가연성 가스와 산소의 연소반응열을 용접열원으로 이용하는 용접이며, 가스 용접에서는 가열부가 가스에 노출되기 때문에 오염되기 쉽고 가열이 집중적으로 되지 않기 때문에 열영향부가 많아 용접변형이 잘 생긴다. 가연성 가스에는 아세틸렌, 프로판, 부탄, 석탄가스, 천연가스, 수소 등이 있으나, 산소－아세틸렌 가스의 화염 온도가 높고 화염 조절이 용이하며, 모재에 끼치는 악영향이 적기 때문에 가스 용접에 널리 사용된다. 아세틸렌과 산소의 혼합비에 따른 불꽃 모양의 종류는 다음과 같다.

① 중성불꽃 : 산소－아세틸렌 혼합비가 알맞은 표준불꽃

② 탄화불꽃 : 아세틸렌 과잉 시의 불꽃

③ 산화불꽃 : 산소과잉 시의 불꽃

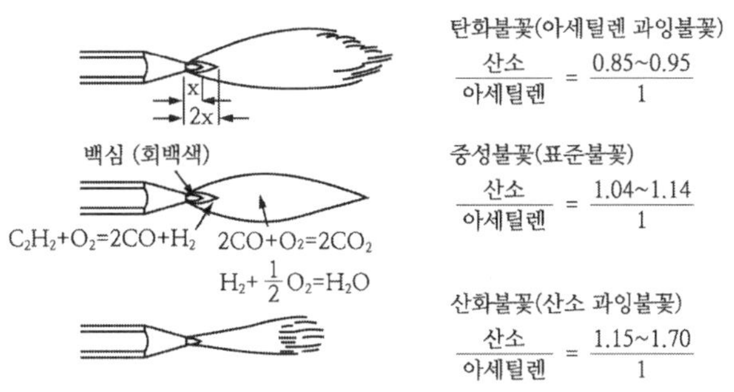

[그림 6.16] 가스용접 불꽃 모양

(2) 아세틸렌 용접장치

아세틸렌 용접장치란 아세틸렌발생기, 안전기, 도관, 취관 등에 의해 구성되고 아세틸렌 및 산소를 사용해서 금속을 용접, 용단 또는 가열하는 장치를 말한다.

(가) 아세틸렌 가스발생기

아세틸렌 가스발생기는 카바이트에 물을 작용시켜 아세틸렌 가스를 발생시키고 또 아세틸렌 가스를 저장하는 장치를 말하며, 아세틸렌 가스를 발생시킬 때 화학반응에 따른 열이 생기는데 카바이트 1[kg]에 대하여 약 500[kcal]의 열이 발생한다. 아세틸렌 발생기에는 고정식과 이동식이 있으며, 압력에 따라 저압식(수주 300 이하), 중압식(수주 300~2,000[mm]), 고압식(수주 1,500~2,000[mm])이 있다.

발생 구조에 따라 분류하면 투입식, 주수식 및 침지식 등이 있다.

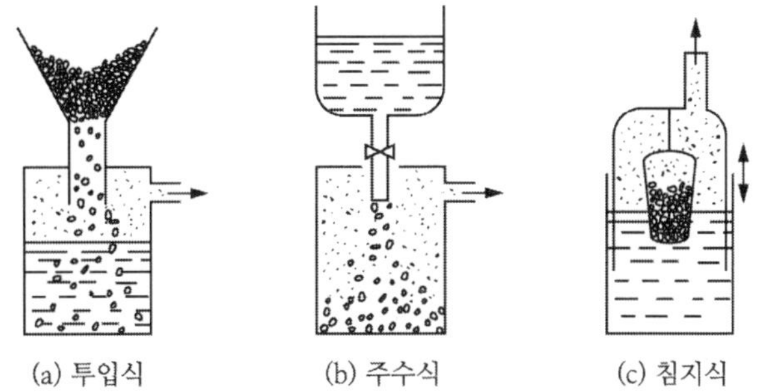

[그림 6.17] 아세틸렌 발생기 형식

① 투입식

물속에 카바이트를 투입하여 아세틸렌 가스를 발생시키는 것으로서, 아세틸렌 가스가 물속을 통과하면서 청정되어 순도가 좋아지며, 반응열에 의한 온도 상승이 없어서 좋다. 다량의 아세틸렌가스를 요할 때 사용되나, 아세틸렌가스의 일부가 물속에 용해되어 손실되며, 슬래그를 제거하는 데 불편하다.

② 주수식

카바이트에 주수하여 아세틸렌 가스를 발생시키는 것으로서, 주수의 자동조절이 용이하고, 슬래그를 제거하는 데 편리하나, 온도가 상승하기 쉽고 투입식에 비하여 아세틸렌의 순도가 떨어진다.

③ 침지식

투입식과 주수식을 절충한 것이라 할 수 있으며, 아세틸렌 가스 소비량에 따라 발생량이 자동으로 조절되나 반응열에 의하여 온도가 상승하는 단점이 있으며, 일반적으로 소량의 아세틸렌 가스를 요할 때 사용된다.

아세틸렌 가스는(C_2H_2)는 카바이트(CaC_2)에 물을 작용시켜서 얻으며, 이때의 화학 반응은 다음과 같다

$$CaC_2 + H_2O \rightarrow C_2H_2 + Ca(OH)_2 + 31.67Kcal$$

이때 발생된 아세틸렌 가스는 대단히 불안정한 가스이기 때문에 발화폭발의 위험성이 있으므로 주의해야 하며 발생기 내의 물의 양이 충분하지 않아도 발생기가 과열되어 아세틸렌을 분해 폭발시키게 되므로 물의 온도가 60℃를 넘지 않도록 하여야 한다.

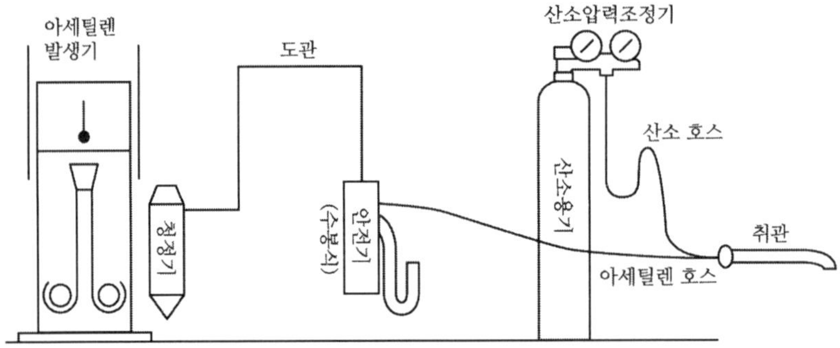

[그림 6.18] 아세틸렌 용접장치

아세틸렌 가스의 특성은 다음과 같다.

① 탄소와 수소의 화합물(C_2H_2)로서 공기보다 가볍고 불안정한 가스이다.

② 순수한 것은 무색무취이고 여러 가지 액체에 잘 용해된다.

③ 1.5~2기압 이상으로 압축하면 폭발의 위험성이 있다.

④ 구리, 은, 수은 등과 접촉하면 폭발성 화합물인 아세트라이드로 변한다.

⑤ 아세틸렌과 구리가 화합하는 경우, 충격을 주거나 120℃로 가열하면 폭발하게 된다.

참고

- 아세틸렌 발생기실 설치장소
  ① 발생기실은 건물의 최상층에 위치하여야 하며, 화기를 사용하는 설비로부터 3[m]를 초과는 장소에 설치하여야 한다.
  ② 발생기실을 옥외에 설치할 때는 그 개구부를 다른 건축물보다 1.5[m] 이상 떨어지도록 한다.
  ③ 아세틸렌 용접장치의 아세틸렌 발생기를 설치하는 경우 전용의 발생기실에 설치
- 발생기실의 구조
  ① 벽은 불연성의 재료로 하고 철근콘크리트 기타 이와 동등 이상의 강도를 가진 구조로 한다.
  ② 지붕 및 천장에는 얇은 철판이나 가벼운 불연성 재료로 한다.
  ③ 바닥면적의 1/16 이상의 단면적을 가진 배기통을 옥상으로 돌출시키고 그 개구부를 창 또는 출입구로부터 1.5[m] 이상 떨어지도록 한다.
  ④ 출입구의 문은 불연성 재료로 하고 두께 1.5[mm] 이상의 철판 기타 동등 이상의 강도를 가진 구조로 한다.
  ⑤ 벽과 발생기 사이에는 발생기의 조정 또는 카바이트 공급 등의 작업을 방해하지 않도록 간격을 확보한다.
- 아세틸렌 용접장치 압력의 제한
  아세틸렌 용접장치 사용하여 금속의 용접 · 용단하는 경우에는 게이지 압력이 127[kPa]를 초과하는 압력의 아세틸렌을 발생시켜 사용해서는 아니 된다.
- 격납실
  사용하지 않고 있는 이동식 아세틸렌 용접장치를 보관하고 있는 경우 전용의 격납실에 보관한다.

[문 제]

아세틸렌은 특정물질과 결합 시 폭발을 쉽게 일으킬 수 있는데 다음 중 이에 해당하지 않는 물질은?

(2015년 기출문제)

① 은(Ag) ② 철(Fe)
③ 수은 (Hg) ④ 구리(Cu)

해설 아세틸렌 가스의 특징은 구리, 은, 수은 등과 접촉하면 폭발성 화합물인 아세트라이드로 변한다.

[문 제]

산업안전보건법령에 따라 아세틸렌－산소용접기의 아세틸렌 발생기실에 설치해야 할 배기통은 얼마 이상의 단면적을 가져야 하는가?

(2014년 기출문제)

① 바닥면적의 $\frac{1}{16}$ ② 바닥면적의 $\frac{1}{20}$
③ 바닥면적의 $\frac{1}{24}$ ④ 바닥면적의 $\frac{1}{30}$

(나) 용해 아세틸렌 용기

아세틸렌 용기는 고압으로 사용하지 않으므로 용접하여 제작한다. 아세틸렌은 기체상태로 압축하면 위험하므로 아세톤을 흡수시킨 다공성 물질(목탄, 규조토)을 넣고 아세틸렌을 흡수, 압축시킨다. 아세틸렌 용기는 15℃에서 15[kg/cm^2]으로 충전하여 사용한다. 아세틸렌가스가 아세톤에 용해되는 성질을 이용하여 그림과 같은 용기 내의 아세톤에 다량의 아세틸렌 가스를 용해시켜 저장하면 가스 상태에서 보다 안전하고 운반하기에 편리하다. 사용시에 밸브를 열어 압력을 강하시키면 기화하여 호스로 도출된다.

용기에는 여러 가지 크기가 있으나 두께 4.5[mm], 지름 310[mm]로 내용적이 15[L], 30[L], 50[L] 등이 있고, 그 중 30[L]의 것이 많이 사용된다. 50[L]의 용기에는 21[L]의 아세톤이 흡수되어 있고, 15℃와 15기압에서 아세톤 1[L]에 아세틸렌 가스 324[L]가 용해될 수 있다. 따라서 이 용기에는 21×324=6,804[L]의 아세틸렌 가스가 들어갈 수 있다. 아세틸렌 가스 910[L]가 1[kg]이므로 이 용기 내의 아세틸렌의 무게는 6,804/910=7.477[kg]이다.

용해 아세틸렌 가스의 사용상 주의해야 할 점을 열거하면 다음과 같다.

① 용기를 바로 세우고 통풍이 잘 되며 직사광선이 들지 않는 곳에 둔다.

② 이음부는 비눗물로 검사한다.

③ 용기의 안전밸브가 70℃에서 녹으므로 가열되지 않도록 한다.

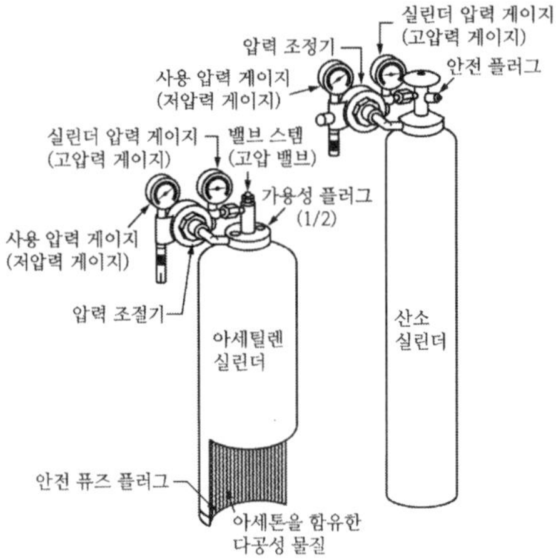

[그림 6.19] 용해아세틸렌 용기 및 산소용기

(다) 산소용기

① 산소제조 및 성질

산소제조법에는 공업용으로 물의 전기분해에 의한 방법, 공기 중의 산소를 모으는 방법 등이 있으며, 용접에 사용되는 산소는 공기를 모아 액체공기를 만들고, 다시 분류해서 이용하는 것이 대부분이다. 즉 공기를 가압하고 팽창시켜 액체로 만든 다음 산소와 질소의 다른 비점을 이용하여 분류한다.

산소의 비점은 −183℃, 질소의 비점은 −196℃이므로 액체질소를 먼저 증발시키고, 산소를 압축기에 35℃에서 150기압으로 압축 저장하여 시판하고 있다. −119℃에서 50 기압으로 압축하면 담황색의 액체로 되며, 이 액체산소를 용기에 넣어 다량의 산소를 운반할 수 있다. 산소는 812℃에서 액화되어 액체산소가 된다.

② 산소용기(산소봄베)

산소용기는 경합금으로서 인장강도 57[kg/mm²], 연신율 18% 이상의 재료로 되어 있으 며, 산소의 대기 중에서의 환산체적이 5,000, 6,000, 7,000[L]의 것이 있으며 내용적 33.7[L], 산소용기 호칭 5,000[L] 용기가 많이 사용된다.

산소용기의 밸브는 황동제이며, 용기본체, 밸브, 캡의 3부분으로 되어 있다. 산소용기 밸브는 산소용기 윗부분에 끼워져 있으며 밸브에는 산소밸브를 완전히 열었을 때 고압 밸브 시트에서 산소가 새는 것을 방지하기 위한 패킹이 있고 산소용기가 파열되기 전에 먼저 파손되어 산소용기의 파열을 방지해주는 안전밸브가 있다. 산소출구에는 산소압력 조정기를 연결하는 나사부가 있고 <u>산소용기 밸브를 운반 중에 보호하기 위한 안전캡을 씌운다.</u>

참고

- <u>가스용접용 산소용기 각인(예)</u>
  ① TP50 : 내압시험압력[MPa]이 50[MPa]
  ② FP15 : 최고사용압력[MPa]이 15[MPa]
- <u>가스용기에 표시해야 할 것(예)</u>
  ① DP25 : 최고사용압력 25[MPa]
  ② DT15 : 설계온도 15℃

[문 제]

가스용접용 산소용기에 각인된 "TP50"에서 TP의 의미로 옳은 것은? (2015 기출문제)

① 내압시험압력 ② 인장응력
③ 최고충전응력 ④ 검사용적

③ 충전가스 용기의 도색

충전가스용기는 표 6.2의 색으로 도색하여 구분한다.

표 6.2 충전가스 용기의 도색

가스의 명칭	도 색	가스의 명칭	도 색
산 소	녹 색	암모니아	백 색
수 소	주황색	아세틸렌	황 색
탄산가스	청 색	프 로 판	회 색
염 소	갈 색	아 르 곤	회 색

[문 제]

다음 중 가스용접작업 시 충전가스 용기 색깔 중에서 틀린 것은? (2015년 기출문제)

① 프로판 가스 : 회색　② 아르곤 가스 : 회색

③ 산소 가스 : 녹색　④ 아세틸렌 가스 : 백색

④ 산소용기의 이동 시 주의사항

ⓐ 산소밸브는 반드시 닫고 캡을 부착시켜 밸브의 손상을 방지하는 조치를 한 후 이동한다.

ⓑ 산소용기를 상차 또는 하차작업 시 난폭한 취급을 하여서는 아니 되며, 충격을 최소한으로 방지하기 위하여 고무판 또는 가마니 등을 사용한다.

ⓒ 용기는 뉘어두거나 굴리는 등 충돌, 충격을 절대 주지 않는다.

ⓓ 가능한 한 운반구를 이용하고, 손으로 이동시 넘어지지 않게 주의한다.

⑤ 산소용기를 사용할 때 주의사항

ⓐ 가스 충전 후 24시간 방치 후에 사용한다.

ⓑ 밸브의 개폐는 천천히 해야 하며 기름이 묻은 손이나 장갑을 끼고 취급하지 않아야 한다.

ⓒ 반드시 사용 전에 가스 누설검사를 한다.

ⓓ 각종 불씨로부터 멀리하고 화기로부터 4[m] 이상 떨어지게 한다.

ⓔ 사용이 끝난 용기는 빈병이라고 표시하고 실병과 구분하여 보관한다.

ⓕ 통풍이 잘되고 직사광선이 없는 곳에 보관하여 항상 40℃ 이하를 유지한다.

ⓖ 가연성 가스를 용기 옆이나 스파크 발생이 쉬운 장소에 두지 않는다.

ⓗ 용기 내의 압력이 너무 상승되지 않도록 (170[kg/cm^2] 이상)한다.

ⓘ 추운 겨울에 산소밸브가 얼어서 산소의 분출이 나쁘거나 나오지 않는 경우에 화기를 사용해서는 안되며 더운 물, 증기 등으로 가열하여 녹인다.

(라) 압력조정기 및 토치

① 압력조정기

용기 내의 아세틸렌 가스와 산소는 고압이기 때문에 용접할 때에는 필요한 압력으로 감압하여야 한다. 아세틸렌 가스는 0.1~0.5[kg/cm^2], 산소는 1~5[kg/cm^2] 정도로 한다. 이때의 감압 밸브를 압력 조정기라고 한다.

압력 조정기의 구조와 작동원리는 아세틸렌 가스용과 산소용이 같으며, 산소용은 오른나사, 아세틸렌용은 왼나사로 되어 있어 용기에 장착할 때 혼돈을 피하고 있다.

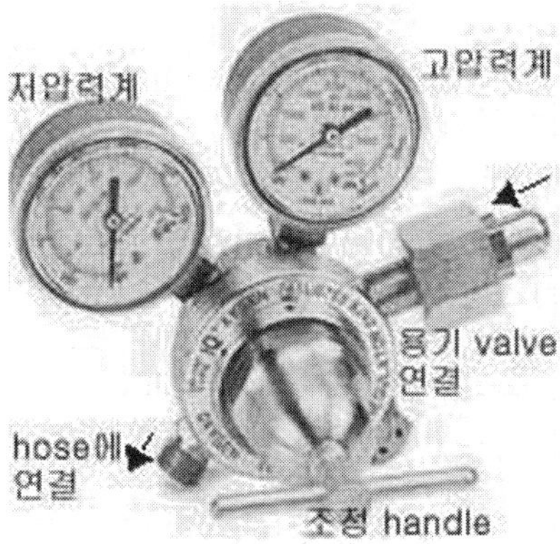

[그림 6.20] 압력조정기

② 토치(취관 : torch)

ⓐ 개요

토치는 손잡이, 혼합실, 팁(tip)의 3부분으로 되어 있으며, 사용압력에 의하여 저압식, 중압식, 고압식 토치가 있다. 저압식은 아세틸렌의 압력이 0.07[kg/cm^2] 이하에서 사용된다. 중압식 토치는 아세틸렌의 압력이 0.07~1.3[kg/cm^2]이다. 중압식 토치는 산소가 역화의 위험이 적기 때문에 두꺼운 판의 용접에 사용된다.

팁의 규격은 번호로 표시하고, 번호의 숫자는 용접 가능한 연강판의 두께를 [mm]로 표시한다. 예를 들면 10번은 10[mm] 두께의 연강판의 용접에 적합한 팁이다. 또는 팁은 아세틸렌의 유량[L/hr]을 번호로 표시하며, 용접 가능한 연강판의 두께[mm]는 팁 번호의 1/100에 해당한다. 즉 1,000번 팁은 10[mm] 두께의 연강판 용접에 적합하다는 의미이다.

두꺼운 판재를 용접할 때는 많은 열량이 필요하고, 많은 열량을 얻기 위하여는 가스가 많아야 한다. 많은 가스를 유출시키기 위하여는 큰 팁을 사용하는 방법 또는 유속을 크게 하는 방법이 있으나 노즐 직경이 큰 팁을 사용하면 필요한 양의 가스를 유출하는 데 유속을 낮게 취할 수 있다.

ⓑ 토치 안전 취급방법

- 작업에 적당한 칩을 선택하고 적당히 산소와 아세틸렌의 압력을 조정 유지한다.
- 우선 조정기의 밸브를 열고 토치의 콕 및 조정밸브를 열어서 호스 및 토치 중위 공기를 제거한 후에 사용한다.
- 토치에 점화할 때는 점화용 기구를 사용하고 성냥은 사용하지 않아야 한다.

- 팁이 가열될 때에는 냉각시키고 산소가스만을 적게 통하게 하여 서서히 냉각시킨다.
- 작업을 시작하기 전에는 호스나 토치의 연결부분이 완전히 체결되었는가를 확인하여 사용한다.
- 압력조정기를 설치하기 전에 용기의 안전밸브를 가볍게 2~3회 개폐하여 내부 구멍의 먼지를 불어낸다.
- 장시간 사용하지 않을 때는 용기 밸브를 잠그고 조정핸들을 풀어둔다.

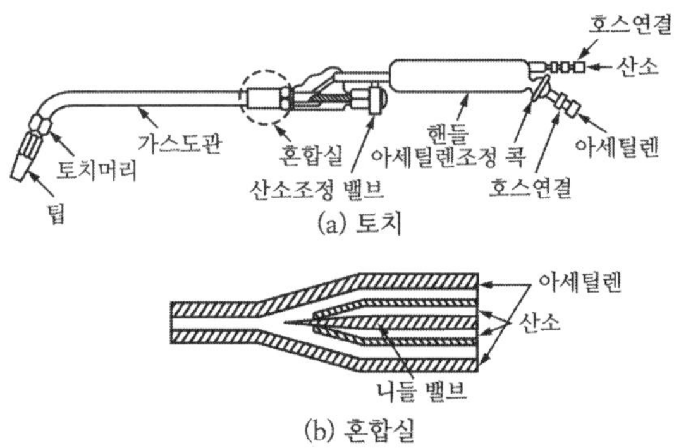

[그림 6.21] 토치의 각부 명칭

[문 제]

가스용접 작업을 위한 압력조정기 및 토치의 취급방법으로 틀린 것은? (2015년 기출문제)

① 압력조정기를 설치하기 전에 용기의 안전밸브를 가볍게 2~3회 개폐하여 내부 구멍의 먼지를 불어낸다.
② 압력조정기 체결 전에 조정핸들을 풀고 신속히 용기의 밸브를 연다.
③ 우선 조정기의 밸브를 열고 토치의 콕 및 조정밸브를 열어서 호스 및 토치 중의 공기를 제거한 후에 사용한다.
④ 장시간 사용하지 않을 때는 용기밸브를 잠그고 조정핸들을 풀어둔다.

해설 압력조정기 체결 전에 서서히 용기의 밸브를 열어 조정한다.

정답 ②

(마) 아세틸렌 가스청정기

아세틸렌 발생기에서 발생된 가스에 인화수소(H_2P), 황화수소(H_2S), 암모니아(NH_4) 등 유해한 물질이 들어 있어 화염의 온도를 저하시키고, 용접부에 악영향을 주며 작업 능률을 저하시킨다. 이러한 불순물을 제거하기 위한 아세틸렌가스 청정법에는 수세(水洗)에 의한 방법, 여과에 의한 방법, 화학처리법 등이 있으나, 일반적으로 화학처리법이 많이 이용된다. 청정제는 규조토, 크롬산칼륨, 황산, 물 등이 사용되고 있으며 아래 그림은 화학처리법의 예로 압력저하는 25[mmHg] 이하가 적당하다.

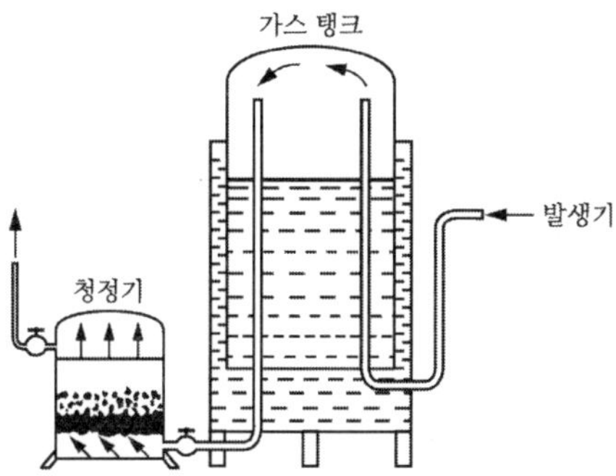

[그림 6.22] 아세틸렌가스 청정장치

(3) 가스집합용접장치

가스집합용접장치란 용접용 가스를 다량으로 사용하는 작업장에서 안전한 장소에 산소 및 가연성가스 용기를 다수 결합해서 압력을 낮춘 뒤 배관에 의하여 작업 현장으로 가스를 공급하는 장치를 말하며 가스집합용접장치, 안전기, 압력조정기, 도관 등에 의해 구성되고 가연성 가스 및 산소를 사용하여 금속을 용접, 용단 또는 가열하는 장치를 말한다.

(4) 가스용접 시의 재해유형

(가) 폭발

아세틸렌 발생기에 흡입된 공기나 산소에 의하여 아세틸렌의 산화, 폭발하거나 안전기의 미비, 토치의 취급부주의로 인한 역화, 역류 등에 의한 폭발과 용접, 가스절단의 불꽃에 의한 인화, 카바이트 발생기의 취급부주의로 인한 폭발 등이 있다.

> **참고**
>
> • 아세틸렌 용접장치 역화 원인
> ① 압력조정기의 고장　② 산소공급의 과다　③ 과열
> ④ 토치성능의 부실　⑤ 토치에 이물질이 묻은 경우
>
> • 역화 시 조치사항 : 산소밸브를 즉시 잠그고 아세틸렌 밸브를 잠금
>
> • 토치 점화 : 조정기의 압력을 조정하고 먼저 토치의 아세틸렌 밸브를 연 다음 산소밸브를 점화시킴

(나) 화재

① 용접이나 절단작업 시 불꽃이나 용융금속의 비산으로 인한 화재
② 작업장 주위 인화성 액체, 기름걸레, 목재류 등의 정리정돈 불량으로 인한 화재
③ 카바이트 저장, 보관상태 불량, 침수에 의한 자연발화 화재

(다) 화상

① 토치불꽃이나 용융금속의 취급부주의

② 토치나 호스 접속불량, 압력조정기 밸브 불량

(라) 중독

① 납과 아연, 도금재료 용접이나 절단 시 발생하는 가스에 의한 중독

② 알루미늄 용매 중의 플루오르화물, 산화질소, 일산화질소 등 유해가스에 의한 중독

③ 공기의 흐름이 차단된 저장탱크 내에서 작업 시 중독 ⇒ 유해가스점검 및 환기 필요

(5) 아세틸렌 용접장치 또는 가스집합용접장치의 방호장치

(가) 방호장치의 종류

아세틸렌 용접장치 또는 가스집합용접장치에는 가스의 역화 및 역류를 방지하기 위하여 안전기를 설치하며 종류는 수봉식안전기와 건식안전기가 있다.

(나) 수봉식 안전기

① 저압용수봉식 안전기

사용압력이 0.07[kg/cm^2] 미만에 사용하며 저압용수봉식 안전기의 동작원리는 다음 그림과 같으며, 다음의 성능을 갖추어야 한다.

ⓐ 도입관은 수봉식이어야 한다.

ⓑ 수봉배기관을 갖추어야 한다.

ⓒ 유효수주는 25[mm] 이상을 유지해야 한다.

ⓓ 주요부분은 두께 2[mm] 이상의 강판, 강관을 사용한다.

→ 내부의 가스폭발에 견딜 수 있는 구조로 함

ⓔ 수위점검 및 물의 공급, 교환이 용이하여야 한다.

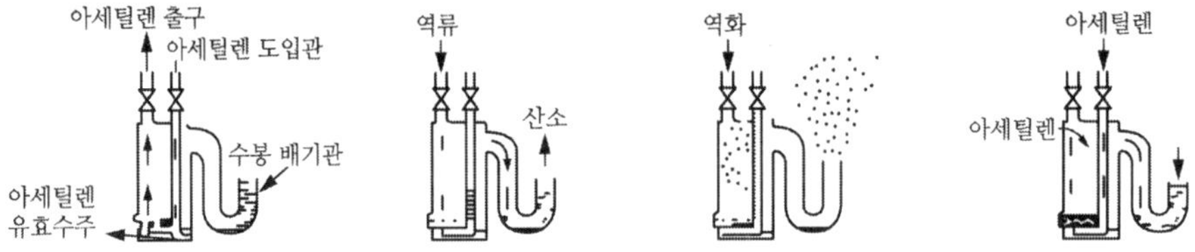

(a) 정상인 사용상태 (b) 취관에서 산소의 역류 (c) 취관에서의 역할 (d) 아세틸렌 발생기 압력의 과대

[그림 6.23] 저압용 수봉식 안전기의 동작원리

[문 제]

아세틸렌 용접장치의 안전기에 사용되는 강관 또는 강관의 최소 두께[mm]는?

① 0.5 ② 1.0 ③ 1.5 ④ 2.0

[문 제]

다음 중 산소 – 아세틸렌 가스용접 시 역화의 원인과 가장 거리가 먼 것은? (2013년 기출문제)

① 토치의 과열 ② 팁의 이물질 부착
③ 산소공급의 부족 ④ 압력조정기의 고장

[문 제]

다음 중 아세틸렌 용접장치에서 역화의 발생원인과 관계가 먼 것은? (2012년 기출문제)

① 압력조정기가 고장으로 작동이 불량할 때
② 수봉식 안전기가 지면에 대해 수직으로 설치될 때
③ 토치의 성능이 좋지 않을 때
④ 팁이 과열되었을 때

해설 아세틸렌 용접장치 역화원인
① 압력조정기의 고장 ② 산소공급의 과다
③ 과열 ④ 토치성능의 부실
⑤ 토치에 이물질이 묻은 경우

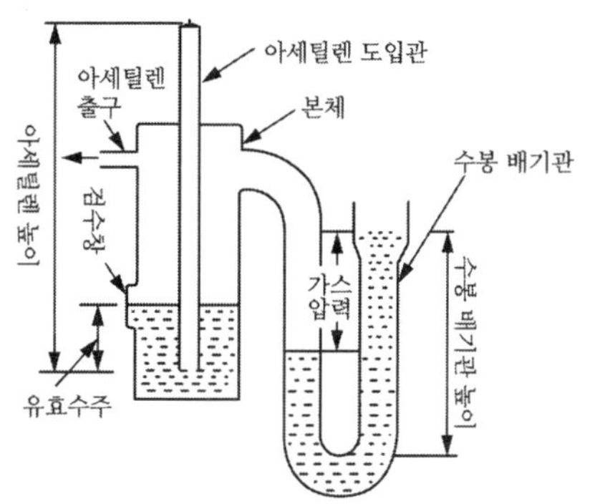

[그림 6.24] 저압용 수봉식 안전기

② 중압용수봉식 안전기

중압용에도 저압용과 동일한 모양의 수봉배기관을 사용할 수 있지만 그 높이가 13[mm] 정도 필요하게 되므로 실용적이지 못해 거의 사용하지 않는다. 구조는 기계적 역류역지 밸브, 안전밸브 등을 갖춘 것이 이용되며 중압용수봉식 안전장치의 성능은 다음과 같다.

ⓐ 도입관에 밸브나 콕을 부착한다.

ⓑ 도입관은 수봉식으로 하고 유효수주는 50[mm] 이상으로 한다.

ⓒ 수봉배기관은 안전기의 압력이 1.5[kg/cm^2]에 도달하기 전 배기시킬 수 있는 능력을 갖출 것

ⓓ 파열판은 안전기 내의 압력이 5[kg/cm^2]에 도달하기 전 파열될 것

ⓔ 주요부분은 안전기의 내경에 따라 강판과 강관 사용한다.

표 6.3 주요부분의 두께

안전기의 내경[cm]	강판두께[mm]
10미만	2
10~15	3
15~20	4
20~30	6
30~50	10
50초과	16

ⓕ 주요부분 강판 및 강관의 접합부분은 확실한 방법(용접, 볼트, 나사)으로 체결

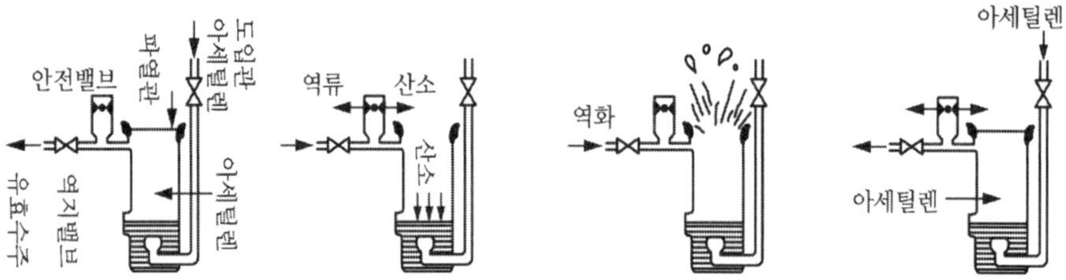

[그림 6.25] 중압용 수봉식 안전기의 동작원리

(다) 건식안전기(역화방지기)

최근에는 발생기식 아세틸렌 용접장치를 이용하는 것은 드물고 용해아세틸렌, LP가스 등의 용기를 사용하는 일이 많아지고 있으며 이러한 작업의 안전을 위해 사용되는 것이 건식안전기이다. 건식안전기에는 소결금속식과 우회로식의 두 가지 형식이 있다.

① 소결금속식 건식안전기

소결금속식 건식안전기의 구조 및 동작 원리는 [그림 6.25]와 같다. 이 안전기의 동작원리는 역행되어 온 화염이 소결금속에 의해 냉각소화 되고 또 역화압력에 의해 폐쇄밸브가 작동해서 가스 통로를 닫게 되어 있다.

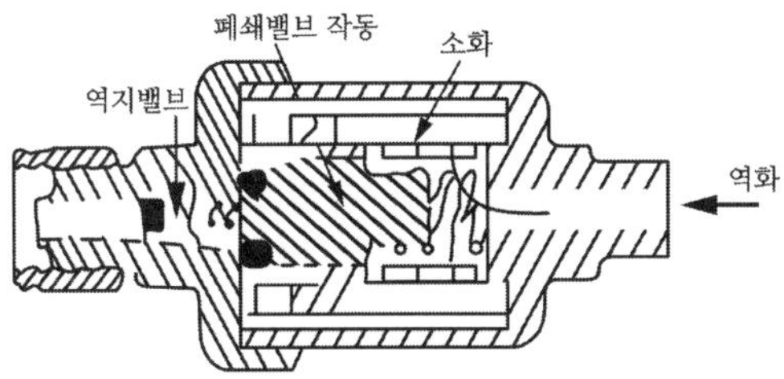

[그림 6.26] 소결금속식 건식안전기의 구조 및 동작원리

② 우회로식 안전기

우회로식 건식 안전기의 구조 및 작동은 [그림 6.27]과 같으며 역화의 압력파와 연소파를 분리해서 연소파가 우회로를 통과하고 있는 사이에 압력파에 의해서 압착자를 작동시켜 가스회로를 폐쇄시키고 역화를 저지하게 한 장치이다.

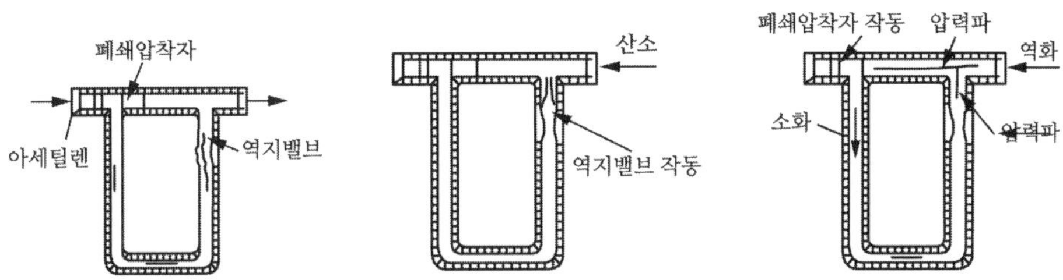

[그림 6.27] 우회로식 건식안전기의 동작원리

[문 제]

아세틸렌 용접장치의 역화를 방지하기 위하여 설치되는 역화방지기의 구조가 아닌 것은?

① 소염소자　　② 체크밸브
③ 역화방지장치　　④ 방출장치

해설 건식 역화방지장치의 종류는 소염소자를 이용한 소결금속식과 우회로식이 있으며 방출 장치는 압력용기, 보일러 등에 사용되는 안전장치이다.

[문 제]

다음 중 아세틸렌 용접장치에 설치하여야 하는 방호장치는? (2012년 기출문제)

① 안전기　　② 과부하장치
③ 덮개　　④ 파열판

(라) 안전기의 설치장소

① 아세틸렌 용접장치

ⓐ 취관마다 설치. 단, 주관 및 취관 취관에 가장 가까운 분기관마다 안전기를 부착한 경우는 제외한다.

ⓑ 주관 및 취관에 가장 근접한 분기관마다 설치(취관에 미설치의 경우)

ⓒ 가스용기와 발생기가 분리되어 있는 경우 아세틸렌 용접장치에 대하여 발생기와 가스용기 사이에 설치

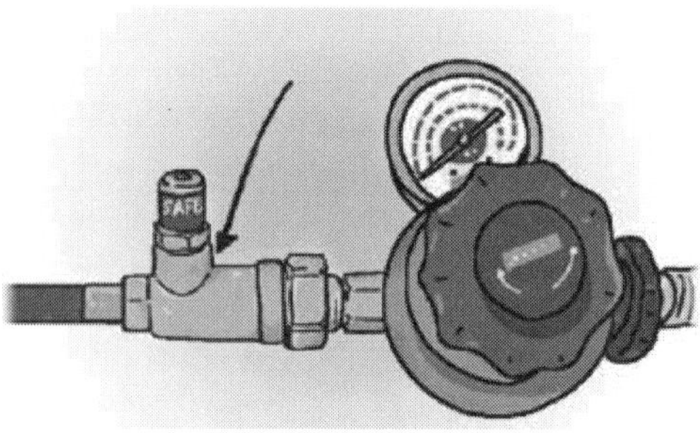

[그림 6.28] 역화방지기

ⓓ 아세틸렌 용접장치를 사용하여 금속의 용접·용단하는 경우에는 게이지 압력이 127[kPa(1.3kg/cm^2)]을 초과하는 압력의 아세틸렌을 발생시켜 사용해서는 아니 된다.

② 아세틸렌 용접장치 관리

ⓐ 아세틸렌 용접장치를 사용 금속의 용접 · 용단, 가열작업을 하는 경우 다음 사항을 준수한다.

ⓑ 발생기(이동식 아세틸렌 용접장치의 발생기는 제외)의 종류, 형식, 제작업체명, 매시 평균 가스발생량 및 1회 카바이트 공급량을 발생기실 내의 보기 쉬운 장소에 게시

ⓒ 발생기실에 관계 근로자가 아닌 사람이 출입하는 것을 방지

ⓓ 발생기에서 5[m] 이내 또는 발생기에서 3[m] 이내의 장소에서 흡연, 화기의 사용 또는 불꽃이 발생할 위험할 행위를 금지

ⓔ 아세틸렌 용접장치의 설치장소에 적당한 소화설비를 갖출 것

ⓕ 이동식 아세틸렌 용접장치의 발생기는 고온의 장소, 통풍이나 환기가 불충분한 장소 또는 진동이 많은 장소 등에 설치하지 않도록 조치

③ 가스집합용접장치

ⓐ 주관 및 분기관에 안전기를 설치해야 한다. 이 경우 하나의 취관에 대하여 2개 이상의 안전기를 설치해야 한다.

ⓑ 가스집합장치를 설치하는 경우 전용의 방(이하 "가스장치실")에 설치
단, 이동하면서 사용하는 가스집합장치의 경우 제외

ⓒ 가스장치실에서 가스집합장치의 가스용기를 교환하는 작업을 할 때 가스장치실의 부속설비 또는 다른 가스용기에 충격을 줄 우려가 있는 경우 고무판 등을 설치하는 등 충격방지 조치 실시

[문제]

아세틸렌 용접시 역화를 방지하기 위하여 설치하는 것은? (2012년 기출문제)

① 압력기 ② 청정기 ③ 안전기 ④ 발생기

해설 ⓐ 사업주는 아세틸렌 용접장치에 대하여 그 취관마다 안전기를 설치해야 한다. 다만, 주관 및 취관에 가장 근접한 분기관마다 안전기를 부착한 경우에는 그러하지 아니하다.
ⓑ 사업주는 가스용기가 발생기와 분리되어 있는 아세틸렌 용접장치에 대하여 발생기와 가스용기 사이에 안전기를 설치하여야 한다.

[문제]

아세틸렌 용접장치를 사용하여 금속의 용접 · 용단 또는 가열작업을 하는 경우 게이지 압력으로 얼마를 초과하는 압력의 아세틸렌을 발생시켜 사용해서는 아니 되는가? (2014년 기출문제)

① 85[kPa] ② 107[kPa] ③ 127[kPa] ④ 150[kPa]

해설 아세틸렌 용접장치를 사용하여 금속의 용접 · 용단하는 경우에는 게이지 압력이 127[kPa(1.3kg/cm^2)]을 초과하는 압력의 아세틸렌을 발생시켜 사용해서는 아니 된다.

[문제]

다음 중 산업안전보건법령에 따른 아세틸렌 용접장치에 관한 설명으로 옳은 것은? (2015년 기출문제)

① 아세틸렌 용접장치의 안전기는 취관마다 설치해야 한다.
② 아세틸렌 용접장치의 아세틸렌 전용 발생기실은 건물의 지하에 위치하여야 한다.
③ 아세틸렌 전용의 발생기실은 화기를 사용하는 설비로부터 1.5[m]를 초과하는 장소에 설치하여야 한다.
④ 아세틸렌 용접장치를 사용하여 금속의 용접 · 용단하는 경우에는 게이지 압력이 250[kPa]을 초과하는 압력의 아세틸렌을 발생시켜 사용해서는 아니 된다.

해설
- 아세틸렌 용접장치의 안전기는 취관마다 설치한다.
- 발생기실은 건물의 최상층에 위치하여야 하며, 화기를 사용하는 설비로부터 3[m]를 초과는 장소에 설치하여야 한다.
- 아세틸렌 용접장치를 사용하여 금속의 용접 · 용단하는 경우에는 게이지 압력이 127[kPa]을 초과하는 압력의 아세틸렌을 발생시켜 사용해서는 아니 된다.

(6) 아세틸렌 또는 가스집합용접장치의 안전기준

(가) 아세틸렌 용접장치의 안전기준

① 양압의 제한

아세틸렌 용접장치를 사용하여 금속의 용접, 용단 또는 가열작업을 하는 데에는 게이지 압력이 1.3[kg/cm^2]를 초과하는 압력의 아세틸렌을 발생시켜 사용하여서는 아니 된다.

② 격납실

사용하지 않은 이동식의 아세틸렌 용접장치를 보관할 때에는 전용의 격납실에 보관하여야 한다. 다만 기종을 분리하고 발생기를 세정한 후 보관할 때에는 임의의 장소에 보관할 수 있다.

③ 아세틸렌 용접장치의 안전관리

아세틸렌 용접장치를 사용하여 금속의 용접, 용단 또는 보관할 때에는 다음 사항을 준수해야 한다.

ⓐ 발생기(이동식은 제외)의 종류, 형식, 제작업체 명, 매시평균 가스발생량 및 1회의 카바이트 송급량을 발생기실 내의 보기 쉬운 장소에 게시할 것

ⓑ 발생기실에는 관계 근로자 외의 자가 출입하는 것을 금지시킬 것

ⓒ 발생기에서 5[m] 이내 또는 발생기실에서 3[m] 이내의 장소에서는 흡연, 화기의 사용 또는 불꽃이 발생할 위험한 행위를 금지시킬 것

ⓓ 도관에는 산소용과 아세틸렌용과의 혼돈을 방지하기 위한 조치를 취할 것

ⓔ 아세틸렌 용접장치의 설치장소에는 적당한 소화설비를 갖출 것

ⓕ 이동식의 아세틸렌 용접장치의 발생기는 고온의 장소 통풍이나 환기가 불충분한 장소 또는 진동이 많은 장소 등에 설치하지 아니하도록 할 것

④ 안전담당자의 임무

아세틸렌 용접장치를 사용하여 금속의 용접, 용단 또는 가열작업을 하는 때에는 안전담당자로 하여금 다음 사항을 이행하도록 하여야 한다.

ⓐ 작업방법을 결정하고 작업을 지휘하는 일

ⓑ 아세틸렌 용접장치의 취급에 종사하는 근로자로 하여금 다음의 작업의 요령을 준수하도록 하는 일

- 사용 중의 발생기에 불꽃을 발생시킬 우려가 있는 공구를 사용하거나 충격을 가하지 아니하도록 할 것
- 아세틸렌 용접장치의 가스누출을 점검하는 때에는 비눗물을 사용하는 등 안전한 방법에 의할 것
- 발생기실의 출입구의 문을 개방해두지 아니하도록 할 것

- 이동식 아세틸렌 용접장치의 발생기에 카바이트를 교환할 때에는 옥외의 안전한 장소에서 할 것

ⓒ 아세틸렌 용접작업을 시작하는 때에는 아세틸렌 용접장치를 점검하고 발생기 내부로부터 공기와 아세틸렌의 혼합가스를 배제하는 일

ⓓ 안전기는 작업 중 그 수위를 쉽게 확인할 수 있는 장소에 놓고 1일 1회 이상 점검하는 일

ⓔ 아세틸렌 용접장치 내의 물의 동결을 방지하기 위하여 보온 또는 가열할 때는 온수 또는 증기를 사용하는 등 안전한 방법에 의하여 하도록 하는 일

ⓕ 발생기의 사용을 중지한 때에는 물과 잔류 카바이트가 접촉하지 아니한 상태로 유지하는 일

ⓖ 발생기를 수리, 가공, 운반 또는 격납할 때에는 아세틸렌 및 카바이트를 접촉하지 아니한 상태로 유지하는 일

ⓗ 당해 작업에 종사하는 근로자의 보안경 및 보호장갑의 착용상황을 감시하는 일

ⓘ <u>아세틸렌 용접 시 화재가 발생하였을 때는 먼저 메인밸브를 잠근다.</u>

ⓙ <u>가스용접용 용기의 저장소는 온도는 40℃ 이하로 유지</u>해야 한다.

[문 제]

아세틸렌 용접 시 화재가 발생하였을 때 제일 먼저 해야 할 일은? (2015년 기출문제)

① 메인밸브를 잠근다. ② 용기를 실외로 끌어낸다.
③ 관리자에게 보고한다. ④ 젖은 천으로 용기를 덮는다.

해설 아세틸렌 용접 시 화재가 발생할 때는 메인밸브를 잠근다.

[문 제]

가스용접용 용기를 보관하는 저장소의 온도는 몇 [℃] 이하로 유지해야 하는가? (2013년 기출문제)

① 0[℃] ② 20[℃] ③ 40[℃] ④ 40[℃]

해설 각종 압력용기는 고압가스관리법에 의하여 저장실의 온도는 40[℃] 이하로 유지되는 곳에서 보관해야 한다.

(나) 가스집합용접장치의 안전기준

① <u>가스집합장치의 위험방지</u>

ⓐ 가스집합장치에 대하여는 <u>화기를 사용하는 설비로부터 5[m] 이상 떨어진 장소</u>에 설치하여야 한다.

ⓑ 가스집합장치를 설치할 때에는 전용의 방(가스장치실)에 설치하여야 한다.

ⓒ 가스장치실의 벽과 가스집합장치 사이에는 당해 장치의 취급가스용기의 교환작업에 필요한 간격을 확보하여야 한다.

② <u>가스실의 구조</u>

가스장치실을 설치할 때는 다음 구조로 설치하여야 한다.

ⓐ 가스가 누출될 때에는 당해 가스가 정체되지 아니하도록 할 것

ⓑ 지붕 및 천장에는 가벼운 불연성의 재료를 사용할 것

ⓒ 벽에는 불연성의 재료를 사용할 것

③ 가스집합용접장치의 장치

가스집합용접장치의 배관을 할 때에는 다음 사항을 준수하여야 한다.

ⓐ 후렌지, 밸브, 코크 등의 접합부에는 가스켓을 사용하고 접합면을 상호 밀착시키는 등의 조치를 할 것

> **참고** 개스켓
>
> 얇은 판상의 패킹재, 플랜지관, 실린더블록이나 실린더 헤드 등의 접합면에 기밀성을 유지하기 위해 끼워 넣는 것

ⓑ 주관 및 분기관에는 안전기를 설치할 것(이 경우 하나의 취관에 대하여 2개 이상의 안전기를 설치하여야 한다).

④ <u>동의 사용제한 및 가스집합용접장치의 안전관리</u>

용해아세틸렌의 가스집합용접장치의 배관 및 부속기구는 동 또는 동을 70% 이상 함유한 합금을 사용하여서는 아니 된다.

ⓐ 사용하는 가스의 명칭 및 최대가스저장량을 가스장치실의 보기 쉬운 장소에 게시할 것

ⓑ 가스용기를 교환하는 때에는 안전담당자의 참여하여 할 것

ⓒ 밸브, 코크 등의 조작 및 점검요령을 가스장치실의 보기 쉬운 장소에 게시할 것

ⓓ 가스장치실에는 관계 근로자 외의 자의 출입을 금지시킬 것

ⓔ 가스집합장치로부터 5[m] 이내의 장소에는 흡연, 화기의 사용 또는 불꽃을 발할 우려가 있는 행위를 금지시킬 것

ⓕ 도관에는 산소용과의 혼동을 방지하기 위한 조치를 할 것

ⓖ 가스집합장치의 설치장소에는 적당한 소화설비를 설치할 것

ⓗ 이동식 가스집합용접장치의 가스집합장치는 고온의 장소, 통풍이나 환기가 불충분한 장소 또는 진동이 많은 장소에 설치하지 아니하도록 할 것

ⓘ 용접작업을 행하는 근로자에게 보안경 및 안전장갑을 착용할 것

⑤ 안전담당자의 직무

가스집합용접장치를 사용할 때 안전담당자로 하여금 다음 사항을 이행하도록 하여야 한다.

ⓐ 작업방법을 결정하고 작업을 직접 지휘하는 일

ⓑ 가스집합장치의 취급에 종사하는 근로자로 하여금 다음의 작업요령을 준수하도록 하는 일

- 부착할 가스용기의 마개 및 배관 연결부에 부착되어 있는 유류. 찌꺼기 등을 제거할 것
- 가스용기를 교환하는 때에는 용기의 마개 및 배관 연결부 부분의 가스누출을 점검하고 배관 내의 가스가 공기와 혼합되지 아니하도록 할 것
- 가스누출을 점검하는 때에는 비눗물을 사용하는 등 안전한 방법에 의할 것
- 밸브 또는 코크의 개폐를 서서히 할 것

ⓒ 가스용기의 교환작업에 입회하는 것

ⓓ 작업을 시작하는 때에는 호스, 취관, 호스밴드 등의 기구를 점검하고 손상 · 마모 등으로 인하여 가스 또는 산소가 누출될 우려가 있다고 인정하는 때에는 보수하거나 교환하는 일

ⓔ 안전기는 작업 중 그 기능을 쉽게 확인할 수 있는 장소에 두고 1일 1회 이상 점검하는 일

⑦ 작업에 종사하는 근로자의 보안경 및 안전장갑의 착용상황을 감시하는 일

[문 제]

다음은 가스용기를 취급할 때 주의할 점이다 잘못된 것은?

① 용기를 사용하지 않을 때에는 밸브를 닫아 놓는다.
② 용기에 새겨져 있는 각인을 지우지 않는다.
③ 용기를 떨어뜨리지 않게 한다.
④ 용기를 굽힘 도구로 사용할 수 있다.

해설 가스용기 취급 시 주의사항

① 직사광선 화기를 피하고 용기의 온도를 40℃ 이하로 유지할 것
② 용기는 전도, 전락, 충격을 가하지 말고 신중이 취급할 것
③ 운반할 때는 캡을 씌울 것
④ 사용할 때에는 용기의 마개에 부착되어 있는 기름이나 먼지를 제거할 것
⑤ 밸브의 개폐는 서서히 할 것
⑥ 사용 전 또는 사용 중인 용기와 그 외의 용기를 명확히 구분하여 보관할 것
⑦ 아세틸런 용기는 세워둘 것
⑧ 용기의 부식 마모 또는 변형의 상태를 점검한 후 사용할 것
⑨ 용기를 사용하지 않을 때는 밸브를 닫아 놓을 것
⑩ 용기에 새겨져 있는 각인을 지우지 않을 것

6.4 기타 용접

6.4.1 전기저항용접

전기저항용접(electric resistance welding)은 용접재를 서로 접촉시켜 적당한 압력을 주면서 전류를 흘려보내서 접촉저항 및 금속 자체의 비저항에 의하여 발생하는 열로 가열되었을 때 압력을 가하여 접합하는 것이다. 전기저항용접에서는 아크 용접에 비하여 단시간에 많은 전류를 흐르게 하는 것이 필요하나, 용접 온도는 아크 용접에서 보다 낮다. 전기저항용접기는 저전압, 대전류가 흐르도록 되어 있고, 가압장치 및 가압제어장치 등이 부설되어 있다. 발열량 Q는 다음 식으로 계산된다.

$$Q = 0.24 \cdot I^2 \cdot R \cdot t$$

여기서 Q[cal]는 발열량, I[A]는 전류, $R[\Omega]$는 전기저항, t[sec]는 시간이다.

전기저항용접은 이음 형식에 따라 다음과 같이 분류할 수 있다.

(1) 맞대기 용접(butt welding)

① 업셋 맞대기 용접(upset butt welding)

② 플래시 맞대기 용접(flash butt welding)

(2) 겹치기 용접(lap welding)

① 점용접(spot welding)

② 시임 용접(seam welding)

③ 프로젝션 용접(projection welding)

(가) 맞대기 용접

2개의 금속에 전류를 통하게 하고 접촉부를 녹여 접합하는 방법이다.

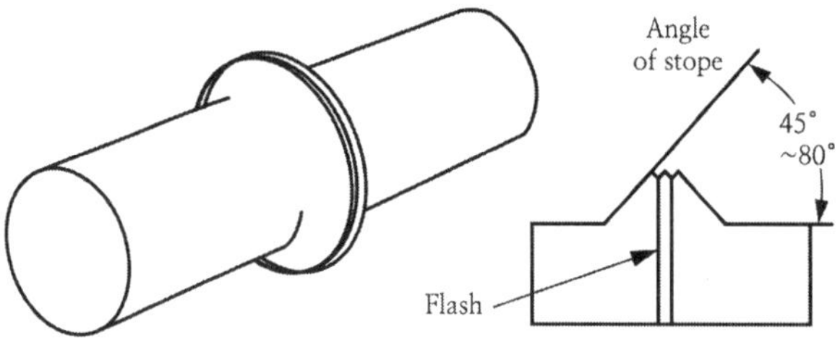

[그림 6.29] 맞대기 용접

(나) 점용접

6[mm] 이하의 판재를 점 접합할 때 알맞다.

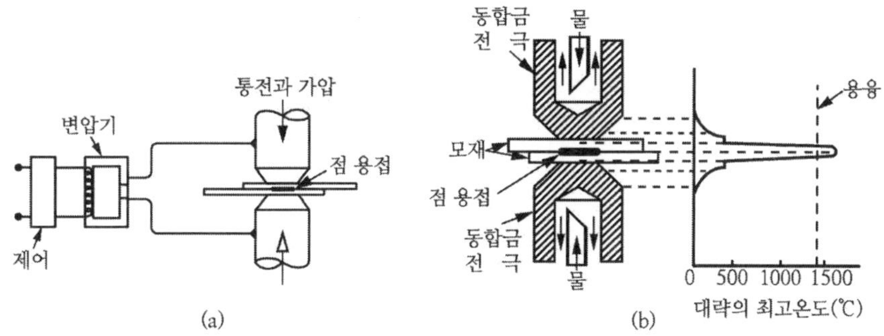

[그림 6.30] 점용접의 원리

(다) 시임 용접

얇은 강판의 기밀을 요하는 곳에 알맞다.(로울러 전극사용)

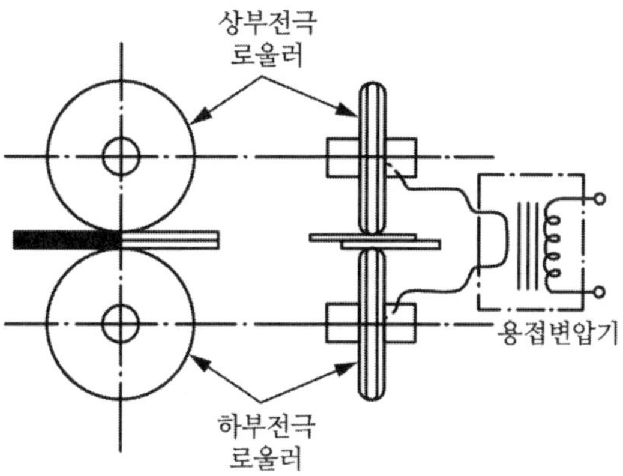

[그림 6.31] 시임용접의 원리

(라) 프로젝션 용접

일종의 점용접이나 그에 비해 외관이 깨끗하다.

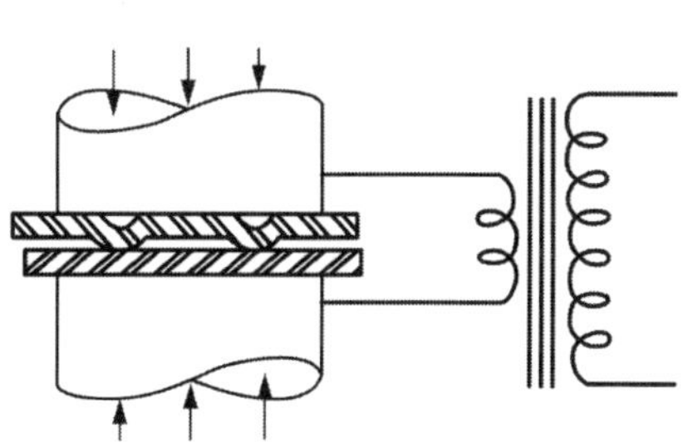

[그림 6.32] 프로젝션 용접 원리

6.4.2 불활성가스 용접

전극봉 주위에 아르곤이나 헬륨 등의 불활성가스를 분출시켜 용접부를 공기로부터 차단하여 산화나 질화를 방지하여 용접하는 방법으로 TIG 용접과 MIG 용접이 있다. 이 용접법의 개발로 인하여 종래에 용접이 곤란하거나 불가능했던 금속의 용접이 용이해지거나 가능해졌다. 이 용접법은 Al 합금, Mg 합금, Cu 합금, Ni 합금, Ti 합금 등의 용접에 많이 이용된다.

불활성가스 아크 용접법의 장단점은 다음과 같다.

(1) 장점

① 대체로 모든 금속의 용접이 가능하다.

② 용제를 사용하지 않으므로 슬래그가 없어 용접 후 청소가 필요 없다.

④ 전자세의 용접이 가능하다.

⑤ 용접 가능한 판의 두께 범위가 크다.

⑥ 용접 능률이 높다.

(2) 단점

용접 비용이 크다.

(3) 종류

① TIG(tangusten arc inert gas) 용접

텅스텐 전극봉을 사용하고 아크로 모재를 녹여 용접하는 비소모 전극식 용접

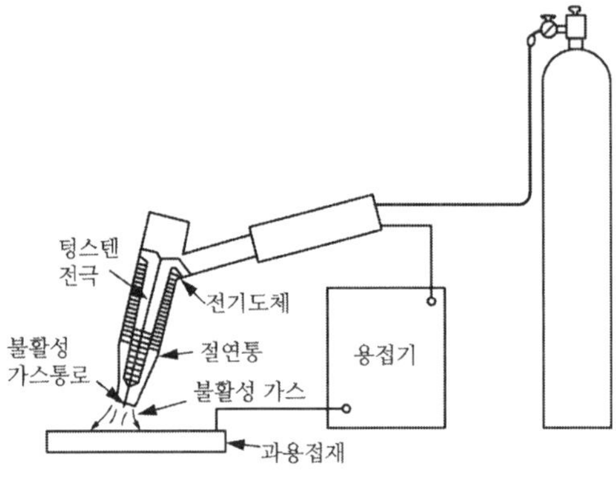

[그림 6.33] TIG 용접

② MIG(metal arc inert gas) 용접

모재의 재료와 같은 용접봉을 전극으로 사용하고 아아크로 용접봉 자체의 전극선을 녹여 용접하는 소모 전극식 용접

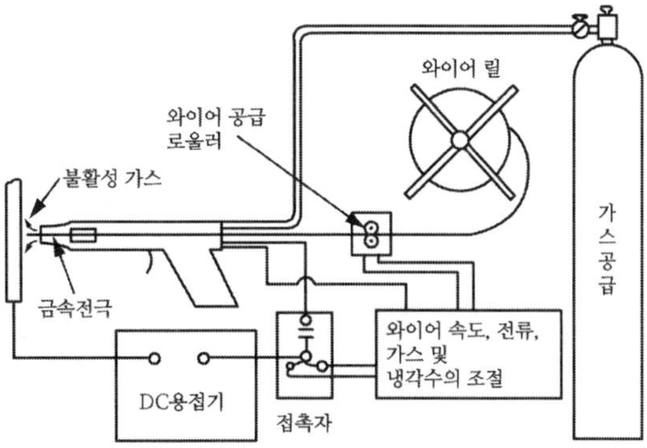

[그림 6.34] MIG 용접

Chapter 07

운반기계 및 양중기 안전

7.1 운반개요 및 운반기계

(1) 차량계 하역 운반기계

지게차, 구내운반차, 화물자동차, 셔블로우더 등으로 원동기를 내장하고 있는 기계로 불특정 장소에 스스로 이동 가능한 하역운반기계

(2) 컨베이어

화물을 연속적으로 운반하는 기계

(3) 양중기

중량물을 제한된 거리 범위 내에서 들어 올리거나 내리기 또는 이동하기 위한 각종 장비로 크레인, 승강기, 곤도라, 리프트 등을 말함

(4) 운반의 원칙

(가) 운반의 3조건

① 운반거리를 단축할 것
② 손이 많이 가지 않는 운반방식으로 할 것
③ 운반을 기계화할 것

(나) 운반의 5원칙

① 운반은 직선으로 행할 것
② 계속적으로 운반을 행할 것
③ 생산을 최고로 하는 운반을 행할 것
④ 운반작업을 집중화할 것
⑤ 최대한 수작업이 없도록 운반작업을 고려할 것

(5) 운반의 효율화 원칙

① 단위별 화물적재의 원칙(Unit load system)
운반의 단위를 정하여 중량, 수량, 하물모양 등의 단위화를 효율화한다.

② 가동율의 원칙(Equipment in motion)
운반의 연계나 이적, 적재 등을 막힘이 없이 계속적으로 흐르게 하여 가동율을 상승시켜 효율화를 도모한다.

③ 운반균형의 원칙(balanced Handling)
일련의 운반계통에 능률이 나쁜 병목현상의 부분의 문제점을 타개하여 균형을 이룬 흐름이 확보되도록 한다.

④ 배치의 원칙(Layout principle)
제품의 흐름을 효율적으로 하기 위해 설비, 기계의 배치를 고려하여 정리할 것

⑤ 기계화의 원칙(Mechanization)
작업 안정성을 증가시키고 피로를 감소시켜 운반효율을 감소시킨다.

⑥ 표준화의 원칙(Standardization)
기계의 형식, 작업방법 등을 표준화시켜 부품의 호환성, 근로자 훈련의 단일화를 도모할 수 있다.

⑦ 안전의 원칙(Safety)
시설의 안전화나 근로자의 교육훈련에 의해 재해 잠재요인을 제거한다.

⑧ 흐름의 원칙(Flow of materials)
연속적인 정량 · 정속의 흐름이야말로 가장 경제적이고 효율적이다.

⑨ 수평직선의 원칙(Straight line)
운반경로의 혼합성(교착 등)을 없애고 운반경비의 감소를 도모해야 한다.

⑩ 탄력성의 원칙(Flexibility)
운반기계가 임기응변적이고 예기치 않은 작업조건에 대응 가능한 것은 운반기계의 최대의 장점이며 융통성과 탄력성을 조건으로 한다.

⑪ 운반순도의 원칙(Purity Handling)
필요 이상의 과중포장(over-packing)은 중량이나 용기를 불필요하게 크게 하여 운반 경비를 낭비하게 한다.

⑫ 최소하역의 원칙(Last Handling principle)
운반은 일반적으로 손실작업이 많기 때문에 손실한도를 최소한도로 줄이는 연구를 실시하여 손실을 감소시켜야 한다.

⑬ 활성의 원칙(Live load)
화물이란 항상 움직이는 속성을 갖고 있으며 포장은 이동준비 작업이다. 따라서 물건을 적재하는 방법을 연구해서 다음 공정에 넘기는 작업이 쉽도록 하는 것이 바람직하다.

⑭ 공간활용의 원칙(Space saving)
장소의 활동은 평면적인 공간의 이동에 그치지 말고 입체적인 공간이용도 충분히 고려하여야 한다.

⑮ 자중경감의 원칙(Dead weight principle)
운반기계나 하역용구는 그 한계 내에서 자중을 될 수 있는 한 적게 하는 것이 좋다.

(6) 차량계 하역운반기계 주요 유해 · 위험 요인

① 차량계 하역운반기계 운행 중 노면불량 등 작업장 조건에 따른 넘어짐, 뒤집힘 위험

② 무자격자에 의한 운행 중 과속, 운전미숙에 의한 부딪힘, 끼임 위험

③ 작업반경 내 작업자 출입에 따른 부딪힘, 깔림 위험

④ 허용하중 초과 적재 · 사용에 따른 맞음, 넘어짐 위험 등

(7) 차량계 하역운반기계 작업 일반 준수사항

① 작업을 시작하기 전에 관리감독자로 하여금 필요한 사항을 점검하도록 하여야 한다.

ⓐ 지게차를 사용하여 작업을 하는 때

- 제동장치 및 조종장치, 하역장치 및 유압장치 기능의 이상 유무
- 바퀴의 이상 유무, 전조등 · 후미등 · 방향지시기 및 경보장치 기능의 이상 유무

ⓑ 구내운반차를 사용하여 작업을 할 때

- 제동장치 및 조종장치, 하역장치 및 유압장치 기능의 이상 유무
- 바퀴, 전조등 · 후미등 · 방향지시기 및 경음기 기능의 이상 유무
- 충전장치를 포함한 홀더 등의 결합 상태의 이상 유무

ⓒ 화물자동차를 사용하는 작업을 하게 될 때

- 제동장치 및 조종장치, 하역장치 및 유압장치 기능의 이상 유무
- 바퀴의 이상 유무

② 차량계 하역운반기계 사용 작업(화물자동차를 사용하는 도로상의 주행작업 제외)의 경우 작업계획서의 작성, 필요 시 작업지휘자를 지정하여 안전작업

- 해당 작업에 따른 추락 · 낙하 · 전도 · 협착 및 붕괴 등의 위험 예방대책
- 차량계 하역운반기계 등의 운행경로 및 작업방법

③ 승차석이 아닌 위치에 근로자를 탑승시켜서는 안되며, 화물자동차 적재함에 근로자를 탑승시켜서는 아니 된다.

④ 작업장소에 적합한 제한속도를 정하고 운전자로 하여금 준수하도록 하여야 한다.

[운행속도]

- 제한속도 : 10[km/h]
- 안전속도 : 8[km/h]

⑤ 운전자가 운전위치를 이탈하는 경우 다음 사항을 준수하도록 하여야 한다.

- 포크, 버킷, 디퍼 등의 장치를 가장 낮은 위치 또는 지면에 내려둘 것
- 원동기를 정지시키고 브레이크를 확실히 거는 등 갑작스러운 주행이나 이탈을 방지하기 위한 조치를 할 것
- 운전석을 이탈하는 경우에는 시동키를 운전대에서 분리시킬 것
- 하역 또는 운반 중인 화물이나 그 차량계 하역운반기계에 접촉되어 근로자가 위험해질 우려가 있는 장소에서는 출입시켜서는 아니 된다.
- 화물의 적재 · 하역 등 주된 용도에만 사용하여야 한다.

- 수리 또는 부속장치의 장착 및 해체작업을 하는 경우 지휘자를 지정하여 작업순서를 결정하여 작업을 지휘하고, 안전지주 또는 안전블럭 등의 사용 상황 등을 점검하도록 한다.

(7) 운반개선을 위한 체크리스트의 예

체크리스트란 운반개선의 단서를 찾아내기 위해 급소마다 진단항목을 작성하여 이것을 현장실정에 맞추어 "옳고", "그름"의 표시를 붙여 운반이 적정하게 이루어지고 있는지 여부를 진단하는 것이다.

다음은 그 하나의 예를 나타낸 것이다.

진단항목	적	부
1. 운반작업 중 옮기지 않아도 될 불필요한 동작이 들어 있지 않은가?		
2. 두 번 손이 가는 작업이 있지 않은가?		
3. 운반작업 중 중복되거나 멀리 돌아가거나 지그재그로 작업되는 일은 없는가?		
4. 너무 무거운 하물을 수작업으로 하고 있지는 않는가?		
5. 작업동작은 표준화되어 있지 않은가?		
6. 근로자는 작업의 내용을 이해하고 있는가? 혹은 이해하지 못하고 작업을 처리하고 있는가?		
7. 다수의 운반자가 매일 동일한 작업을 하고 있지는 않는가?		
8. 어께보다 높은 장소에 어께작업으로 하고 있지는 않는가?		
9. 보호구는 사용하고 있는가? 사용하는 보호구는 적당한가?		
10. 사람의 배치나 편성은 합리적인가? 당해 작업이 끝날 때가지 기다리는 자는 없는가?		
11. 숙련자나 안내자에게 의존하는 경향은 없는가?		
12. 숙련공이 안내자에게 의존하는 경향은 없는가?		
13. 새로운 기계를 생각하기 전에 현재 보유하고 있는 기계에 적절한 보조구를 연구할 대상은 없는가?		
14. 운반흐름의 연결부위가 네크가 되지는 않는가? 또는 일정한 장소에 화물이 적체되어 있지는 않는가?		
15. 준비작업이나 순서에 차질은 없는가?		
16. 운반단의의 형, 크기, 중량이 부적당하지는 않는가?		
17. 단의 적재법을 적용할 경우는 없는가?		
18. 적재방법을 기계화하여 천장공간을 보다더 이용할 수는 없는가?		
19. 바닥이 고저차나 노면불량 때문에 기계나 운반차의 운용이 원활하지 않는 곳은 없는가?		
20. 하물의 하치장소는 적당한가? 적재방법에 대한 불합리점은 없는가?		
21. 운반흐름을 정량적으로 균등하게 흐르게 할 이유는 없는가?		
22. 하물의 흐름, 사람의 움직임, 기계의 움직임에 대한 타이밍이 일치하고 있는가?		
23. 긴밀한 통신 연락제도가 취해지고 있는가?		
24. 동일한 안전사고나 운반작업사고는 자주 일어나고 있지 않은가?		
25. 전후작업의 연계가 잘 수행되고 있는가?		
26. 기계와 기계 사이에 협착될만한 것은 없는가?		
27. 일부분의 약한 곳 때문에 전체의 능력이 제약을 받는 곳은 없는가?		
28. 적당치 않다고 인정하면서 무리하게 사용하는 기계는 없는가?		
29. 하역기계의 보수비나 전력비가 높은 곳은 없는가?		
30. 한 개의 하역작업에 둘 이상의 다른 형태의 기계가 사용되고 있지 않은가?		
31. 인력으로 해야할 것을 동력으로 사용하는 것은 없는가?		

[문 제]

운반작업에서 안전관리자가 고려해야 할 사항이 아닌 것은?

① 손운반작업을 줄이거나 없앨 수는 없는가?
② 취급하는 재료가 야기시킬 수 있는 사고는 어떤 것이 있는가?
③ 보호구의 지급
④ 운반 소요시간

정답 ④

[문 제]

다음 중 인력운반 작업 시 안전수칙으로 적절하지 않은 것은? (2013년 기출문제)

① 물건을 들어 올릴 때는 팔과 무릎을 사용하고 허리를 구부린다.
② 운반 대상물의 특성에 따라 필요한 보호구를 확인, 착용한다.
③ 화물에 가능한 한 접근하여 화물의 무게중심을 몸에 가까이 밀착시킨다.
④ 무거운 물건은 공동작업으로 하고 보조기구를 이용한다.

해설 인력운반 작업 시 안전기준

ⓐ 한쪽 발은 들어 올리는 물체를 향하여 안전하게 고정시키고 다른 발은 그 뒤에 안전하게 고정시킬 것
ⓑ 등은 항상 직립유지(등을 굽히지 말 것)하여 가능한 한 지면과 수직이 되도록 할 것
ⓒ 무릎은 직각자세를 취하고 몸은 가능한 한 인양물에 근접하여 정면에서 인양할 것
ⓓ 턱은 안으로 당겨 척추와 일직선이 되도록 할 것
ⓔ 팔은 몸에 밀착시키고 끌어당기는 자세를 취하며 가능한 한 수평거리를 짧게 할 것
ⓕ 손가락으로만 인양물을 잡아당겨서는 아니 되며 손바닥으로 인양물 전체를 잡을 것
ⓖ 체중의 중심은 항상 양다리 중심에 있게 하여 균형을 유지할 것
ⓗ 인양하는 최초의 힘은 뒷발 쪽에 두고 인양할 것
ⓘ 대퇴부에 부하를 주는 상태에서 무릎을 굽히고 필요한 경우 무릎을 펴서 인양할 것

정답 ①

7.1.1 지게차

(1) 지게차 개요

지게차(Forklift－truck)은 하역작업에서 전용으로 쓰이는 특수 자동차로서, 중량물 하역 시나 작업현장에서 단거리 수송에 사용된다. 1932년에 미국에서 만들어진 것이 최초라고 알려지며, 미국에서 제2차 세계대전 중에 전시 하역기계로 사용되다가 전후 각국으로 도입되었다. 지게차는 운송능률의 효율화, 에너지 절약, 중량물 취급으로 인한 작업자 부담 경감을 가져온다는 점에서 급속하게 보급되었고, 현재는 중량물 수송 작업에서 필수적인 기계라고 할 수 있다.

지게차의 구조는 차체의 전방에 대개 2단의 신축성이 있는 기둥(mast)이 있으며, 여기에 포크가 연결되어 있어 상하로 움직이도록 되어 있는데, 이 포크에 화물을 얹어 위로 들어 올리는 구조로 되어 있다. 포크는 대개 전방으로 6°, 후방으로 12° 정도 경사져 있다. 들어 올리는 높이(최대높이)는 대략 3[m] 정도이며, 이 차량은 전륜에 큰 하중이 걸리게 되는데 전륜을 중심으로 해서 적은 반경으로 회전을 해야 하기 때문에 일반적으로 전륜구동, 후륜조향 방식의 구조를 가지고 있으며, 리치형인 경우는 반대의 구조로 되어 있다.

지게차는 구조와 용도에 따라 다음의 여러 종류가 있다.

① 동력원 종류에 따라 : 가솔린식, 디젤식, 액화석유가스식, 전기식

② 밸런스 종류

- 카운타형(counter형, 표준형) : 차체전면에는 포크와 마스트가 부착되어 있으며 차체 후면에는 카운터 웨이트 (무게중심추)가 설치된 지게차
- 리치형(reach형) : 마스트 또는 포크가 전후로 이동할 수 있는 지게차

③ 포크의 위치에 따라 : 전방(보통의 것), 측방(side 포크리프트)

④ 사용장소에 따라 : 옥외포크리프트, 옥내포크리프트 등으로 분류된다.

[그림 7.1] 카운터 밸런스형

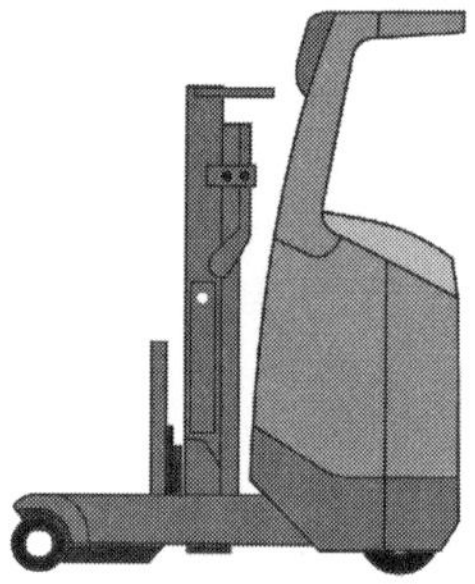

[그림 7.2] 리치형

또 포크가 앞쪽 지면에 거의 닿는 위치에 있기 때문에 화물을 적재했을 때는 전방을 살피기가 어렵고, 마스트나 백레스트(back rest)도 시야를 방해하게 되는 구조상의 특징을 갖고 있기 때문에 이로 인한 주위의 사람이나 물체와의 접촉 등 오조작을 자주 일으키기 쉽다.

지게차 운전작업은 들어 올리는 장치를 갖춘 산업장 트럭을 운전하고 이 직업과 관련된 다양한 업무이다.

지게차 운전원은 생산공장 · 창고 · 저장소 · 기타 장소에서 생산품 · 원료 · 반제품 · 자재 · 용탕 등을 하역 · 운반 · 적재하는 지게차를 운전하는 근로자를 말한다. 지게차 운전원의 작업 내용은 지게차를 점검하고 작업지시서에 따라 작업장소로 지게차를 운전하여 간다. 조종간을 동작시켜 포크(짐받이)를 운반물체 밑으로 밀어 넣는다. 각종 레버 · 클러치 · 브레이크 · 핸들 등을 조작하여 정지간 또는 운전 상태에서 물품을 들어 올리고, 이동하고 지정된 장소에 적재한다. 포크를 물품 밑에서 꺼낸다. 작업일지를 작성한다.

(2) 지게차 장 · 단점

(가) 장점

① 운반 · 하역작업시 운전자 1명으로 작업할 수 있으므로 인원이 절감된다.

② 운반 · 하역 시의 안전성은 다른 기계에 비하여 우수하다.

③ 적당한 운반거리(50[m] 이내)일 경우 하역량은 극대화된다.

④ 작업공간의 이용효율이 다른 기계에 비하여 크다.

⑤ 손(수동) 운반의 감소로 근로자의 육체적 피로가 감소한다.

(나) 단점

① 차체의 안정을 유지하기 위해 차체의 중량이 비교적 무겁다.

② 옥내용 지게차는 소형이므로 화물을 실었을 경우 평형에 대한 안전성은 다른 기계에 비하여 약간 뒤떨어진다.

③ 하역 성능을 위한 마스트가 주행 시 장해가 된다.

④ 이동 시에 통로가 확보되어야 하므로 작업 노면의 이용률이 저하된다.

⑤ 적재 시 전방 시야의 장해는 구조상 치명적이다

(3) 지게차 재해 유형

지게차는 저속차량이지만 차량이 무겁고 구동력이 크므로 함부로 운전하면 전도 등의 중대재해를 발생시키기 쉽다. 따라서 운전자와 유도자는 주위의 상황을 잘 살피고 보행자나 높이 적재되어 있는 물건들에 대하여 유의해야 한다. 또한 다른 운반기계(트레일러, 트랙터, 트럭, 컨베이어 등)와 함께 각종 작업에 사용되므로 사전에 작업계획을 세워서 그 계획에 따라 작업하여야 한다.

지게차 작업에 따른 위험요인은 크게 다음과 같이 3가지로 나눌 수 있다.

표 7.1 지게차 작업의 위험성

위험성	원인
물체의 낙하	• 불안정한 화물의 적재 • 부적당한 작업장치 선정 • 미숙한 운전조작 • 급출발, 급정지, 급선회
보행자 등과 접촉	• 구조상 피할 수 없는 시야의 악조건(특히 대형의 것) • 후륜주행에 따른 후부의 선회 반경
차량의 전도	• 요철 바닥면의 미정비 • 취급되는 화물에 비해서 소형의 차량 • 화물과 적재

(4) 재해방지대책

(가) 지게차 주요 방호장치

① 전조등, 후조등

지게차는 야간작업 시에 전후방의 조명을 확보하여야 하며 안전한 작업이 되도록 하기 위하여 전조등과 후미등을 갖추어야 한다.

[그림 7.3] 전조등 및 후미등

② 헤드가드

위쪽으로부터 물체의 낙하에 의한 위해를 방지하기 위하여 머리 위에 설치하는 덮개이다.

[헤드가드 설치기준]

ⓐ 강도는 지게차 최대하중의 2배 값(4[t]을 넘는 값에 대하여는 4[t]으로 한다.)의 등분포정하중에 견딜 수 있어야 한다.

ⓑ 상부틀의 각 개구의 폭 또는 길이가 16[cm] 미만일 것

ⓒ 운전자가 앉아서 조작하는 방식의 지게차인 경우에는 운전자의 좌석 윗면에서 헤드가드의 상부틀 아랫면까지의 높이가 1[m] 이상일 것

ⓓ 운전자가 서서 조작하는 방식의 지게차의 경우에는 운전자의 바닥면에서 헤드가 드가 상부틀 하면까지의 높이가 2[m] 이상일 것

[그림 7.4] 헤드가드

[문 제]

산업안전보건기준에 관한 규칙상 지게차의 헤드가드 설치기준에 대한 설명으로 틀린 것은?

(2015년 기출문제)

① 강도는 지게차 최대하중의 2배 값(4[t]을 넘는 값에 대하여는 4[t]으로 한다)의 등 분포정하중에 견딜 수 있을 것

② 상부틀의 각 개구의 폭 또는 길이가 16[cm] 미만일 것

③ 운전자가 앉아서 조작하는 방식의 지게차인 경우에는 운전자의 좌석 윗면에서 헤드가드의 상부틀 아랫면까지의 높이가 1[m] 이상일 것

④ 운전자가 서서 조작하는 방식의 지게차의 경우에는 운전자의 바닥면에서 헤드가드가 상부틀 하면까지의 높이가 1[m] 이상일 것

정답 ④

[문 제]

다음은 지게차의 헤드가드에 관한 기준이다. ( ) 안에 들어갈 내용으로 옳은 것은? (2013년 기출문제)

지게차 사용 시 화물 낙하 위험의 방호조치 사항으로 헤드가드를 갖추어야 한다. 그 강도는 지게차 최대하중의 ( )의 값의 등분포정하중에 견딜 수 있어야 한다. 단, 그 값이 4[ton]을 넘는 것에 대하여는 4[ton]으로 한다.

① 1.5배

② 2배

③ 3배

④ 5배

해설 헤드가드 설치기준

강도는 지게차 최대하중의 2배 값(4[t]을 넘는 값에 대하여는 4[t]으로 한다)의 등분포정하중에 견딜 수 있어야 한다.

③ <u>백 레스트(back rest)</u> : 지게차를 사용해서 짐을 조작하는 경우 쌓아 올린 복수의 상자 물건, 포대 물건 등을 단번에 취급하는 파렛트 작업에 있어 뒤로 기울일 때는 포크에 얹어 놓은 짐이 마스트 방향으로 낙하의 위험을 방지하기 위한 짐받이 틀을 말함

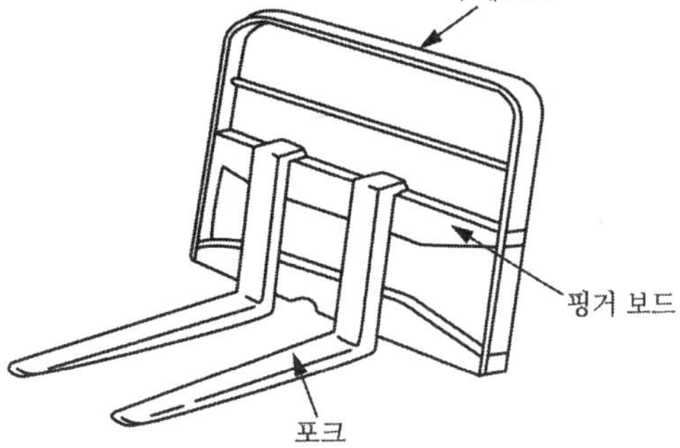

[그림 7.5] 백 레스트

④ 파렛트(pallet), 스키드(skid) : 짐을 운반할 때 사용되는 짐대를 말함

⑤ 경광등 : 지게차의 운행 상태를 알릴 수 있도록 경광등을 설치한다. 경광등이 작동하면서 스피커에서 경고음이 발생

⑥ 지게차 안전문 : 지게차에서 밖으로 튕겨나가는 것을 방지하고 소음, 기상의 악조건 등 작업환경의 변화에도 작업이 가능하도록 안전문을 설치한다.

⑦ 포크받침대 : 지게차를 수리하거나 점검할 때 포크의 갑작스러운 하강을 방지하기 위하여 받침대(안전블럭 역할)를 설치한다.

(나) 지게차 안정 유지조건

지게차의 안전성은 평형 및 지렛대의 원리를 이용하여 개발된 운반장비이며 지게차의 앞바퀴가 받침대의 역할을 한다. 지게차에 하물을 실으면 뒤쪽의 카운터 웨이트의 무게에 의하여 평형이 이루어진다.

지게차는 안정성을 유지하기 위해서는 구조, 하물 및 운전 조작에서 신중한 검토가 있어야 하며 전후방향의 안정을 유지하려면 다음과 같은 관계를 유지해야 한다.

$$W \cdot a < G \cdot b$$

여기서, W는 하중중량[kg]

G는 차량의 중량[kg]

a는 전차륜에서 하물의 중심까지의 최단거리[m]이고

b는 전차륜에서 차량의 중심까지의 최단거리[m]를 말한다.

지게차의 주행 시 좌우 안정도는 다음 식으로 계산된다.

$$\text{주행 시 좌우 안정도} = (15 + 1.1\,V)$$

여기서, V는 지게차 주행속도이다.

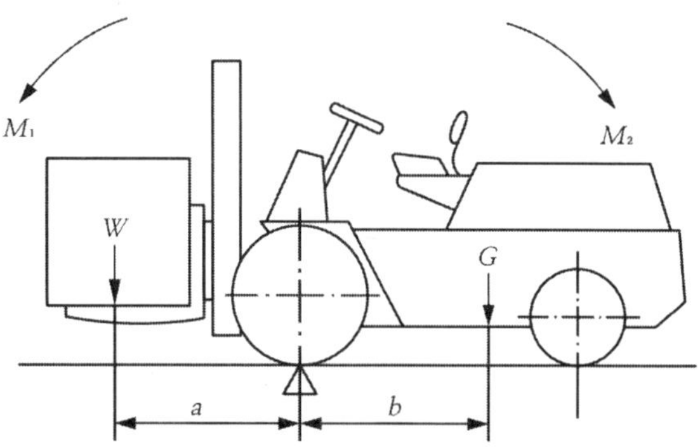

M_1 : $W \times a$ ··· 하물의 모멘트
M_2 : $G \times b$ ··· 차의 모멘트

[그림 7.6] 지게차의 안정성

표 7.2 지게차 안정조건

안정도	포크 리프트의 상태	
하역작업 시의 전후 안정도 4% (5톤 이상의 것은 3.5%)	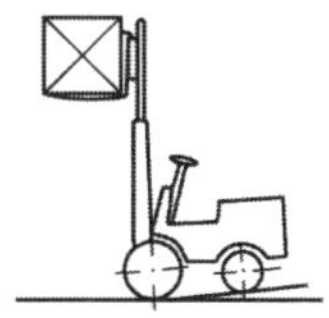	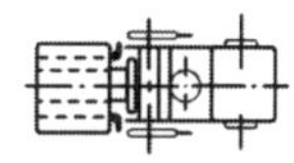 위에서 본 상태
주행 시의 전후 안정도 18%		
하역작업 시의 좌우 안정도 6%	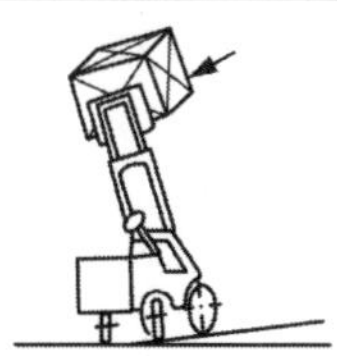	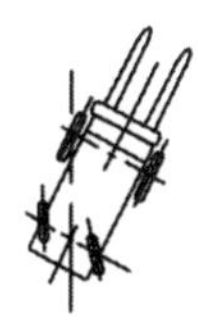 위에서 본 상태
주행 시의 좌우 안정도 (15+1.1V)% V는 최고 속도(시속 km)	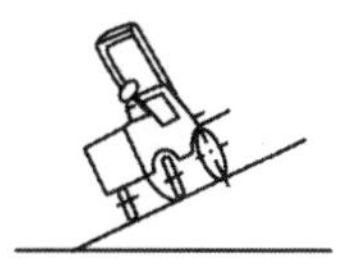	
안정도$=\frac{h}{l}\times 100(\%)$	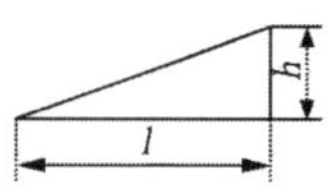	

(다) 지게차 작업의 안전

① 적재 시

ⓐ 적재장소까지 차체를 몰고 간 후 되도록 하물에 직각으로 차체를 댄다.

ⓑ 밑에 걸리는 물건이 없는지 확인 후 약간 뒤로 기울여서 적재물을 위로 올린다.

ⓒ 포크나 적재물의 밑에는 절대로 들어가서는 안 된다.

ⓓ 수리 · 점검 등을 할 경우에 포크가 불의에 낙하하는 것을 방지하기 위해 안전지주나 안전블럭을 사용한다.

ⓔ 마스트를 기울여서 수직이 되도록 한 후에 화물을 내려 놓는다.

ⓕ 차량을 후진시켜서 포크를 뺀다.

ⓖ 화물에서 포크가 완전히 나오면 지면에서 15~20[cm] 정도 간격을 유지한 채 이동한다.

ⓗ 차량계 하역운반기계 화물적재 시 준수사항

㉠ 하중이 한쪽으로 치우치지 않도록 적재한다.

㉡ 구내운반차 또는 화물자동차의 경우 화물의 붕괴 또는 낙하에 의한 위험을 방지하기 위하여 화물에 로프를 거는 등 필요한 조치를 할 것

㉢ 운전자의 시야를 가리지 않도록 적재할 것

② 주행 시

ⓐ 화물을 적재한 상태에서는 비적재 주행 시보다 속도를 더 감속한다.

ⓑ 비포장 및 좁은 통로, 굴곡부분 등에서 급출발이나 급브레이크 사용을 지양한다.

ⓒ 항상 운행주변의 전후 좌우에 유의한다.

ⓓ 선회 시는 속도를 줄이고 화물의 안정과 후부 차체가 주변에 접촉되지 않도록 유의한다.

ⓔ 적재된 화물이 크고 현저하게 시계를 방해할 경우는 다음 방법으로 운행한다.

－유도자를 지정하여 차를 유도하여 후진 또는 서행

－경적 및 경광사용

ⓕ 포크를 30[cm] 이상 올린 상태에서 주행하지 않는다.

ⓖ 마스트를 수직 또는 앞쪽으로 기울인 상태로 주행하지 않는다.

ⓗ 포크에 지지된 팔렛트, 받침대 또는 카운터 웨이트 등에는 작업자를 태우지 않는다.

ⓘ 주행 중에 뛰어오르거나 내리지 않는다.

(라) 지게차 작업 시 준수사항

① 작업개시 전 관리감독자

ⓐ 운전자는 관계법령에 의한 유자격자 중에서 적임자를 지정

ⓑ 작업계획의 작성 및 관계자와 협의하고 작업마다 작업지시서를 작성하여 작업 지시

ⓒ 작업장은 원칙적으로 평탄한 바닥 유지

ⓓ 필요에 따라 작업지휘자를 지명하고 현장 지휘

ⓔ 운전자로부터 기기의 고장 보고서, 즉시 운전정지 및 정비 지시 또는 그 조치

ⓕ 매일 작업개시 전 점검실시 여부를 확인

ⓖ 운전자에게 점검을 위한 교육실시

② 작업 중 관리감독자

ⓐ 필요한 작업공구류는 차체에 장착, 사용이 용이하도록 조치

ⓑ 엔진이상 보고시, 즉시 정비토록 정비책임자에게 지시

ⓒ 헤드가드 및 백 레스트를 장착하여 사용(다만, 물체의 낙하에 의해 운전자가 다칠 위험성이 없는 경우는 제외)

ⓓ 통로 폭, 주변의 장해물 등의 위험이 있는 경우 사전에 필요한 조치

ⓔ 지게차가 그 작업에 최적의 운반기계인지의 여부 확인

ⓕ 높이 2[m] 이상의 고소작업 등을 지게차를 이용 작업하는 경우, 유경험자의 선임 및 작업을 지휘토록 지시

ⓖ 관리감독자 등 작업지휘자는 사전에 작업관련자와 협의(이 경우 하청업자가 공동작업 참가 시 관련자를 협의에 참여)

③ 운전자

ⓐ 유자격자를 임명하고 담당자 이외는 운전금지

ⓑ 취급물품에 적합한 팔렛트, 받침대 또는 부착물 사용

ⓒ 작업지시서에 따라 작업수행

ⓓ 항상 주변의 작업자나 물체에 주의하여 신중하게 운전

ⓔ 이동 중 제한속도 준수(8[km] 이내)

ⓕ 급속한 선회 금지

ⓖ 물건을 들어 올린 상태에서 주행 및 선회금지

ⓗ 대형물의 운반 시 후방운전을 원칙

ⓘ 점검정비 실시 및 유지 보수

[문 제]

차량계 하역운반기계에 화물을 적재할 때의 준수사항과 거리가 먼 것은? (2015 기출문제)

① 하중이 한쪽으로 치우치지 않도록 적재할 것

② 구내운반차 또는 화물자동차의 경우 화물의 붕괴 또는 낙하에 의한 위험을 방지하기 위하여 화물에 로프를 거는 등 필요한 조치를 할 것

③ 운전자의 시야를 가리지 않도록 화물을 적재할 것

④ 제동장치 및 조정장치의 기능의 이상 유무를 점검할 것

해설 제동장치 및 조정장치의 기능의 이상 유무는 주행시 점검할 사항이다.

[문 제]

지게차로 화물을 운반할 때 주의사항이 아닌 것은?

① 포크를 최저 15~20[cm] 위로 하고 앞을 주시하여 주행한다.

② 급격한 발진이나 정지, 급선회 등을 하지 않는다.

③ 주변에 장애물이나 작업자가 있을 때 서행과 경적을 울린다.

④ 화물 위에 사람이 승차하여 신호대로 움직인다.

해설 차량계 운반하역 기계인 지게차는 운전자 외에 사람탑승을 절대로 금지한다.

[문 제]

물건을 적재할 때 무거운 물체의 적합한 위치는?

① 아래쪽 ② 위쪽 ③ 중간 ④ 상관없음

해설 중량물은 아래쪽에 적재해야만 중심을 잡을 수가 있다.

[문 제]

수평거리 20[m]이고, 높이가 5[m]인 경우 지게차의 안정도는?

① 20[%] ② 25[%] ③ 30[%] ④ 35[%]

해설 안정도 $= \frac{h}{\ell} \times 100[\%] = \frac{5}{20} \times 100[\%] = 25[\%]$

[문 제]

지게차가 무부하 상태로 25[km/h]로 이동 중에 있을 때 좌우 안정도는 약 얼마인가?

(2012, 2013년 기출문제)

① 16.5[%] ② 25.0[%] ③ 37.5[%] ④ 42.5[%]

해설 주행시 좌우 안정도 $= (15 + 1.1V) = 15 + 1.1 \times 25 = 42.5[\%]$

7.1.2 컨베이어

(1) 개요

운반작업이 소량에서 다량으로 옮겨가고 있으며 이러한 다량화 추세에 수반하여 연속운반을 옮겨가고 있다. 이 연속운반은 합리적인 경제활동이기 때문에 공장에서는 흐름작업으로서의 운반이 컨베이어로 점차 대체되고 있으며, 최근에는 운반물의 성상과 경제성에 적합한 연속운반장치로서 물류의 자동화를 가속시키고 있다.

최근 기술혁신의 조류에 따라 컨베이어도 단지 운반의 합리화에 사용될 뿐만 아니라 더 나아가 공장 전체의 기능적인 결합에까지 적용되고 있다. 즉, 종래에는 단지 운반만을 고려한 컨베이어의 설비에 중점을 두었지만 현재에는 자동적인 이동, 적재, 변위, 회전, 조립, 포장 등의 성능을 요구하고 있다.

(2) 컨베이어 종류

표 7.3 컨베이어 종류

종류	구조	용도
로울러 컨베이어	로울러 또는 휠을 많이 배열하여 그것으로 하물을 운반하는 컨베이어	시멘트 포장물의 이동
스크류 컨베이어	도랑 속의 하물을 스크류에 의하여 운반하는 컨베이어	시멘트의 운반
벨트 컨베이어	프레임의 양 끝에 풀리를 놓고 무단 환상의 벨트를 감아서 연속적으로 하물을 싣고 운반하는 컨베이어	시멘트, 골재, 토사 등의 운반
체인 컨베이어 (트롤리 컨베이어)	무단으로 감은 걸은 체인에 의하여 또는 체인에 버킷 등을 부착하여 하물을 운반하는 컨베이어	시멘트, 골재, 토사 등의 운반
유체 컨베이어	관속의 유체를 매체로 하여 하물을 운반하는 컨베이어	시멘트 등 분체의 운반

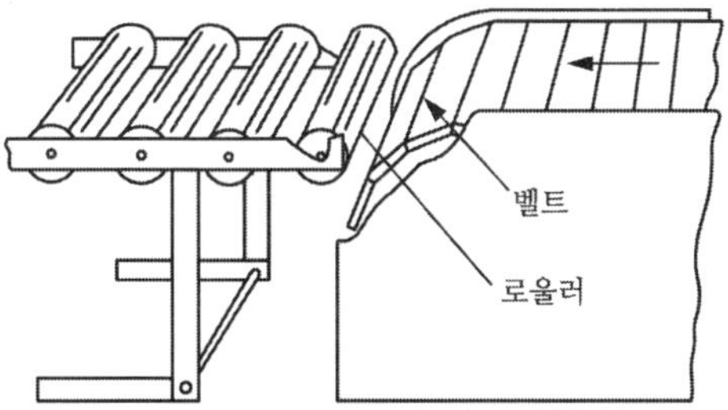

(a) 로울러 및 벨트 컨베이어의 연결

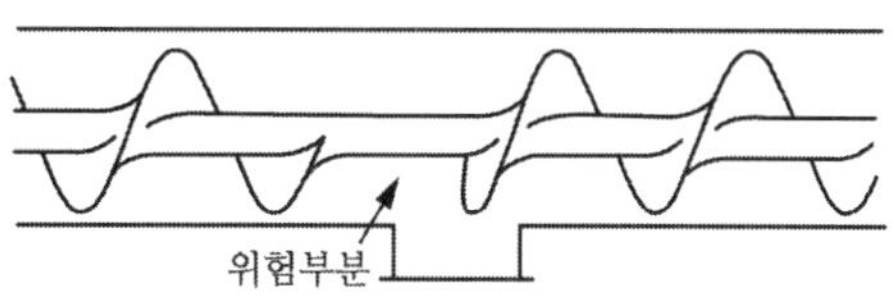

(b) 스크루 컨베이어

[그림 7.7] 컨베이어

(3) 벨트 컨베이어 특징

① 파쇄물, 부스러기에 대하여 큰 수송능력을 가지며 동력소비량도 적다.

② 운반물의 종류에 따라 다소 차이는 있으나 운반경사각은 보통 최대 20° 정도이다.

③ 화물을 싣고 내리는 설비가 간단하다.

④ 설치 시 소요 단면적이 적다.

⑤ 설비구조가 간단하고 보수 및 점검이 용이하다.

⑥ 연속적인 작업과 무인화 작업 그리고 운반과 동시에 물건을 승 · 하역할 수 있다.

[문 제]

다음 중 벨트 컨베이어 특징에 해당되지 않는 것은? (2014년 기출문제)

① 무인화 작업이 가능하다.

② 연속적으로 물건을 운반할 수 있다.

③ 운반과 동시에 하역작업이 가능하다.

④ 경사각이 클수록 물건을 쉽게 운반할 수 있다.

해설 운반경사각은 보통 최대 20° 정도이다.

(4) 컨베이어 방호장치

(가) 비상정지장치

근로자의 신체의 일부가 말려드는 등 근로자에게 위험을 미칠 우려가 있는 비상 시에 즉시 컨베이어 운전을 정지시키는 장치

(나) 역전방지장치

컨베이어 사용 중 불시정전, 전압강하 등으로 인해 발생되는 콘베이어의 역전을 방지하기 위한 장치이며 역전방지장치의 형식으로는 라체트식, 로울러식, 밴드식이 있으며 전자식 브레이크, 유압조작식 브레이크 같은 이탈방지장치가 있다.

[문제]

다음 중 컨베이어의 이탈방지장치는?

① 급정지장치　② 덮개　③ 울　④ 브레이크

해설 컨베이어의 이탈방지장치에는 전자식 브레이크와 유압조작식 브레이크가 있다.

[문제]

다음 중 산업안전보건법령상 컨베이어에 부착해야 하는 안전장치와 가장 거리가 먼 것은?

(2013년 기출문제)

① 해지장치　② 비상정지장치
③ 덮개 또는 울　④ 역주행방지장치

해설 해지장치는 양중기의 방호장치이다.

(5) 컨베이어 주의사항

① 인력으로 적하하는 컨베이어에는 하중제한 표시를 한다.
② 기어, 체인 또는 이동 부위에는 덮개가 설치되어야 한다.
③ 지면으로부터 2[m] 이상 높이에 설치된 컨베이어에는 승강 계단을 설치해야 한다.
④ 컨베이어는 마지막 쪽의 컨베이어부터 시동하고 처음 쪽의 컨베이어부터 정지한다.
⑤ 롤러 컨베이어에서 롤러와 방호판 사이의 최대간격은 5[mm]로 한다.

(6) 컨베이어 작업 시 안전작업수칙

① 작업 중 컨베이어를 타고 넘기 위해서 기계에 올라타는 일이 없도록 할 것
② 안전커버 등이 있을 경우 이것을 벗긴 채로 작업하지 말 것
③ 운전 중인 컨베이어에 근로자의 탑승을 금지할 것
④ 스위치를 넣을 때에는 미리 분명한 신호를 할 것
⑤ 운전상태에서는 벨트나 기계부분을 청소하지 말 것
⑥ 트롤리 컨베이어에서 트롤리와 체인을 상호 확실하게 연결시켜야 한다.

(7) 작업시작전 점검사항

① 원동기 및 풀리 기능의 이상 유무
② 이탈 등의 방지장치 기능의 이상 유무
③ 비상정지장치 기능의 이상 유무
④ 원동기, 회전축, 치차, 풀리 등의 덮개 또는 울의 이상 유무

[문 제]

다음 중 컨베이어의 주요 구성품이 아닌 것은? (2012년 기출문제)

① 롤러(Roller) ② 벨트(Belt) ③ 지브(Jib) ④ 체인(Chain)

해설 지브는 크레인 부속장치이다.

[문 제]

롤러 컨베이어에서 롤러와 방호판 사이의 최대간격은 얼마로 하는가?

① 5[mm] ② 4[mm] ③ 3[mm] ④ 2[mm]

해설 롤러 컨베이어에서 롤러와 방호판 사이의 최대간격은 5[mm]로 한다.

[문 제]

컨베이어에 부착시켜야 할 안전장치로서 적합지 아니한 것은? (2014, 2015 기출문제)

① 급정지장치 ② 이탈 및 역류방지장치 설치
③ 과부하방지장치 ④ 덮개 또는 울

해설 과부하방지장치는 크레인, 곤도라, 승강기 등에 설치한 것이다.

[컨베이어 안전장치]

- 비상정지장치
- 화물의 낙하위험방지 : 덮개 또는 울
- 컨베이어 역전방지장치
  - 기계식(라쳇식, 롤러식, 밴드식)
  - 전기식(전기브레이크, 슬러스트 브레이크)
- 컨베이어 이탈방지장치
  - 전자식 브레이크, 유압조작식 브레이크

[문 제]

다음 중 컨베이어(conveyer)의 역전방지장치 형식이 아닌 것은? (2013년 기출문제)

① 라쳇식 ② 전기브레이크 ③ 램식 ④ 롤러식

해설 컨베이어 역전방지장치

- 기계식(라쳇식, 롤러식, 밴드식)
- 전기식(전기브레이크, 슬러스트 브레이크)

[문 제]

다음의 안전(방호)장치 중 컨베이어에 사용하지 않는 것은? (2014 기출문제)

① 급정지 장치 ② 덮개 ③ 시건장치 ④ 울

해설 시건장치는 제면기 등 섬유기계에 사용되는 안전장치이다.

[문 제]

안전한 컨베이어 작업을 위한 사항으로 적합하지 않은 것은? (2012년 기출문제)

① 컨베이어 위로 건널다리를 설치하였다.
② 운전 중인 컨베이어에는 근로자를 탑승시켜서는 아니 된다.
③ 작업 중 급정지를 방지하기 위하여 비상정지장치는 해체하여야 한다.
④ 트롤리 컨베이어에서 트롤리와 체인을 상호 확실하게 연결시켜야 한다.

해설 비상정지장치는 작업 중이나 작업 중지에도 설치되어야 하며 임의로 탈부착 할 수 없다.

[문 제]

다음 중 산업안전보건법상 컨베이어의 작업시작 전 점검사항이 아닌 것은? (2012년 기출문제)

① 원동기 및 풀리기능의 이상 유무
② 이탈 등의 방지장치 기능의 이상 유무
③ 비상정지장치의 이상 유무
④ 건널다리의 이상 유무

[문 제]

다음 중 컨베이어에 대한 안전조치 사항으로 틀린 것은? (2013년 기출문제)

① 컨베이어에서 화물의 낙하로 인하여 근로자에게 위험을 미칠 우려가 있을 때에는 덮개 또는 울을 설치해야 한다.
② 정전이나 전압강하 등에 의한 화물 또는 운반구의 이탈 및 역주행을 방지할 수 있어야 한다.
③ 컨베이어에는 벨트 부위에 근로자가 접근할 때의 위험을 방지하기 위하여 권과방지장치 및 과부하 방지장치를 설치하여야 한다.
④ 컨베이어에 근로자의 신체의 일부가 말려들 위험이 있을 때에는 운전을 즉시 정지시킬 수 있어야 한다.

해설 컨베이어 안전장치

<table>
<tr><th>구분</th><th colspan="2">종류</th></tr>
<tr><td rowspan="4">화물이탈방지 및
역주행방지장치
(정전, 전압강하 등)</td><td rowspan="2">역전방지장치 및 브레이크</td><td>기계적인 것 : 라쳇식, 밴드식, 웜기어 등</td></tr>
<tr><td>전기적인 것 : 전기브레이크, 슬러스트 브레이크 등</td></tr>
<tr><td>화물 또는 운반구의 이탈방지장치</td><td>컨베이어 구동부 측면에 롤러형 안내가이드 등 설치</td></tr>
<tr><td>화물 낙하 위험 시</td><td>덮개 또는 낙하방지용 울 설치</td></tr>
<tr><td>비상정지장치</td><td colspan="2">근로자의 신체의 일부가 말려드는 등 근로자에게 위험을 미칠 우려가 있을 때</td></tr>
<tr><td>낙하물에 의한 위험 방지</td><td colspan="2">덮개 또는 울</td></tr>
<tr><td>탑승 및 통행제한</td><td colspan="2">건널다리 설치</td></tr>
<tr><td>트롤리 컨베이어</td><td colspan="2">트롤리와 체인 및 행거가 쉽게 벗겨지지 아니하도록 연결</td></tr>
</table>

7.2 양중기 안전

7.2.1 크레인

(1) 크레인 및 용어의 정의

(가) 크레인의 정의

크레인이라 함은 동력을 사용하여 중량물을 달아 올리거나 수평으로 운반하는 것을 목적으로 하는 기계 또는 기계장치를 말한다.

(나) 용어의 정의

① 양중기 : 양중기라 함은 다음의 기계를 말한다.

- 크레인
- 리프트
- 곤도라
- 승강기(최대하중이 0.25[ton] 이상인 것)

② 권상하중 : 크레인의 구조와 재료에 따라 부하하는 것이 가능한 최대하중의 것으로, 이 가운데에는 훅크, 크래브, 버켓 등의 달아 올리는 기구의 중량이 포함된다.

③ 정격하중 : 정격하중이란 크레인으로서 지브가 없는 것은 매다는 하중에서, 지브가 있는 크레인에서는 지브의 경사각 및 길이와 지브 위의 도르래 위치에 따라 부하할 수 있는 최대의 하중에서 각각 훅크, 버켓 등의 달기구의 중량에 상당하는 하중을 공제한 하중을 말한다.

④ 적재하중 : 적재하중이란 짐을 싣고 상승할 수 있는 최대의 하중을 말한다.

⑤ 정격속도 : 정격속도란 크레인에 정격하중에 상당하는 짐을 싣고 주행, 선회, 승강 또는 트롤리의 수평 이동시의 최고 속도를 말한다.

⑥ 경고표시 : 사람탑승금지, 과부하적재금지 등 경고사항 표시

⑦ 시브(sheave) : 와이어 로프의 활차, 홈붙이 풀리

⑧ 와이어 로프 드럼 : 와이어 로프를 감는 드럼에는 수동 윈치 등에 사용하는 홈이 없는 것과 크레인 등에 사용하는 홈이 있는 것이 있다. 시브 및 드럼의 직경 D와 와이어 로프 직경 d와의 비 D/d가 클수록 로프수명이 길어지므로 조건이 허용하는 한 시브 및 드럼은 큰 것을 사용한다.

[문 제]

다음 중 산업안전보건법에서 정한 양중기에 해당되지 않는 것은? (2013년 기출문제)

① 리프트 ② 호이스트 ③ 곤돌라 ④ 컨베이어

해설 양중기의 종류

ⓐ 크레인(호이스트 포함) ⓑ 이동식크레인
ⓒ 리프트(0.1[ton]이상 ⓓ 곤돌라
ⓔ 승강기(최대하중이 0.25[ton] 이상인 것)
컨베이어는 운반기계이다.

[문 제]

동력을 사용하여 중량물을 매달아 상하 및 좌우(수평 또는 선회를 말한다)로 운반하는 것을 목적으로 하는 기계는? (2012년 기출문제)

① 크레인 ② 리프트 ③ 곤돌라 ④ 승강기

해설 ⓐ 크레인 : 동력을 사용하여 중량물을 달아 상하 및 좌우(수평 또는 선회)로 운반하는 것을 목적으로 하는 기계 또는 기계장치를 말한다.
ⓑ 호이스트 : 훅이나 그밖의 달기구 등을 사용하여 화물을 권상 및 횡행 또는 권상 동작만을 하여 양중하는 것을 말한다.

[문 제]

드럼의 직경이 D, 로프의 직경이 d인 위치에서 D/d가 클수록 로프의 수명은 어떻게 되는가? (2012년 기출문제)

① 짧아진다. ② 길어진다.
③ 변화가 없다. ④ 사용할 수 없다.

해설 로프의 수명

ⓐ D/d가 클수록 로프수명은 길어진다.
ⓑ 지브 및 드럼이 큰 것을 사용한다.

(2) 크레인의 종류 및 구조

크레인은 수직 또는 수평운동을 통하여 한정된 작업장 내에서 중량물을 운반하는 기계로 주요 구조는 본체로 된 구조부분과 물건을 들어올려 작동하기 위한 작동부분으로 대별한다.
구조부분은 강판, 형강, 강관 등을 부재로 하여 용접 또는 볼트에 의해 설치되고, 작동부분은 물건을 매달아 올리는 권상장치, 크레인 전체를 이동시키는 주행장치, 물건을 매달아 크레인의 주행방향과 직각방향으로 트로리대차를 이동시키는 횡행장치, 지브의 선회 및 기복을 행하는 선회장치 및 기동장치 등으로 되어 있다.

참고

- 트롤리(trolley) : 고가 이동 활차
- 거더(girder) : 가로질러 하중을 받는 보 또는 구조물
- 지브(jib) : 화물을 다는 팔
- 마스트 : 데릭의 주된 기둥

크레인의 종류 및 그 특성은 표 7.4와 같다.

표 7.4 크레인의 종류와 특성

종 류	특 성
천정 크레인	고속, 고빈도, 중작업용, 하중지지 브레이크 전기 또는 유압 브레이크
특수 천정크레인	고빈도, 중작업용, 공장내 연기, 분진 등을 고려 운전성능, 보수점검 등에 유의할 것
벽 크레인	건물벽 등에 장착, 소형화물하역용 360° 회전가능(Jib)부착
해머형 크레인	경사진 지브가 없어 높은 양정과 긴 반경을 갖는다. 주로 조선소에서 사용
지브 크레인	경미한 인입운동의 가능 빈도가 많은 하역작업에 적합
로고 모티브 크레인	증기, 디젤동력, 레일대차 위에 지브 크레인을 장치
모빌 크레인	교량식 크레인을 문형 크레인이라고도 함
교량(가교)형 크레인	원동기가 있어 자유로이 작업현장을 바꿀 수 있는 잇점이 있음
케이블 크레인	산간의 교량, 수문 등의 조립시 사용, 원목운반에 사용
언로우더	석탄, 광석 등을 선박에서 양륙 작업시 사용
크롤러 크레인	주행차가 복대식의 이동식 등
갠트리 크레인	레일 위를 주행하는 다리(교량)를 가진 거더에 트롤리 또는 지브붙이를 가진 크레인
데릭	상단이 지지된 마스트를 가지며 마스트 또는 붐위 끝에서 화물을 달아 올리는 지브붙이 크레인, 제작 시 재료가 적게 들며 부재의 각주는 해체 및 조립이 용이

(a) 지브 크레인

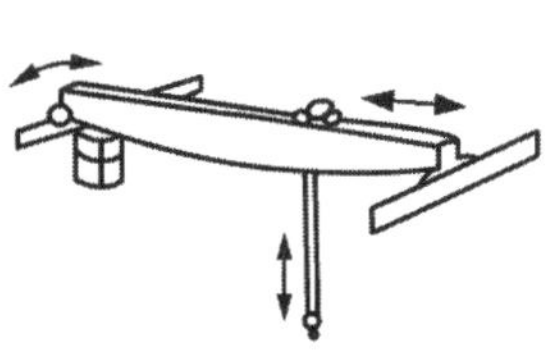

(b) 천정 크레인

(c) 해머 크레인

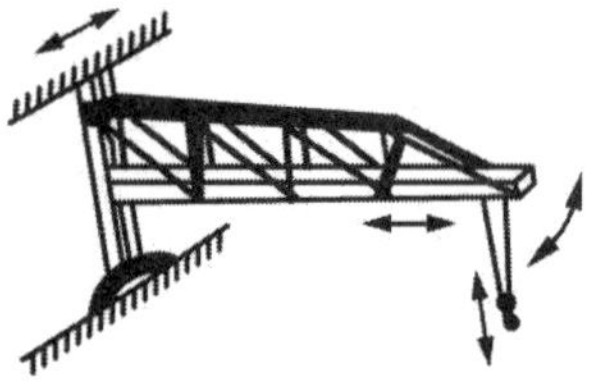

(d) 벽 크레인

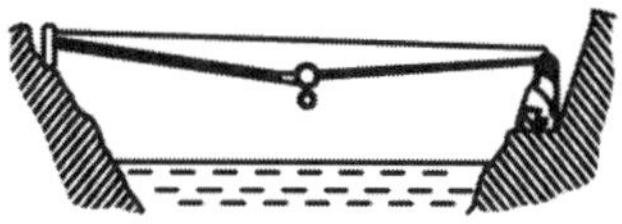

(e) 케이블 크레인

[그림 7.8] 크레인의 종류

(3) 크레인의 방호장치

(가) 방호장치의 종류

① 권과방지장치 : 권상용와이어 로프를 과도하게 감아올리게 되면 로프가 절단되어 하물이 낙하할 위험이 있으므로 어느 정도 감기게 되면 자동적으로 스위치가 끊어져 권상용 전동기의 회전을 멈추도록 한 장치이며 일종의 리미트 스위치이다.

② 과부하방지장치 : 과부하방지장치란 하중이 정격을 초과하였을 때 리미트스위치(Limit switch)가 작동하여 하중의 권상을 정지시키는 장치를 말한다. 이러한 과부하방지장치에는 과부하를 감지하는 방법에 따라 3가지로 분류할 수 있다. 즉, 스프링의 처짐을 이용하여 마이크로 스위치를 동작시켜 정지하게 하는 기계식 과부하방지장치, 권상모터의 전류의 변화에 따라 감지하여 동작시키는 전기식 과부하방지장치, 화물의 부하변화를 스트레인 게이지로 감지하여 동작시키는 전자식 과부하방지장치로 나눈다.

표 7.5 과부하방지장치의 종류 및 특성

과부하방지장치의 종류	주요 용도	특 성
기계식	크레인, 호이스트, 승강기	스프링의 처짐량을 이용하여 하중 감지, 적재와 동시 과적여부 감지
전기식	호이스트, 크레인	변류기를 사용하여 모터의 과부하를 감지하므로 정확성은 적으나 가격이 저렴. 모터기동 후 과부하를 검출하는 단점을 가짐
전자식	호이스트, 크레인	로드셀을 사용하여 하중을 감지하기 때문에 정확성이 우수하나 가격이 고가이며 고온작업에서 성능저하 현상

③ 비상정지장치 : 비상정지장치란 비상시에 운행을 정지시키는 장치를 말한다.

④ 브레이크장치 : 브레이크장치란 크레인의 주행을 제동시키는 장치를 말한다.

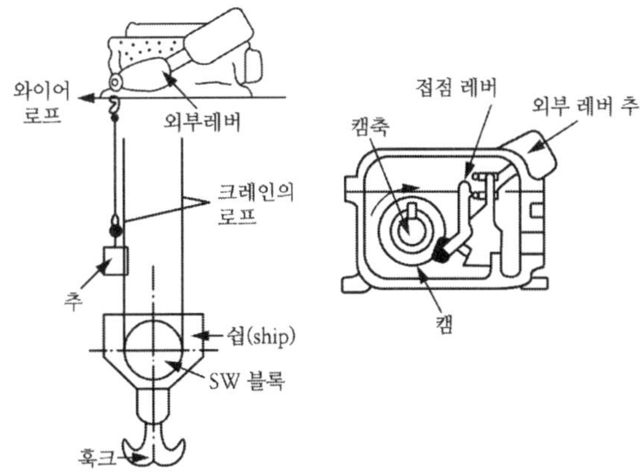

[그림 7.9] 권과방지장치

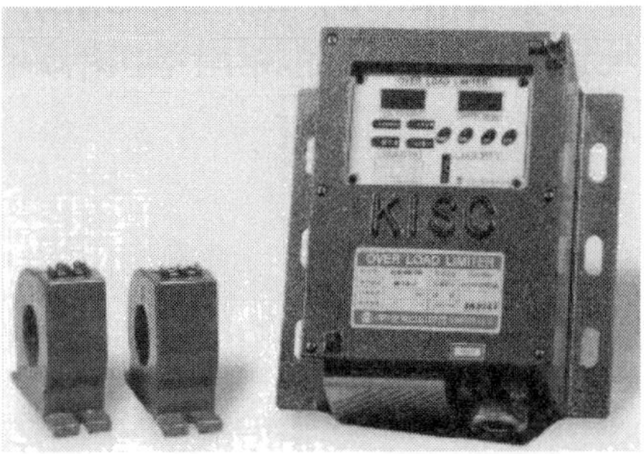

[그림 7.10] 크레인 과부하방지장치

⑤ <u>해지장치</u>

해지장치란 와이어로프가 훅크를 이탈하는 것을 방지하기 위한 장치를 말한다.

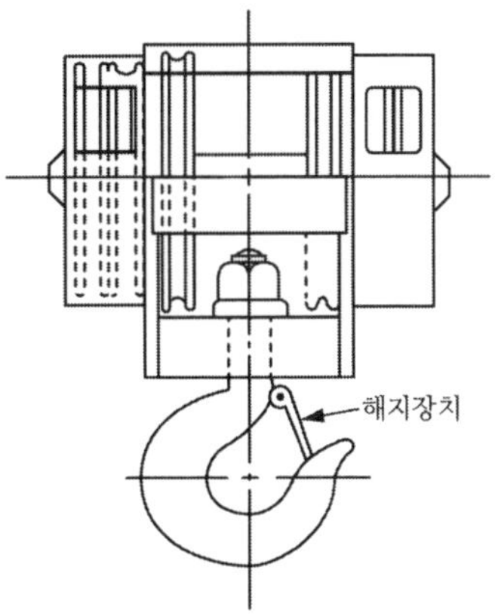

[그림 7.11] 크레인 해지장치

(나) 방호장치의 성능

① 권과방지장치의 성능

ⓐ 권과를 방지하기 위하여 자동적으로 동력을 차단하고 작동을 제동하는 기능을 가진 것일 것

ⓑ 훅크, 크래브, 버켓 등의 달기기구의 상부(당해 달기기구와 권상용 로프카를 포함)와 드럼, 로프카, 트로리프레임, 기타 당해 상부가 접촉할 우려가 있는 것의 하부와의 간격이 0.25[m]가 되도록 조정할 수 있는 구조일 것. 직동식 권과방지장치의 조정간격은 0.05[m] 이상일 것

ⓒ 용이하게 점검할 수 있는 구조일 것

ⓓ 물에 젖을 염려가 있는 장소 또는 분진 등을 발산하는 장소에 설치할 경우에는 설치하는 전선의 피복은 물, 분진들에 의해 열화가 발생할 염려가 없는 것으로 할 것

ⓔ 접점이 개방되면 권과가 방지되는 구조로 할 것

② 권과방지를 위한 경보장치의 성능

ⓐ 훅크, 글러브, 버켓 등의 달기구의 윗부분과 지브 끝의 도르래와의 간격이 1[m]에 달했 을 때 작동하는 구조일 것

ⓑ 물기나 분진, 진동 등에 의하여 기능의 장해가 발생하지 않는 구조일 것

ⓒ 접점이 용이하고 경음은 작업반경 내 작업자가 충분히 들을 수 있을 것

[문 제]

기계의 안전장치에서 과도하게 한계를 벗어나 계속적으로 감아올리거나 하는 일이 없도록 제한해주는 장치는?

① 인터록 장치　　② 리미트 스위치
③ 동력전달장치　　④ 천대장치

해설
- 인터록 장치 : 일종의 연동기구로 걸림장치라고도 하며, 어떤 목적을 달성하기 위하여 한 동작 또는 수개 동작을 행하는 경우도 있으며, 동작 종료 시에는 자동적으로 안전상태를 확보하도록 한 기구로 기계적, 전기적 구조 등으로 되어 있다.
- 리미트 스위치 : 기계설비의 안전장치에서 과도하게 한계를 벗어나 계속적으로 감아올리거나 하는 일이 없도록 제한해주는 장치이다.(권과방지장치, 과부하방지장치, 과전류차단장치, 압력제한 장치)
- 동력전달장치 : 원동기, 회전축, 치차, 풀리, 벨트운동을 할 수 있도록 힘을 전달해주는 장치
- 천대장치 : 벨트를 기계에 걸 때 벨트가 벗겨지지 않도록 사용되는 장치

[문 제]

크레인의 폭, 버킷 등 달기구 윗면이 드럼 상부 도르래 등 아랫면과 접촉할 우려가 있을 때 직동식 권과방지장치의 조정 간격은? (2012년 기출문제)

① 0.01[m] ② 0.02[m] ③ 0.03[m] ④ 0.05[m]

해설 ⓐ 일반적인 양중기 권과방지장치 조정 간격은 0.25[m] 이상
ⓑ 직동식 권과방지장치 조정 간격은 0.05[m] 이상

[문 제]

다음 중 천장 크레인의 방호장치와 가장 거리가 먼 것은? (2012년, 2014년 기출문제)

① 과부하방지장치 ② 낙하방지장치
③ 권과방지장치 ④ 해지장치

[문 제]

크레인 작업 시 와이어 로프 등이 훅으로부터 벗겨지는 것을 방지하기 위한 장치를 무엇이라고 하는가? (2013년 기출문제)

① 권과방지장치 ② 과부하방지장치
③ 해지장치 ④ 브레이크장치

(4) 와이어 로프(wire rope)

(가) 와이어 로프 구성

와이어 로프는 여러 개의 와이어로 1개의 가닥(strand)을 만들어서 이것을 보통 6개 이상 꼬아서 만든 것으로 심에는 기름을 칠한 대마심선을 삽입시킨다. 크기는 지름의 굵기로 나타내며 속도는 6~10[m/s](최댓값 25[m/s])이고 재질로는 연철과 강선이 사용된다.

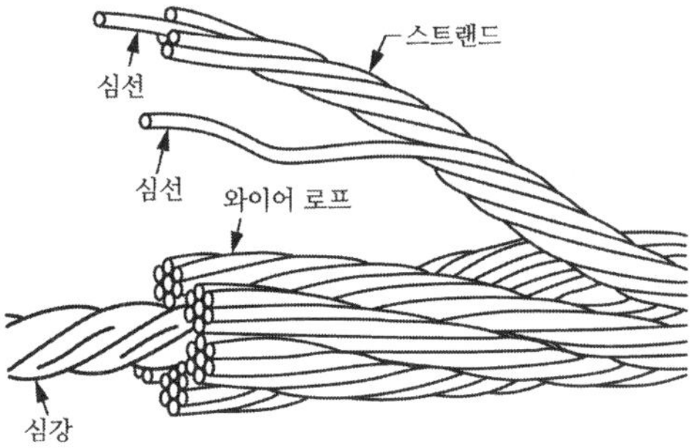

[그림 7.12] 와이어 로프의 구성

(나) <u>와이어 로프 구성 표시</u>

- 6×24
  - 6(strand 수)
  - 24[소선(wire)수]
- 6×S(24)
  - 6(strand 수)
  - S(S : strand 형)
    W(W : 워링턴 형)
    Fi(Fi : 필러형)
    Ws(Ws : 워링턴 시일형)

(다) 와이어 로프 선택 시 고려할 사항

① 내마모성
② 내굽힘 피로성
③ 내파단강도
④ 내진동 피로성
⑤ 잔류강도

(라) 와이어 로프 종류

KS D 3514에 의하면 호칭, 구성기호 및 단면에 따라 34종류로 구분된다. 그 중 일부를 구성하면 다음 표 7.6과 같다.

표 7.6 와이어 로프 종류

호 별	1호	2호	3호	4호	5호	6호
단면	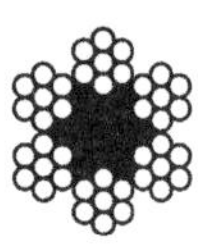	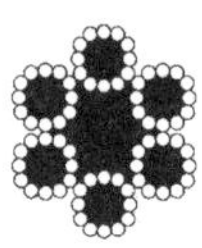	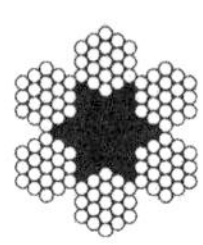	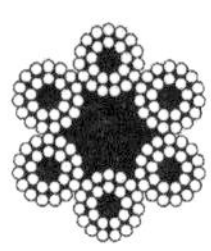		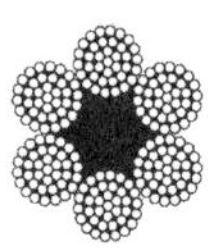
구성 기호	6×7	6×12	6×19	6×24	6×30	6×37
호 별	**7호**	**8호**	**9호**	**10호**	**11호**	**12호**
단면	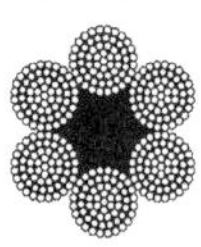	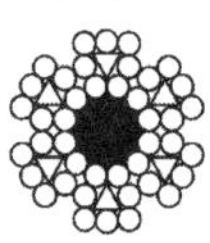	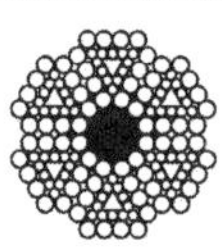	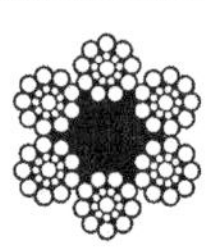	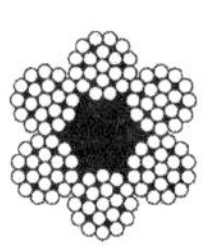	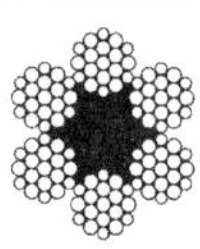
구성 기호	6×61	6×f(Δ×7)	6×F (Δ+12+12)	6×S(19)	6×W(16)	6×Fi (19+6)

(마) 달비계 구조

사업주는 달비계를 설치하는 경우에 다음 각 호의 사항을 준수하여야 한다.

(1) 다음 각 목의 어느 하나에 해당하는 와이어 로프을 달비계에 사용해서는 아니 된다.

① 이음매가 있는 것

② 와이어 로프의 한 꼬임[(스트랜드(strand)를 말한다. 이하 같다)]에서 끊어진 소선(素線) [필러(pillar)선은 제외한다)]의 수가 10[%] 이상(비자전 로프의 경우에는 끊어 진 소선의 수가 와이어 로프 호칭지름의 6배 길이 이내에서 4개 이상이거나 호칭지름 30배 길이 이내에서 8개 이상)인 것

③ 지름의 감소가 공칭지름의 7[%]를 초과하는 것

④ 꼬인 것

⑤ 심하게 변형되거나 부식된 것

⑥ 열과 전기충격에 의해 손상된 것

(2) 다음 각 목의 어느 하나에 해당하는 달기 체인을 달비계에 사용해서는 아니 된다.

① 달기 체인의 길이가 달기 체인이 제조된 때의 길이의 5[%]를 초과한 것

② 링의 단면지름이 달기 체인이 제조된 때의 해당 링의 지름의 10[%]를 초과하여 감소한 것

③ 균열이 있거나 심하게 변형된 것

(3) 다음 각 목의 어느 하나에 해당하는 섬유로프 또는 섬유벨트를 달비계에 사용해서는 아니 된다.

① 꼬임이 끊어진 것

② 심하게 손상되거나 부식된 것

(4) 달기 강선 및 달기 강대는 심하게 손상 · 변형 또는 부식된 것을 사용하지 않도록 할 것

(5) 달기 와이어로프, 달기 체인, 달기 강선, 달기 강대 또는 달기 섬유로프는 한쪽 끝을 비계의 보 등에, 다른 쪽 끝을 내민 보, 앵커볼트 또는 건축물의 보 등에 각각 풀리지 않도록 설치할 것

(6) 작업발판은 폭을 40[cm] 이상으로 하고 틈새가 없도록 할 것

(7) 작업발판의 재료는 뒤집히거나 떨어지지 않도록 비계의 보 등에 연결하거나 고정시킬 것

(8) 비계가 흔들리거나 뒤집히는 것을 방지하기 위하여 비계의 보 · 작업발판 등에 버팀을 설치하는 등 필요한 조치를 할 것

(9) 선반 비계에서는 보의 접속부 및 교차부를 철선 · 이음철물 등을 사용하여 확실하게 접속시키거나 단단하게 연결시킬 것

(10) 근로자의 추락 위험을 방지하기 위하여 달비계에 안전대 및 구명줄을 설치하고, 안전난간을 설치할 수 있는 구조인 경우에는 안전난간을 설치할 것

(바) 사용제한 섬유로프

다음에 해당하는 섬유로프 또는 섬유벨트를 크레인 또는 이동식 크레인의 고리걸이 용구로 사용하여서는 아니 된다.

① 스트랜드가 절단된 것

② 심하게 손상 또는 부식된 것

(사) 와이어 로프의 안전율

와이어 로프의 안전율 산출 공식은 다음과 같다.

$$S = \frac{NP}{Q}$$

여기서, S : 안전율　　　P : 로프의 파단강도

N : 로프가닥 수　Q : 안전하중

또한 와이어 로프의 종류에 따른 안전율은 표 7.7과 같다.

표 7.7 와이어 로프의 종류에 따른 안전율

와이어로프의 종류	안전율
• 권상용 와이어 로프 • 지브의 기복용 와이어 로프 및 케이블 • 크레인의 주행용 와이어 로프	5.0
• 지브의 지지용 와이어 로프 • 가이로프 및 고정용 와이어 로프	4.0
• 케이블 크레인의 메인 로프 • 레일로프	2.7
• 운전실 또는 운전대의 권상용 와이어 로프	9.0

(아) 와이어 로프에 걸리는 하중계산

① 와이어 로프에 걸리는 총하중

$$\text{총하중}(W) = \text{정하중}(W_1) + \text{동하중}(W_2)$$

여기서, 동하중 $W_2 = \frac{W_1}{g} \cdot a$

단, g : 중력가속도(9.8m/s), a : 가속도(m/s^2)

② 슬링 와이어로프의 한가닥에 걸리는 하중

$$\text{하중} = \text{화물의} \frac{\text{무게}(W_1)}{2} \div \cos\frac{\theta}{2}$$

(자) 와이어 로프에 걸리는 하중의 변화

와이어로프 줄걸이를 하였을 때 짐의 중량 W를 지탱하는 힘은 양쪽의 와이어 로프의 당기는 힘 T_1, T_2의 합력 T이며, 각도 θ가 커지면 와이어 로프에 당기는 힘 T_1, T_2도 커진다. 즉 화물을 달아 올릴 때 로프에 걸리는 힘은 슬링 와이어의 각도가 작을수록 적게 걸린다.

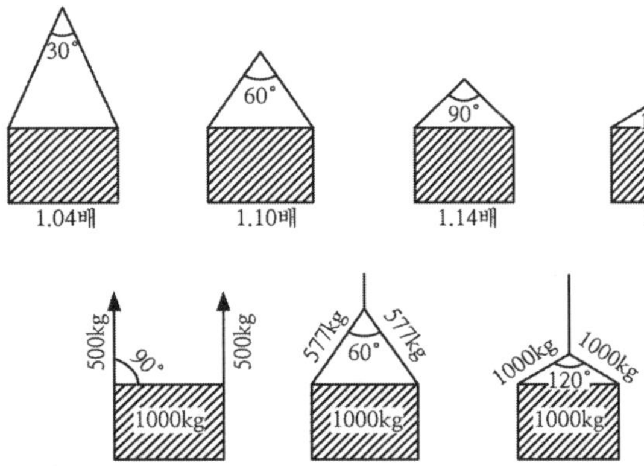

[그림 7.13] 와이어 로프에 걸리는 하중의 변화

[문 제]

크레인 작업 시 로프에 1[t]의 중량을 걸어 20[m/s²]의 가속도로 감아올릴 때 로프에 걸리는 총하중 [kgf]은 얼마인가? (2013, 2014년 기출문제)

① 1,040.34 ② 2,040.53
③ 3,040.82 ④ 3,540.82

해설 총하중(W)=정하중(W_1)+동하중(W_2)$= 1,000 + 2,040.82 = 3,040.82[kg_f]$

ⓐ 정하중[W_1] : 1[t]=1,000[kg]

ⓑ 동하중[W_2] : $W_2 = \frac{W_1}{g} \cdot a = \frac{1,000}{9.8} \times 20 = 2,040.82[kg]$

[문 제]

안전계수 6인 로프의 파단하중이 1,116[kgf]이라면 이 로프는 몇 [kgf] 이하로 물건을 매달아야 하는가? (2013, 2015년 기출문제)

① 186 ② 279
③ 1,116 ④ 6,696

해설 최대허용하중(설계하중)$= \frac{\text{파단하중}}{\text{안전계수}} = \frac{1,116}{6} = 186[kg_f]$

[문 제]

아래의 그림과 같이 500[kg]의 중량물을 와이어 로프로 상부 60°의 각으로 들어올릴 때 로프의 한선에 걸리는 하중 (T')는? (2014년 기출문제)

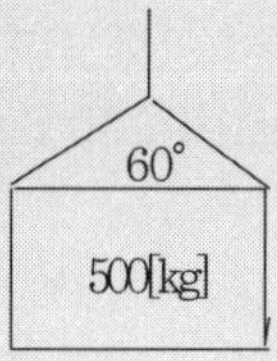

(가) 269[kg]
(나) 279[kg]
(다) 289[kg]
(라) 299[kg]

해설 한 가닥에 걸리는 하중은

$$하중 = \frac{화물의무게(W_1)}{2} \div \cos\frac{\theta}{2}$$

$$\frac{500}{2} \div \cos\frac{60}{2} = 289[kg]$$

[문 제]

2줄의 와이어 로프로 중량물을 달아 올릴 때 로프에 가장 힘이 적게 걸리는 각도는? (2012년 기출문제)

① 30° ② 60° ③ 90° ④ 120°

해설 ⓐ 각도가 작을수록 힘이 적게 걸린다.
ⓑ 60° 이내가 적당하다.

[문 제]

와이어 로프의 파단강도 P[kg], 로프의 가닥수 N, 안전하중 Q[kg]일 때 안전율(S)은 얼마인가?

① $S=\frac{NP}{Q}$ ② $S=NP$ ③ $S=\frac{QP}{N}$ ④ $S=\frac{NQ}{P}$

[문 제]

다음 중 양중기에서 사용하는 와이어 로프에 관한 설명으로 틀린 것은? (2013년 기출문제)

① 달기체인의 길이 증가는 제조 당시의 7[%]까지 허용된다.
② 와이어 로프의 지름감소가 공칭지름의 7[%] 초과 시 사용할 수 없다.
③ 훅, 샤클 등의 철구로서 변형된 것은 크레인의 고리걸이용구로 사용하여서는 아니 된다.
④ 양중기에서 사용하는 와이어 로프는 화물하중을 직접 지지하는 경우 안전계수를 5이상으로 해야 한다.

해설 • 와이어 로프의 수명 판정기준에는 길이에 관한 것은 없다.
• 안전계수

권상용 와이어 로프	5.0
지브의 기복용 와이어 로프 및 케이블	
크레인의 주행용 와이어 로프	

[문 제]

산업안전보건법상 양중기에서 하중을 직접 지지하는 와이어 로프 또는 달기체인의 안전계수로 옳은 것은? (2012년 기출문제)

① 1 이상 ② 3 이상 ③ 5 이상 ④ 7 이상

해설 와이어 로프 등 달기구 등의 안전계수

㉮ 근로자가 탑승하는 운반구를 지지하는 달기 와이어 로프 또는 달기체인의 경우 : 5 이상

㉯ 화물의 하중을 직접 지지하는 달기 와이어 로프 또는 달기체인의 경우 : 5 이상

㉰ 훅, 샤클, 클램프, 리프팅 빔의 경우 : 3 이상

㉱ 그 밖의 경우 : 4 이상

[문 제]

다음 중 와이어 로프 검사항목이 아닌 것은?

① 마모 ② 늘어남 ③ 죄임 ④ 꼬임

정답 ③

[문 제]

와이어 로프의 "6×19" 표기에서 "19"의 의미는 무엇인가?

① strand 수 ② wire 수

③ 로프의 인장강도 ④ 소선의 직경

해설 와이어 로프 구성 표시

- 6×24
  - 6 (strand 수)
  - 24 [소선(wire) 수]

[문 제]

다음 중 와이어 로프의 구성기호 "6×19" 표기에서 "6"의 의미에 해당하는 것은? (2014년 기출문제)

① 소선 수 ② 소선의 직경[mm]

③ strand 수 ④ 로프의 인장강도

[문 제]

양중기에 사용되는 와이어 로프의 수명 판정기준이 아닌 것은?

① 길이의 변화가 10[%] 초과 시 ② 한가닥 소선 수가 10[%] 이상 절단될 때

③ 이음매가 있는 것 ④ 지름 감소가 공칭지름의 7[%] 이상인 것

해설 와이어 로프의 수명 판정기준에는 길이에 관한 것은 없다.

[문 제]

산업안전보건법령에 따라 양중기용 와이어 로프의 사용금지 기준으로 옳은 것은? (2013년 기출문제)

① 지름의 감소가 공칭지름의 3[%]를 초과하는 것
② 지름의 감소가 공칭지름의 5[%]를 초과하는 것
③ 와이어 로프의 한 꼬임에서 끊어진 소선의 수가 7[%] 이상일 것
④ 와이어 로프의 한 꼬임에서 끊어진 소선의 수가 10[%] 이상일 것

해설 와이어 로프 사용 금지 사항
① 이음매가 있는 것
② 와이어 로프의 한 꼬임[(스트랜드(strand)를 말한다. 이하 같다)]에서 끊어진 소선(素線)의 수가 10[%] 이상(비자전 로프의 경우에는 끊어 진 소선의 수가 와이어 로프 호칭지름의 6배 길이 이내에서 4개 이상이거나 호칭지름 30배 길이 이내에서 8개 이상)인 것
③ 지름의 감소가 공칭지름의 7[%]를 초과하는 것
④ 꼬인 것
⑤ 심하게 변형되거나 부식된 것
⑥ 열과 전기충격에 의해 손상된 것

[문 제]

와이어 로프를 절단하여 고리걸이 용구를 제작할 때 절단방법 중 옳은 것은?

① 가스용단 ② 전기용단
③ 기계적인 절단 ④ 부식

해설 기계적인 방법으로 절단해야만 가장 강도가 크게 되어 안전하다.

[문 제]

산업안전보건법령상 양중기의 달기체인에 대한 사용금지 사항으로서 틀린 것은? (2015년 기출문제)

① 달기체인의 한 꼬임에서 끊어진 소선의 수가 10[%] 이상인 것
② 링의 단면 지름이 달기체인이 제조된 때의 해당 링의 지름의 10[%]를 초과하여 감소한 것
③ 달기체인의 길이가 달기체인이 제조된 때의 길이의 5[%]를 초과한 것
④ 균열이 있거나 심하게 변형된 것

해설 와이어 로프의 수명 판정기준에는 소선의 수에 관한 것은 없다.

[문 제]

와이어 로프의 신장율은 사용함에 따라 점점 저하된다. 이때 신장율의 저하에 대하여 가장 위험한 하중은?

① 충격하중 ② 굴곡하중 ③ 정하중 ④ 비틀림하중

해설 신장율 저하에 대하여 가장 위험한 하중은 충격하중이며 이 때 와이어 로프 안전율은 크게 해야 한다.

[문 제]

산업안전보건법령에 따라 양중기에서 절단하중이 100[ton]인 와이어 로프를 사용하여 근로자가 탑승하는 운반구를 지지하는 경우 달기 와이어 로프에 걸 수 있는 최대사용하중은 얼마인가?

① 10[ton]　② 20[ton]　③ 25[ton]　④ 50[ton]

해설 최대사용하중 $= \frac{절단하중}{안전계수} = \frac{100}{10} = 10[t]$

[문 제]

다음 중 크레인과 관련된 사항 중 사실과 다른 것은?

가) 훅핀의 마모가 원치수의 4[%] 이상일 때는 교환한다.
나) 체인길이의 늘어남은 제조당시 보다 7[%]까지 허용된다.
다) 와이어 로프의 직경감소는 공칭지름의 7[%]까지 허용된다.
라) 크레인의 권상에 사용되는 외이어 로프의 안전율은 일반적으로 5이다.

해설 체인의 늘어난 길이는 제조당시보다 5[%]까지 하용된다.

[문 제]

양중기의 와이어 로프 등 달기구의 안전계수 기준으로 옳은 것은?(단, 화물의 하중을 직접 지지하는 달기구 와이어 로프 또는 달기체인의 경우) (2015년 기출문제)

① 3 이상　② 4 이상　③ 5 이상　④ 6 이상

해설 와이어 로프 등 달기구의 안전계수

사업주는 양중기의 와이어 로프 등 달기구의 안전계수(달기구 절단하중의 값을 그 달기구에 걸리는 걸리는 하중의 최댓값으로 나눈 값을 말함)가 다음 각 호의 구분 에 따른 기준에 맞지 아니한 경우에는 이를 사용해서는 아니 된다.

㉮ 근로자가 탑승하는 운반구를 지지하는 달기 와이어 로프 또는 달기체인의 경우 : 5 이상
㉯ 화물의 하중을 직접 지지하는 달기 와이어 로프 또는 달기체인의 경우 : 5 이상
㉰ 훅, 샤클, 클램프, 리프팅 빔의 경우 : 3 이상
㉱ 그 밖의 경우 : 4 이상

(5) 권상용 체인에 대한 안전기준

다음의 조건에 적합한 권상용 체인을 사용하여야 한다.

① 안전율은 5 이상일 것
② 신장율이 체인의 제조당시 기준에서 5[%] 이하일 것
③ 링크단면의 직경의 감소가 당해 체인의 제조 시보다 10[%] 이하일 것
④ 균열이 없을 것

(6) 감전방지조치

전압이 직류에서는 750[V] 이상, 교류에서는 600[V] 이상의 트롤리선은 전용피트 또는 덕트에 내장하여야 한다. 그러나 감전을 방지하기 위하여 울 또는 전열덮개를 설치한 경우에는 제외한다.

(7) 미끄럼방지장치

옥외에 설치된 주행 크레인의 미끄럼방지장치는 다음 식에 의해 얻은 풍하중 값에 견딜 수 있는 성능을 가진 것이어야 한다.

$$W = 120\sqrt[4]{h}\,CA$$

여기서, W : 풍하중[kg]

h : 크레인이 바람을 받는 부분의 지상으로 부터의 높이[m], 단 높이가 16[m] 미만일 때는 16

C : 풍력계수

A : 압력면적

(8) 사다리 설치

권상하중이 3톤 이상의 지브 크레인의 지브는 사다리를 설치하여야 한다.

사다리는 다음에 적합한 구주이어야 한다.

① 발판은 25[m] 이상 35[m] 이하의 등간격의 구조일 것

② 발판과 지브 또는 기타 다른 물체와의 근접 수평거리는 15[m] 이상일 것

③ 발이 미끄러지거나 빠지지 않는 구조일 것

④ 보도나 점검대 부분은 바닥면에서의 높이가 75[m] 이상으로 앞끝이 구부러진 측목을 설치할 것

⑤ 길이가 15[m]를 초과하는 것은 10[m] 이내마다 발판을 설치할 것

(9) 운전실 또는 운전대의 구조

크레인에 구비한 운전실 또는 운전대는 다음에 정하는 구조로 하여야 한다.

① 운전자가 안전한 운전을 할 수 있는 충분한 시야를 확보할 수 있을 것

② 운전자가 용이하게 조작할 수 있는 위치에 개폐기, 콘트롤러, 브레이크, 경보장치 등을 설치할 것

③ 운전자가 접촉하는 것에 의해 감전위험이 있는 충전부분에는 감전방지를 위한 덮개나 울을 설치할 것

④ 크레인의 운전실은 크레인에 분진의 침입을 방지할 수 있는 구조로 할 것

⑤ 물체의 낙하, 비래 등의 위험이 있는 장소에 설치되는 크레인의 운전대는 안전망 등 안전한 조치를 강구할 것

(10) 계단의 구조

크레인에 설치하는 계단은 다음에 적합한 구조이어야 한다.

① 경사도는 수평선에 대하여 75° 이하로 할 것

② 발판의 높이는 30[cm] 이하로 하고 발판의 폭은 10[cm] 이상으로 할 것

③ 높이가 10[m]를 초과할 때는 7[m]마다 계단참을 설치할 것

④ 손잡이를 설치할 것

> **Report** 크레인 등 양중기 작업의 표준 신호방법을 그림을 그려 제출하시오.

(11) 크레인 조립 등의 작업 시 안전기준

사업주는 크레인의 설치 · 조립 · 수리 · 점검 또는 해체작업을 하는 경우 다음의 조치를 하여야 한다.

① 작업순서를 정하고 그 순서에 따라 작업을 할 것

② 작업을 할 구역에 관계 근로자가 아닌 사람의 출입을 금하고 그 취지를 보기 쉬운 곳에 설치할 것

③ 비, 눈, 그 밖에 기상 상태의 불안정으로 날씨가 몹시 나쁜 경우는 그 작업을 중지시킬 것

④ 작업장소는 안전한 작업이 이루어질 수 있도록 충분한 공간을 확보하고 장애물이 없도록 할 것

⑤ 들어 올리거나 내리는 기자재는 균형을 유지하면서 작업을 하도록 할 것

⑥ 크레인의 성능, 사용조건 등에 따라 충분한 응력을 갖는 구조로 기초로 설치하고 침하 등이 일어나지 않도록 할 것

⑦ 규격품인 조립용 볼트를 사용하고 대칭되는 곳을 차례로 결합하고 분해할 것

⑨ 신호하는 사람이 없을 경우나 인양할 하물이 보이지 아니 할 때는 어떠한 동작도 하지 아니할 것

⑩ 미리 근로자의 출입을 통제하여 인양 중인 하물이 머리 위로 통과하지 않도록 할 것

(12) 이동식 크레인 작업시작전 점검사항

① 권과방지장치 그 밖의 경보장치의 기능

② 브레이크 클러치 및 조정장치의 기능

③ 와이어 로프가 통하고 있는 곳 및 작업장소의 지반 상태

(13) 폭풍 등에 의한 안전조치 사항

폭풍이 불거나 중진(中震) 이상 진도의 지진이 있은 후 옥외에 설치되어 있는 양중기를 사용하여 작업을 할 경우에는 다음과 같은 안전조치를 해야 한다.

<table>
<tr><th>풍속의 기준</th><th>시기</th><th>조치사항</th></tr>
<tr><td rowspan="3">순간풍속이 매 초당 30[m] 초과할 경우</td><td>바람이 예상될 경우</td><td>주행 크레인의 이탈방지장치 작동</td></tr>
<tr><td rowspan="2">바람이 불어온 후</td><td>작업 전 크레인의 이상 유무 점검</td></tr>
<tr><td>건설용 리프트 이상 유무 점검</td></tr>
<tr><td rowspan="2">순간풍속이 매 초당 35[m] 초과할 경우</td><td rowspan="2">바람이 불어올 우려가 있을 시</td><td>건설용 리프트 받침수 증가 등 붕괴방지 조치</td></tr>
<tr><td>옥외용 승강기의 박침수 증가 등 도괴방지 조치</td></tr>
</table>

[문 제]

산업안전보건법에 따라 순간풍속이 몇 [m/s]를 초과하는 바람이 불거나 중진(中震)이상 진도의 지진이 있은 후에 옥외에 설치되어 있는 양중기를 사용하여 작업을 할 경우에는 미리 기계 각 부위에 이상이 있는지를 점검하여야 하는가? (2013년 기출문제)

① 25 ② 30

③ 35 ④ 40

[문 제]

다음 중 산업안전보건법령상 이동식 크레인을 사용하여 작업할 때 작업시작 전 점검사항으로 틀린 것은? (2014년 기출문제)

① 브레이크 클러치 및 조정장치의 기능

② 권과방지장치 그 밖의 경보장치의 기능

③ 와이어 로프가 통하고 있는 곳 및 작업장소의 지반 상태

④ 원동기 · 회전축 · 기어 · 풀리 등의 덮개 또는 울 등의 이상 유무

해설 ④번은 동력전달장치의 방호장치로 원동기 · 회전축 · 기어 · 풀리 · 플라이휠 · 벨트 및 체인 등의 근로자가 위험에 처할 우려가 있는 부위에 덮개 · 울 · 슬리이브 · 건널다리 등을 설치해야 한다.

[문 제]

크레인의 작업 시 그 작업에 종사하는 관계 근로자로 하여금 조치하여야 할 사항으로 적절하지 않은 것은? (2015년 기출문제)

① 고정된 물체를 직접 분리 · 제거하는 작업을 하지 아니할 것

② 신호하는 사람이 없을 경우 인양할 하물이 보이지 아니할 때는 어떠한 동작도 하지 아니할 것

③ 미리 근로자의 출입을 통제하여 인양 중인 하물이 머리 위로 통과하지 않도록 할 것

④ 인양할 하물은 바닥에서 끌어당기거나 밀어내는 작업으로 유도할 것

정답 ④

7.2.2 리프트

(1) 개요

리프트는 승강기 중 토목, 건축 공사용에 사용되는 화물전용기구로서 동력을 사용하여 사람이나 하물을 운반하는 기계설비를 말한다.

(2) 종류

표 7.8 리프트의 종류

종류	기능
건설용 리프트	동력을 사용하여 가이드 레일에 운반구를 매달아 화물 운반만을 전용으로 하는 건설공사용 리프트와 운반구 내에 조작스위치, 비상정지장치 등 탑승조작설비가 설치되어 있는 리프트
간이 리프트	동력을 사용하여 가이드 레일을 따라 움직이는 운반구를 매달아 소형화물 운반만을 전용으로 하는 엘리베이터와 유사한 구조로서 운반구의 바닥면적이 1m^2 이하이거나 천장높이가 1.2m 이하인 것
케이블 리프트	동력을 사용하여 공중에 설치된 케아블을 따라 움직이는 운반구 또는 카를 매달아 사람이나 화물을 운반하는 리프트
경사리프트	동력을 사용하여 경사진 가이드 레일을 따라 움직이는 운반구 또는 카를 매달아 사람이나 화물을 운반하는 리프트
유압리프트	유압실린더를 이용하여 테이블이 상하로 승강하면서 화물을 운반하는 리프트

[문 제]

산업안전보건법령에 따른 다음 설명에 해당하는 기계설비는? (2014년 기출문제)

> 동력을 사용하여 가이드 레일을 따라 상하로 움직이는 운반구를 매달아 화물을 운반할 수 있는 설비 또는 이와 유사한 구조 및 성능을 가진 것으로 건설현장이 아닌 장소에서 사용하는 것

① 크레인 ② 일반작업용 리프트
③ 곤돌라 ④ 이삿짐 운반용 리프트

해설 리프트 : 동력을 사용하여 사람이나 화물을 운반하는 것을 목적으로 하는 기계설비

ⓐ 건설작업용 리프트 : 동력을 사용하여 가이드 레일을 따라 상하로 움직이는 운반구를 매달아 사람이나 화물을 운반할 수 있는 설비 또는 이와 유사한 구조 및 성능을 가진 것으로 건설현장에서 사용하는 것

ⓑ 일반작업용 리프트 : 동력을 사용하여 가이드 레일을 따라 상하로 움직이는 운반구를 매달아 화물을 운반할 수 있는 설비 또는 이와 유사한 구조 및 성능을 가진 것으로 건설현장이 아닌 장소에서 사용하는 것

ⓒ 간이 리프트 : 동력을 사용하여 가이드 레일을 따라 움직이는 운반구를 매달아 소형 화물 운반을 주 목적으로 하며 승강기와 유사한 구조로서 운반구의 바닥면적이 1[m^2] 이하이거나 천장높이가 1.2[m] 이하인 것 또는 동력을 사용하여 가이드 레일을 따라 움직이는 지지대로 자동차 등을 일정한 높이로 올리거나 내리는 구조의 자동차 정비용 리프트

ⓓ 이삿짐 운반용 리프트 : 연장 및 축소가 가능하고 끝단을 건축물 등에 지지하는 구조의 사다리형 붐에 따라 동력을 사용하여 움직이는 운반구를 매달아 화물을 운반 하는 설비로서 화물자동차 등 차량 위에 탑재하여 이삿짐 운반 등에 사용하는 것

[문 제]

다음 설명 중 ( )의 내용으로 옳은 것은? (2013년 기출문제)

간이리프트란 동력을 사용하여 가이드 레일을 따라 움직이는 운반구를 매달아 소형 화물 운반을 주목적으로 하며 승강기와 유사한 구조로서 운반구의 바닥면적이 (㉠) 이하이거나 천장 높이가 (㉡) 이하인 것 또는 동력을 사용하여 가이드 레일을 따라 움직이는 지지대로 자동차 등을 일정한 높이로 올리거나 내리는 구조의 자동차 정비용 리프트를 말한다.

① ㉠ 0.5[m^2], ㉡ 1.0[m^2]
② ㉠ 1.0[m^2], ㉡ 1.2[m^2]
③ ㉠ 1.5[m^2], ㉡ 1.5[m^2]
④ ㉠ 2.0[m^2], ㉡ 2.5[m^2]

(3) 건설용 리프트의 안전대책

(가) 권과방지

건설용 리프트에 대하여 권상용 와이어 로프에 표시를 하고 방호장치를 설치하는 등 권상용 와이어 로프의 권과에 의한 근로자의 위험을 방지하기 위한 조치를 해야 한다.

(나) 과부하의 제한

건설용 리프트 운반구에 그 적재하중을 초과하는 하중을 걸어서 사용해서는 아니 된다.

(다) 탑승의 제한

건설용 리프트의 운반구에 근로자를 탑승시켜서는 안 됨

(라) 출입금지

건설용 리프트를 사용하여 작업을 하는 때에는 다음의 장소에 근로자를 출입시켜서는 아니 된다.

① 건설용 리프트의 운반구의 승강에 의하여 근로자에게 위험을 미칠 우려가 있는 장소
② 건설용 리프트 권상용 와이어 로프의 내각 측에 그 와이어 로프가 통하고 있는 시브나 부착구의 비래에 의하여 근로자에게 위험을 미칠 우려가 있는 장소

(마) 폭풍에 의한 도괴방지

순간 풍속이 35m/s를 초과하는 바람이 불 경우 건설용 리프트에 대하여 받침수를 증가시키는 등 도괴를 방지하기 위한 조치를 하여야 한다.

(바) 작업시작 전 점검

근로자가 건설용 리프트를 사용하여 작업을 할 때 당해 작업시작 전 점검을 하여야 한다.

① 브레이크 및 클러치의 기능
② 와이어 로프가 통하고 있는 곳의 상태

[문 제]

다음 중 리프트의 안전장치는?

① 스프로킷 ② 머플러 ③ 마이크로 스위치 ④ 데릭

해설 리프트의 방호장치는 과부하방지장치이며 마이크로 스위치, 압축스프링, 컨트롤박스로 구성되어 있다.

7.2.3 승강기

(1) 개요

동력을 사용하여 가이드 레일을 따라 운반구 또는 카에 사람이나 화물을 운반하기 위한 기계

(2) 사용목적에 따른 종류

① 승용 승강기 ② 인화공용 승강
③ 화물용 승강기 ④ 에스컬레이터

참고 인화공용 승강기
사람과 화물의 수직수송을 주목적으로 하되 화물을 싣고 내리는데 필요한 인원과 운전자만의 탑승이 허용된 승강기

(3) 구조

(가) 카(car)

내부의 사람과 물건을 보호하는 것으로 카실, 문, 비상구로 이루어지며 카실은 1.6[mm] 두께의 강철판으로 제작하고, 화물용에는 허리 높이 이상 철망을 두른다.

(나) 권상장치

카를 상하 승강시키는 정상부에 권상기를 설치하여 로프에 의해 카를 매달아 놓고 로프를 감거나 풀어서 하는 로프식과 승강로에 하부에 피스톤을 설치하여 유압에 의해 승강시키는 우압식이 있다.

(다) 가이드 레일

카와 균형추를 승강로 평면 내에서 일정 궤도상에 위치를 규제하고 비상정지장치가 작동 시 수직하중을 지탱하기 위하여 설치

(라) 승강로

2층 이상의 건축물에는 방화구조로 하고 승강기는 방화벽으로 축조된 곳에 설치한다. 건물 외부의 승강로는 3[m] 높이까지 방호함

(4) 재해유형

추락, 협착 등

(5) 방호장치

(가) 화이날 리미트 스위치(final limit switch)

카가 승강로 탑의 최상단보 또는 승강로 바닥에 충돌하기 전 동력차단하는 장치

(나) 완충기(buffer)

카가 어떠한 원인으로 최하층을 통과하여 피트에 급속 강하할 때 충격을 완화시키는 장치

(다) 조속기(governor)

전동기의 고장, 적재하중 초과로 인한 과속제어계의 이상 등으로 과속발생 시 정격속도의 3배가 되면 조속기의 스위치가 동작하여 비상정지시키는 장치

(라) 출입문 인터록장치

카가 정지하고 있지 않은 층의 승장도어가 열리는 것을 방지하기 위한 로크장치

(6) 재해방지대책

① 운전자는 승강기 구조, 성능, 특히 방호장치에 대하여 충분한 지식을 숙지할 것
② 작업개시 전 시운전을 하고 주요부분은 정기적으로 점검할 것
③ 정원 또는 허용적재하중을 초과해서 운전하지 말 것
④ 조작장치의 이상발견 시에는 즉시 책임자에게 보고하고 지시를 받을 것

(7) 승강기의 안전수칙

(가) 복장

① 적절한 작업복 착용과 상의 소매부분과 하의의 밑부분이 걸리거나 회전물체에 들어가지 않도록 적절한 조치를 취할 것
② 작업화는 기름에 미끄러짐이 없는 것을 착용
③ 작업에 따라서 안전모, 안전망, 안전벨트, 안전화를 착용할 것

(나) 기계실에서 작업

① 전기장치 검사 시 꼭 전원이 필요한 부분을 제외한 나머지 전원장치는 차단하고 이를 확인한 후 작업할 것
② 가동부분은 필요한 부분을 제외하고 절대로 움직이지 않도록 조치, 확인한 후 검사를 시작할 것

(다) 카 상부에서 작업

① 상부의 구조물이나 승강로 내 기타 설비에 충돌하지 않도록 주의하고 카의 장치물에 복장이 걸리지 않는 위치에서 작업하며 카의 본체 테두리 안에서 작업해야 함

② 카를 운전하지 않으면 안 될 경우를 제외하고는 반드시 자동운전 스위치와 안전스위치를 차단하여 외부에서 카의 조작을 못하도록 함

③ 작업개시전에 반드시 작업등을 점등한다.

(라) 피트 내에서 작업

① 피트 라이트를 점등하고 피트 내에 들어가도록 한다.

② 피트에 출입할 때는 가능한 사다리를 사용한다.

③ 카 및 균형추의 움직임에 주의한다.

④ 피트 바닥면 등에는 기름, 물, 먼지 등이 쌓여 있으므로 미끄러지지 않도록 주의하고 피트에서 나와 다른 장소로 이동 시에는 작업화 바닥을 깨끗이 닦도록 한다.

(마) 외부인 출입금지

기계실이나 카상부, 피트 내에서 보수작업 시 담당업무 관계자 이외의 사람이 접근하면 안전사고의 위험이 있으므로 출입을 금지시켜야 한다.

(8) 승강기 사용 및 취급

(가) 승강기 사용 시 주의사항

① 승장 및 카 도어의 문틀에 물이나 이물질이 들어가지 않도록 한다.

② 승장 및 카 내부 조작부 버튼 사이에는 무리한 힘을 가하지 않도록 함

③ 운전조작반의 각종 스위치 조작은 관리자 및 승강기 기술자가 사용하는 것이므로 승객은 층선택 버튼, 열림, 닫힘버튼 그리고 고장 시 호출버튼만을 사용해야 한다.

④ 도어에 기대거나 손을 접촉해서는 안 된다.

⑤ 출입구 및 카 내에 물이 흐르지 않도록 해야 하며 기계실 및 승강로에 침수가 되지 않도록 해야 한다.

⑥ 승강기에 충격을 가하면 방호장치가 작동하여 정지할 수가 있으므로 카 내에서 뛰거나 도어에 충격을 주어서는 아니 된다.

⑦ 인터폰의 점검은 수시로 하여 카와 관리실이나 기타 보수관련회사와 연락이 항상 가능하도록 유지해야 한다.

[문 제]

다음 중 승강기를 구성하고 있는 장치가 아닌 것은? (2012년 기출문제)

① 선회장치 ② 권상장치

③ 가이드 레일 ④ 완충기

해설 ⓐ 승강기 구성요소 : 카(car), 권상장치, 가이드 레일, 승강로 등
ⓑ 승강기 방호장치 : 비상정지장치, 파이널 리미트스위치, 조속기, 완충기, 출입문 인터록 등이 있다.

7.2.3 곤돌라(Gondola)

(1) 개요

곤돌라는 달기발판 또는 운반구, 승강장치, 그 밖의 장치 및 이들에 부속된 기계부품에 의하여 구성되고, 와이어 로프 또는 달기강선에 의하여 달기발판 또는 운반구가 전용 승강장치에 의하여 오르내리는 설비를 말한다.

전용의 승강장치에 달린 로프 또는 달기강선에 달기발판이나 작업대를 부착하여 화물을 상하로 운반하거나 작업자가 탑승하여 선체외벽의 도장, 아파트 이삿짐의 상 · 하운반, 용접작업 등에 사용하는 양중기이다.

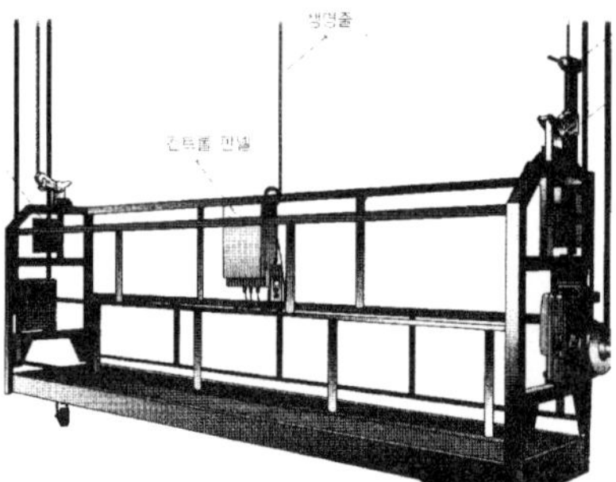

[그림 7.15] 곤돌라

(2) 용어정리

① 적재하중

아암(arm)을 가진 곤돌라에서는 암을 최소의 경사각으로 한 상태에서 그 구조상 작업대에 사람 또는 화물을 싣고 상승시킬 수 있는 최대하중을 말하며 하강 전용 곤돌라에서는 그 구조상 그 작업대에 사람 또는 화물을 적재할 수 있는 최대하중을 말한다.

② 정격속도

곤돌라의 작업대에 적재하중에 상당하는 하중을 싣고 상승시킬 경우의 최고속도를 말한다.

③ 허용 하강속도

곤돌라의 작업대에 적재하중에 상당하는 하중을 적재하고 하강할 경우에 허용되는 최고속도를 말한다.

(3) 주요 위험요인

작업대로부터 추락위험은 다음과 같다.

- 곤돌라에 탑승 중 생명줄 미설치 및 안전대 미착용으로 작업 중 추락위험
- 곤돌라에 작업 중 와이어 로프가 끊어지면서 곤돌라에서 추락위험
- 최대적재하중을 무시하고 과대적재, 과다인원 탑승 작업 중 추락위험
- 곤돌라 상부 고정부가 풀리면서 탑승 근로자가 곤돌라와 함께 추락위험

(4) 안전대책

작업대로부터 추락을 방지하기 위하여 다음과 같은 대책을 세운다.

- 곤돌라에 생명줄을 설치하고 탑승 근로자는 생명줄에 안전대를 체결하고 작업을 실시한다.
- 곤돌라 와이어 로프는 작업 전 손상여부 점검 및 확인을 한다.
- 곤돌라에 정격하중 표시, 과부하방지장치, 제동장치 등 안전장치를 설치하고 정상적으로 작동하는지 이상 유무를 확인한다.
- 곤돌라 상부 와이어 로프 고정부는 풀리지 않도록 클립 등으로 견고한 구조물에 체결한다.

(5) 곤돌라 안전수칙

- 안전검사필증이 부착되어 있는지 확인한다.
- 호선과 곤돌라의 고정상태를 확인한다.
- 호선 갑판 상부에서 곤돌라에 탑승하기 위한 승강사다리 설치 상태를 확인한다.
- 와이어 로프, 달기체인, 후크, 샤클 등 하중이 걸리는 부분을 확인한다.
- 권과방지장치, 과부하방지장치, 비상정지스위치 등 방호장치 기능을 확인한다.
- 작업대의 각 조립부 파손 및 조임 상태, 수평조작 및 유지 상태를 확인한다.
- 안전벨트 비치, 생명줄 설치, 안전로프 상태를 확인한다.
- 기타 각종 볼트, 너트의 죄임상태, 펜던트 작동상태, 전원케이블 상태를 확인한다.
- 바스켓이 파손된 것은 없는지 내부에 불필요한 물건은 없는지 확인한다.
- 와이어 로프의 단선, 마모, 킹크 등의 상태를 확인한다.
- 작업을 위해 설치된 족장 등 선체 구조물과 접촉되는지 주시하면서 작업한다.
- 작업대로부터 작업공구, 부재 등이 낙하 · 비래하지 않도록 조치하고 작업한다.
- 작업대의 수평상태를 수시로 확인 조정하면서 작업한다.
- 곤돌라 조작은 지정한 자 외에는 못하도록 조치한다.
- 작업은 꼭 작업대가 정지한 후 실시한다.

- 작업대의 잘 보이는 곳에 적재하중을 표시하고 적재하중을 초과하는 무게는 싣지 않는다.
- 작업대 안에서 발판, 사다리 등을 사용하지 않는다.

[문 제]

다음 중 곤돌라의 방호장치에 관한 설명으로 틀린 것은? (2015 기출문제문제)

① 비상정지 작동 시 동력은 차단되고, 누름버튼의 복귀를 통해 비상정지 조작 이전의 작동이 자동으로 복귀될 것
② 권과방지장치는 권과방지를 위하여 자동적으로 동력을 차단하고 작동을 제동하는 기능을 가질 것
③ 기어 · 축 · 커플링 등의 회전부분에는 덮개나 울이 설치되어 있을 것
④ 과부하방지장치는 적재하중을 초과하여 적재 시 주 와이어 로프에 걸치는 과부하를 감지하여 경보와 함께 승강되지 않는 구조일 것

정답 ①

참고

- 양중기에 대한 중요사항
  (1) 크레인에 정격하중을 표시해야 하는 것 : 1[ton] 이상
  (2) 크레인 붐과 전동기와의 간격 : 30[cm] 이상
  (3) 주행크레인과 크레인 간의 안전거리 : 10[m] 이상
  (4) 와이어 로프 안전하중 : 파단하중의 1/5
  (5) 크레인의 운전반경 : 상부회전체 회전 중심에서 화물 중심까지의 수평거리
  (6) 크레인 붐지시기의 목적 : 여러 붐각도에 따른 안전하중을 지시
  (7) 로프에 걸리는 마찰에 대한 함수 : 접촉력, 표면력, 표면과 물체의 상태
  (8) 천장크레인 부품 중 가장 손상이 많이 가는 곳 : 와이어 로프
  (9) 크레인 걸기고리 : 화물중량 30[ton] 이하는 한쪽 걸고리형, 40[ton] 이상은 양쪽 걸고리형으로 함

- 승강기 안전장치
  과부하방지장치, 화이날 리미트스위치, 비상정지 장치, 조속기, 출입문 인터록

- 이동식 크레인의 전도 재해를 방지하기 위한 조치
  (1) 아웃트리거 사용 이행
  (2) 크레인의 설치위치의 선정에 유의(연약지반, 경사지를 피하고 땅을 고르게 할 수 없을 때 나무판 사용)
  (3) 과부하의 금지
  (4) 크레인 운전면허를 받은 자가 운전하고 감시자 배치

• 아웃트리거(outrigger)

휘일식 크레인에 있어서 작업 중 타이어가 진동을 일으킴으로 인해 생기는 차체의 전복 위험 및 작업상태의 불안정을 방지하기 위하여 차체를 지지하는 장치

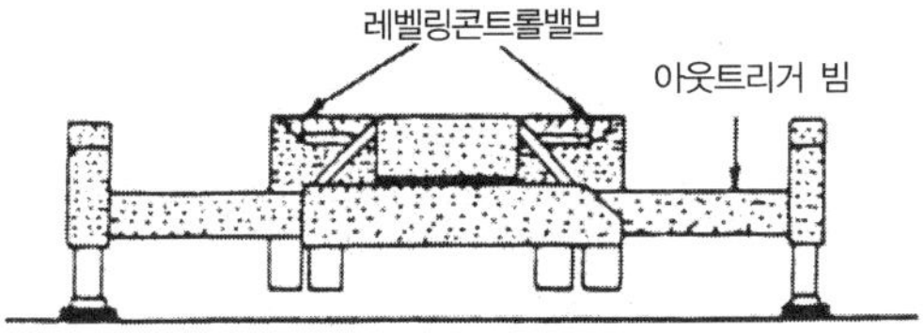

[그림 7.16] 아웃트리거

• 탑승설비 조치사항

- 탑승설비의 전의 및 탈락을 방지하는 조치를 할 것
- 근로자로 하여금 안전대 또는 구명대를 사용하도록 할 것
- 탑승설비를 하강시킬 때에는 동력하강방법에 의할 것

Chapter 08

산업용 로봇

8.1 발달과정과 분류

8.1.1 정의

(1) 인간의 팔에 해당하는 매니플레이터(manipulator)에 의해 제조과정의 조립 · 용접 · 검사기능 등을 수행하는 자동기계장치

(2) 플레이트(plate) 및 기억장치를 가지고 기억장치 정보에 의해 매니플레이트의 굴절 · 신축 · 상하이동 · 좌우이동 · 선회동작 및 이들의 복합동작을 자동적으로 행할 수 있는 장치로 설비자동화의 일환으로 많이 활용하며 산업용 로봇의 증가로 특유의 산업재해가 많이 발생함

(3) 빠렛타이징로봇, 용접 · 도장용로봇, 부품 삽입, 납땜, 조립용 로봇 등 3차원 공간에서 자유도가 높은 팔을 이용하여 다양한 동작을 하는 자동화설비

8.1.2 로봇의 발달과정

(1) 제 1세대(1960년)

① 형식 : 운반조작

② 기능 : 매니플레이트, 플레이백, 일반적 이동형

③ 용도 : pick와 place, stop

(2) 제 2세대(1980년)

① 형식 : 지각

② 기능 : 센서, 피드백형, 감각시각 전방향 이동형

③ 용도 : 아크용접, 도장, 조립 및 의료용

(3) 제 3세대(1990년대 이후)

① 형식 : 학습

② 기능 : 학습기능 보행용

③ 용도 : 가정용, 자동조립 자동 작업 등

8.1.3 산업용 로봇의 분류

(1) 동작형태별 분류

① 팔의 자유도가 주로 극좌표 형식인 매니플레이트

② 팔의 자유도가 주로 직각좌표 형식인 매니플레이트

③ 팔의 자유도가 주로 다관절인 매니플레이트

④ 팔의 자유도가 주로 원통좌표형식인 매니플레이트

⑤ 데스크탑 로봇

(2) 입력정보 교시별 분류

① 매뉴얼 매니플레이션 : 인간이 매니플레이트를 조작

② 플레이 백 로봇 : 인간이 매니플레이트를 움직여서 미리 작업을 입력하고 그 작업의 순서, 위치, 기타 정보를 기억시켜 이를 재생하면서 작업을 되풀이할 수 있는 로봇

③ 지능 로봇 : 감각기능 및 인식기능에 의해 행동을 결정할 수 있는 로봇

④ 감각제어 로봇 : 감각정보를 가지고 동작을 제어할 수 있는 로봇

⑤ 수치제어 로봇 : 순서, 조건, 위치 등의 정보를 수치나 언어에 의해 지령받은 작업을 할 수 있는 로봇

⑥ 적응제어 로봇 : 환경의 변화 등에 따라 제어하는 특성을 필요로 하므로 조건을 충족시키기 위하여 변화되는 적응제어기능을 가지는 로봇

⑦ 학습제어 로봇 : 학습제어기능을 갖는 로봇으로 작업 경험 등을 반영하여 적절한 작업을 할 수 있고 제어기능을 수정할 수 있는 로봇

⑧ 고정 및 가변 시퀀스 로봇 : 미리 설정된 순서와 조건 및 위치에 따라 동작의 각 단계를 차례로 거쳐나가는 매니플레이트로써 설정 정보의 변경을 쉽게 할 수 없는 로봇

[문 제]

산업용 로봇의 동작형태별 분류에서 틀린 것은? (2012년 기출문제)

① 원통좌표 로봇 ② 수평좌표 로봇
③ 극좌표 로봇 ④ 관절로봇

해설 로봇의 동작형태별 분류
ⓐ 원통좌표 로봇 ⓑ 직교좌표 로봇
ⓒ 극좌표 로봇 ⓓ 수직 · 수평 관절 로봇
ⓔ 데스크탑 로봇

[문 제]

기계의 동작상태가 설정한 순서, 조건에 따라 진행되어, 한 가지 상태의 종료가 다음 상태를 생성하는 제어 시스템을 가진 로봇은? (2015년 기출문제)

① 플레이백 로봇 ② 학습제어 로봇
③ 시퀀스 로봇 ④ 수치제어 로봇

해설 시퀀스 로봇의 특징은 미리 설정된 순서와 위치에 따라 동작의 각 단계를 점차 진행해가는 로봇

[문 제]

다음 중 산업용 로봇의 재해 발생에 대한 주된 원인이며 본체의 외부에 조립되어 인간의 팔에 해당되는 기능을 하는 것은? (2014년 기출문제)

① 배관 ② 외부전선 ③ 제동장치 ④ 매니플레이터

해설 매니플레이터 기능

ⓐ 인간의 팔에 해당

ⓑ 굴신, 신축, 상하이동, 좌우이동, 선회동작 및 이들의 복합동작을 자동적으로 행할 수 있는 장치

8.1.4 산업용 로봇의 용도

① 직교좌표형(4축), 수직다관형(6축) : 스포트용접(spot welding)

② 수직다관절(5축, 6축) : 아크용접(arc welding)

③ 수직다관절(유압식, 전기식) : 도장

④ 직각좌표, 원통좌표 수직다관절 : 조립

⑤ 취출 로봇 : 사출기 취출

⑥ 갠트리, 수직다관절 : 핸들링(handling)

[문 제]

인간이 매니플레이터를 움직여서 미리 작업을 수행하므로 써 그 작업의 순서, 위치 및 기타의 정보를 기억시켜 이를 재생함으로써 그 작업을 되풀이할 수 있는 매니플레이터는?

① 플레이백 로봇 ② 수치제어 로봇

③ 고정 시이퀀스 로봇 ④ 가변 시이퀀스 로봇

정답 ①

[문 제]

산업용 로봇의 동작 형태별 분류에 속하지 않은 것은?

① 원통좌표 로봇 ② 수평좌표 로봇 ③ 극좌표 로봇 ④ 관절 로봇

해설 산업용 로봇의 동작형태에 의한 분류

분류	특징
원통좌표 로봇(cylinderical robot)	팔의 자유도가 주로 원통좌표 형식인 로봇
극좌표 로봇(polar robot, spherical robot)	팔의 자유도가 주로 극좌표 형식인 로봇
직각좌표 로봇(rectangular robot, cartsian robot)	팔의 자유도가 주로 직각좌표 형식인 로봇
관절로봇(articulated robot)	팔의 자유도가 주로 다관절인 로봇

정답 ②

8.2 산업용 로봇의 안전관리

8.2.1 방호원칙

① 로봇의 작업반경 내에서는 작업자가 임의로 출입할 수 없도록 하여야 한다.

② 작업 대상물의 반입 반출구를 통해서라도 작업자의 출입이 금하여야 한다.

③ 터칭(교시), 보수 등 로봇의 작업반경 내에서 작업자를 보호하기 위한 시스템을 구비하여야 한다.

참고 매니플레이트

① 정의 : 산업용 로봇의 팔인 아암(arm)을 말하며, 기계본체의 외부에 조립되어 있다. 끝부분으로 물건을 잡거나 작업을 하는 등의 기능을 하며 주로 로봇에서는 매니 플레이트에서 재해가 발생한다.

② 가동범위 : 매니플레이트가 움직이는 영역

③ 위험범위 : 매니플레이트가 동작할 때 사람과 접촉될 수 있는 범위

참고 산업용로봇 방호장치 – 안전방책 안전매트 감응센서설치

1. 안전방책 설치
   - 1.8m 이상으로 작업 중에 발생하는 진동, 충격 등의 환경조건에 충분히 견디는 강도유지
   - 로봇 반경 내의 출입을 위한 출입문을 설치하는 경우 출입문에 인터록장치(안전플러그) 설치
   - 안전플러그는 1개의 출입문 2개를 설치(직렬로 연결)하여 1개는 작업자가 로봇 작업반경 내로 들어가는 경우 휴대

   ※ 안전플러그 제거 시 반드시 로봇이 정지되고, 재기동을 하지 않는 경우에는 로봇이 기동되지 않도록 회로 구성
2. <u>안전매트</u>
   - <u>로봇 작업반경 외부에 설치</u>
   - 작업자가 안전매트를 넘어서 로봇 작업반경 내로 들어갈 수 없도록 충분하게 설치
   - 성능검정품 사용
3. 감응(센서) 장치
   - 방책 또는 안전매트의 설치가 곤란하여 작업자가 로봇 작업반경 내로 들어갈 수 있는 개구부 등에 설치
   - 작업자가 어떠한 방법으로도 작업반경 내로 들어갈 수 없도록 다양한 각도와 다량 설치
   - 센서작동 시 로봇이 정지되도록 하는 인터록 회로 구성

[문 제]

다음 중 산업용 로봇에 사용되는 안전매트에 관한 설명으로 틀린 것은? (2015년 기출문제)

① 일반적으로 단선경보장치가 부착되어 있어야 한다.
② 일반적으로 감응시간을 조절하는 장치는 부착되어 있지 않아야 한다.
③ 자율안전확인의 표시 외에 작동하중, 감응시간 등을 추가로 표시하여야 한다.
④ 안전매트의 종류는 연결사용 가능여부에 따라 1선감지기와 복선감지기로 구분할 수 있다.

해설 안전매트 설치기준
① 일반적으로 단선경보장치가 부착되어 있어야 한다.
② 일반적으로 감응시간을 조절하는 장치는 부착되어 있지 않아야 한다.
③ 자율안전확인의 표시 외에 작동하중, 감응시간 등을 추가로 표시하여야 한다.

[문 제]

다음 중 산업용 로봇을 운전하는 경우 산업안전보건법에 따라 설치하여야 하는 방호 장치에 해당되는 것은? (2013년 기출문제)

① 출입문 도어록 ② 안전매트 및 방책
③ 광전자식 방호장치 ④ 과부하방지장치

8.2.2 방호조치

(1) 안전방호

① 안전방호 울타리 설치
② 모든 설비 및 대책은 페일 세이프 원칙

(2) 동력차단장치

① 다른 기기와는 독립
② 접촉 · 진동에 의한 갑작스런 작동 · 복귀가 되어서는 아니 된다.

(3) 비상정지기능

① 비상정지 누름버튼 스위치는 적색
② 비상정지장치는 작업자가 작업 위치를 떠나지 않고 쉽게 조작할 수 있는 위치에 설치한다.

(4) 일반 사항

① 로봇의 작업반경 둘레에는 울 또는 덮개를 설치하고 로봇 자체에 협착 말림부가 없어야 한다.
② 출입문, 창문형 도어에는 리미트 스위치를 설치하여 로봇에 인터록시킨다.
③ 울을 설치할 수 없는 경우에는 광전식 안전장치 또는 감압매트를 설치한다.

④ <u>모든 콘트롤 판넬은 방호울 밖에 설치하여야 한다.</u>

⑤ 인터록 신호가 발생하면 작동 중인 로봇은 정지 정지하여야 한다.

⑥ 인터록 신호가 해제되어도 반드시 판넬에서 재가동, 재작동되도록 회로가 구성되어야 한다.

⑦ 비상정지 스위치는 주판넬, 보조판넬, 로봇의 작업반경 내에서 작업자가 상시 또는 임시로 작업보조를 하는 장소에 설치하여야 한다.

⑧ 운전 · 정지 · 대기 등의 각 기능 선택 스위치는 명확하여야 하며 작동 상태를 쉽게 알 수 있도록 Tower Lamp를 설치하여야 한다. 램프에는 각 기능 상태를 표시하여야 한다.

⑨ 로봇 작업반경의 바닥에는 채색을 하여 구분하여야 한다(주황색).

(5) 방호울 설치 사례

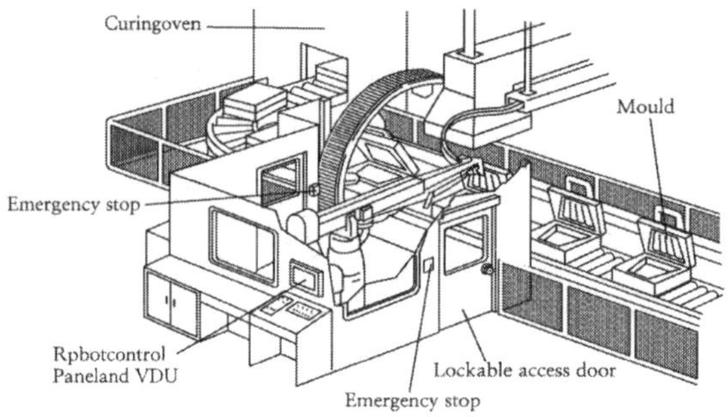

[그림 8.1] 로봇의 방호장치 설치사례(1)

※ 방호장치 적용내용

- 2[m] 이상 높이의 철판 구조의 방호울 설치
- 출입문은 시건 가능한 구조 및 리미트 스위치(limit s/w)를 설치하여 로봇에 연동시킴
- 협착 끼임을 방지하기 위한 방호울 설치

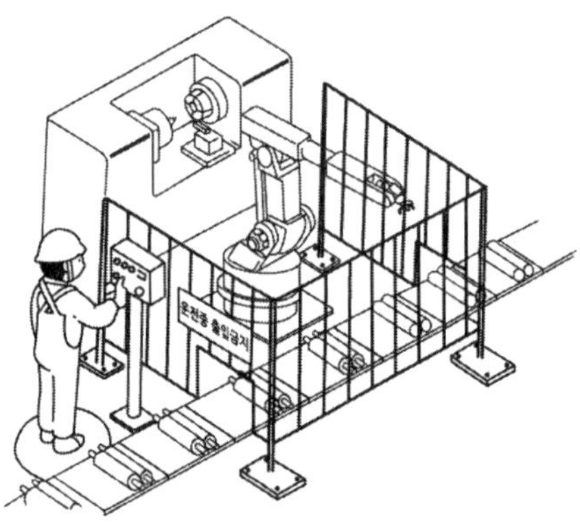

[그림 8.2] 로봇의 방호장치 설치사례(2)

※ 수직다관절 로봇의 방호울 설치 예(조립, 도장, 용접용)

- 창살간격 : 135[mm] 이하
- 울높이 : 1,800[mm] 이상
- 지주는 38[mm] 이상의 파이프 또는 각봉을 사용하여 흔들리지 않게 설치한다.
- 하부틀과 바닥간격은 120[mm] 이내로 한다.

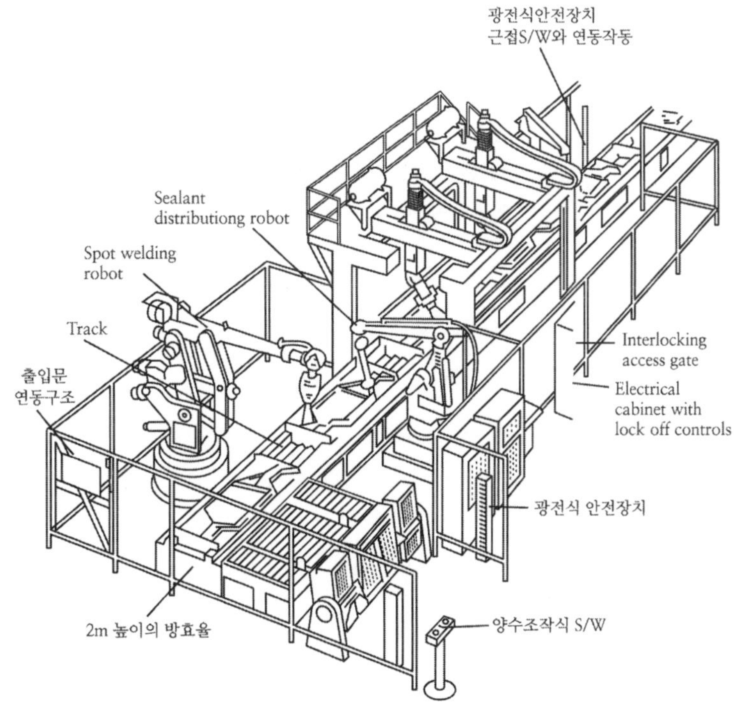

[그림 8.3] 스포트 용접 라인의 방호장치 설치 사례(3)

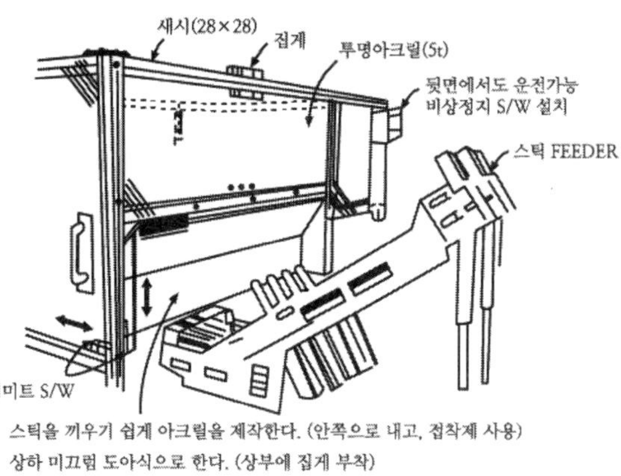

[그림 8.4] 로봇의 방호울 설치 사례 (뒷편)

8.3 산업용 로봇의 점검 및 검사

(1) 교시 등의 작업 규정

사업주는 산업용 로봇의 작동범위 내에서 교시 등의 작업을 하는 때에는 당해 로봇의 불의의 작동 또는 오동작에 의한 위험을 방지하기 위하여 다음의 지침을 정해야 한다.

① 로봇의 조작방법 등 순서

② 작업 중의 매니플레이트의 속도

③ 2인 이상의 근로자에게 작업을 시킬 때의 신호방법

④ 이상을 발견할 때의 조치

⑤ 이상을 발견하여 로봇의 운전을 정지시킨 후에 이를 재가동시킬 때의 조치

⑥ 로봇의 불의의 작동 또는 오조작에 의한 위험을 방지하기 위하여 필요한 조치

(2) 교시 등의 작업개시전 점검

사업주는 산업용 로봇의 작동범위 내에서 로봇에 관하여 교시 등의 작업을 할 때는 당해 작업 시작 전에 다음 사항을 점검해야 한다.

① 외부 전선의 피복 또는 외장의 손상 유무

② 매니플레이트 작동의 이상 유무

③ 제동장치 및 비상정지장치의 기능

(3) 정기검사

산업용 로봇의 각 부품 및 부분 그리고 계통 및 기능의 이상 유무를 설치장소 · 사용빈도 · 내구성 등을 감안하여 검사항목 · 검사방법 · 판정기준 · 실시시기 등의 검사기준을 정한 다음 그 기준에 따라 검사를 행하여야 한다.

[문 제]

산업안전보건법령상 로봇의 작동범위에서 그 로봇에 관하여 교시 등의 작업을 할 때 작업시작 전 점검사항에 해당하지 않은 것은? (2014년 기출문제)

① 제동장치 및 비상정지장치의 기능

② 외부 전선의 피복 또는 외장의 손상 유무

③ 매니플레이트(manipulator) 작동의 이상 유무

④ 주행로의 상측 및 트롤리(trolley)가 횡행하는 레일의 상태

정답 ④

[문 제]

산업안전보건법상 산업용 로봇의 교시작업 시작 전 점검하여야 할 부위가 아닌 것은? (2012년 기출문제)

① 제동장치 ② 매니플레이트
③ 지그 ④ 전선의 피복 상태

해설 교시 등의 작업개시 전 점검
① 외부 전선의 피복 또는 외장의 손상 유무
② 매니플레이트 작동의 이상 유무
③ 제동장치 및 비상정지장치의 기능
※ 지그는 드릴링 머시인에서 공작물을 고정하는 공구이다.

8.4 산업용 로봇을 취급할 때 안전대책

(1) 위험 영역 안에서 작업하고 있는 사람이 있을 때에는 자동의 상태로 로봇을 사용하면 아니 된다.

(2) 로봇이나 그 밖의 설정 · 조정 · 보전 등의 작업을 높이 2m 이상의 장소에서 실시할 필요가 있는 경우에는 플랫폼(flatform)을 설치하도록 한다.

(3) 로봇이 자동의 상태로 운전하고 있거나 대기하고 있는 동안 그러한 상태에 있다는 사실을 주위에 명시하도록 한다.

(4) 로봇의 사용조건에 따라 위치영역을 명확히 하고 그와 동시에 울타리 등을 설치하도록 한다.

[문 제]

자동화된 기계설비가 재해측면에서 불리한 조건에 포함되지 않는 것은?

① 방호장치의 오동작 ② 사용압력 변동 시의 오동작
③ 밸브계통의 동작 ④ 정전시의 기계오동작

해설 (나), (다), (라) 외에 전압강하 시 오동작, 단락 또는 스위치와 릴레이의 고장 등

찾아보기

ㅅ

ㅈ

M·E·M·O

M·E·M·O

| 저자소개 |

추 병 길

- 광주소방서 소방공무원
- 전남대학교 공학박사
- 전) 순천제일대학교 소방방재과 교수
  청암대학교 소방안전관리과 교수

저서

- 소방기초공학, 도서출판 동화기술, 2015
- 소방학개론(공저), 지우북스, 2020
- 석유화학공장 안전관리(공저), 지우북스, 2022
- 제연설비, 지우북스, 2024
- 문제풀이와 함께하는 소방관계법규, 지우북스, 2025

기계 · 설비안전 실무

1판 1쇄 발행 2018년 3월 10일
1판 2쇄 발행 2026년 2월 20일

지은이 추병길
발행인 서철종
발행처 도서출판 지우북스
주소 경기도 파주시 문발로 115 세종출판벤처타운 209호
전화 031-915-6670(代)
팩스 031-915-6671
이메일 jwbooks@nate.com
홈페이지 www.jwbooks.co.kr
출판등록 제406-251002017-000032호
ISBN 979-11-88673-13-1 93550

정가 24,000원